2013 年度国家出版基金项目"现代原子核物理"

核设施环境影响评价方法学

张永兴 陈晓秋 编著

哈尔滨工程大学出版社

内 容 简 介

本书是中核集团"十二五"核专业研究生教育的规划教材之一。

本书围绕"源项—途径—剂量—影响"这一主线,系统地描述了核设施环境影响评价方法学的主要内容,总结了我国核设施环境影响评价的主要经验,吸取了国外辐射环境影响评价的有益知识,既有理论性,又有实用性。

本书可作为辐射防护与环境保护方向的研究生教材,因为它包含大量的模式和参数,以及可查算的图表,也可供相关专业的工作者作为手册使用,同时也可作为读者了解核设施环境影响一般知识的入门书。

图书在版编目(CIP)数据

核设施环境影响评价方法学/张永兴,陈晓秋编著.
—哈尔滨:哈尔滨工程大学出版社,2015.6
ISBN 978 – 7 – 5661 – 1064 – 0

Ⅰ.①核… Ⅱ.①张… ②陈… Ⅲ.①核设施 – 辐射影响 – 环境影响评价法 Ⅳ.①X820.3

中国版本图书馆 CIP 数据核字(2015)第 132056 号

选题策划　石　岭
责任编辑　石　岭
封面设计　语墨弘源

出版发行　哈尔滨工程大学出版社
社　　址　哈尔滨市南岗区东大直街 124 号
邮政编码　150001
发行电话　0451 – 82519328
传　　真　0451 – 82519699
经　　销　新华书店
印　　刷　哈尔滨市石桥印务有限公司
开　　本　787mm×1 092mm　1/16
印　　张　15.5
插　　页　4
字　　数　397 千字
版　　次　2015 年 6 月第 1 版
印　　次　2015 年 6 月第 1 次印刷
定　　价　85.00 元
http://www.hrbeupress.com
E-mail:heupress@ hrbeu.edu.cn

序　言

　　原子核物理学(简称核物理学、核物理或核子物理)是20世纪新建立的一个物理学学科,是研究原子核的结构及其反应变化的运动规律的物理学分支。它主要有三大领域:研究各类次原子粒子与它们之间的关系、分类与分析原子核的结构,并带动相应的核子技术进展。原子核物理的研究内容包括核的基本性质、放射性、核辐射测量、核力、核衰变、核结构、核反应、中子物理、核裂变和聚变、亚核子物理和天体物理等。它研究原子核的结构和变化规律,射线束的产生、探测和分析技术,以及同核能、核技术应用有关的物理问题。

　　原子核物理内容丰富多彩,是物理学非常活跃的研究领域,一百多年来共有七十多位科学家因原子核物理领域的优异成绩而获得诺贝尔奖。并且原子核物理是一个国际上竞争十分激烈的科技领域,各国都投入大量人力、物力从事这方面的研究工作。它是一门既有深刻理论意义,又有重大实践意义的学科。

　　在原子核物理学产生、壮大和巩固的全过程中,通过核技术的应用,核物理与其他学科及生产、医疗、军事等领域建立了广泛的联系,取得了有力的支持。核物理基础研究又为核技术的应用不断开辟新的途径。人工制备的各种同位素的应用已遍及理工农医各部门。新的核技术,如核磁共振、穆斯堡尔谱学、晶体的沟道效应和阻塞效应,以及扰动角关联技术等都迅速得到应用。核技术的广泛应用已成为科学技术现代化的标志之一。

　　核物理的发展,不断地为核能装置的设计提供日益精确的数据,从而提高了核能利用的效率和经济指标,并为更大规模的核能利用准备了条件。截至2013年3月,全世界有30多个国家运行着435座核电机组,总净装机容量为374.1 GW,核能的发展必将为改善我国环境现状做出重要贡献。

　　"现代原子核物理"出版项目的内容包括激光核物理、工程核物理、核辐射监测与防护等理论与技术研究的诸多方面。该项目汇集和整理了我国现代原子核物理领域最新的一流水平的研究成果,是我国该领域科学研究、技术开发的一个系统全面的出版项目。

　　值得称道的是,"现代原子核物理"项目汇集了国内核物理领域的多位知名学者、专家毕生从事核物理研究所积累的学术成果、经验和智慧,将有助于我国核物理领域的高水平人才培养,并进一步推动核物理有关课题研究水平的提高,促进我国核物理科学研究向更高层次发展。该项目的出版将有助于推动我国该领域整体实力的进一步提高,缩短我国与国外的差距,使我国现代原子核物理研究达到国际先进水平。

　　该系列丛书较之已出版过的同类书籍和教材,在内容组成、适用范围、写作特点上均有明显改进,内容突出创新和当今最新研究成果,学术水平高,实用性强,体系结构完整。"现代原子核物理"将是我国该领域的一个优秀出版工程项目,她的出版对我国现代原子核物理研究的发展有重要的价值。

　　该系列丛书的出版,必将对我国原子核物理领域的知识积累和传承、研究成果推广应用、我国现代原子核物理领域高层次人才培养、我国该领域整体研究能力提高与研究向更深与更高水平发展、缩短与国外差距、达到国际先进水平有重要的指导意义和促进作用。

　　我衷心地祝贺"原子核物理"项目成功立项出版。

中国工程院院士

中核集团科技委主任

二〇一三年十月

本　书　序

　　20 世纪 40 年代自核工业问世,便开始了向环境排放放射性废物以及相应的环境监测与控制等活动。20 世纪 70 年代之后,伴随着环境科学和核能与核技术的发展,特别是环境评价模型计算程序的大量开发,核设施环境影响评价方法学日臻完善,至今已初步形成了一套比较完整的体系。在我国,电离辐射对非人类物种影响的评价正逐步纳入核设施环境影响评价的范围,经过不断的探索和实践,核设施环境影响评价方法学更加完善。

　　本书深入、全面地讲述了核设施环境影响评价方法学的理论和实际问题,总结了我国核设施环境影响评价的主要经验,吸取了国外核设施环境影响评价的有益知识,是国内目前第一部较系统、完整地介绍核设施环境影响评价方法学的学术专著。该书覆盖了核设施环境影响评价的主要技术基础和专业知识,包括源项分析,放射性物质在环境介质及生物链中的输运与转移规律,对公众和非人类物种可能造成的内照射、外照射剂量的分析与评估,若干特殊核素的评价模式、筛选模式等。本书的特点是密切结合我国核设施环境影响评价的实际需求,针对性强,实用性强。

　　本书的编著者之一张永兴同志是我国辐射环境研究的主要开拓者之一,辐射防护领域著名专家。他为我国核基地建设的环境保护作出了重大贡献:为五大核基地各核设施的选址建厂,在我国率先进行了大规模人工放射性核素本底调查;为控制各核设施的废水排放,在国内最先对天然河流中污染物的输运开展了理论与实验研究,确定了安全容许浓度和容许总量,各设施废水排放方式和份额,从而在核基地建设的同时也保证了各水系的辐射环境质量。为预测滨海区核潜艇大修换料码头、丘陵地区核燃料后处理厂运行时对环境的影响,主持或指导进行了现场大气扩散试验;为控制滨海核设施对环境的污染,保护人类和海洋生物群落,研究制定了海水中放射性核素的推定限制浓度。这些现场试验与理论研究,为我国的核设施环境影响评价方法学奠定了基础,并在当今的辐射环境影响评价的报告中得到了广泛的应用。

　　80 年代初张永兴同志参加和推动了中国核工业三十年环境评价,是三十年环境评价主要负责人之一。他主持完成了中国原子能科学研究院三十年环境监测与辐射环境质量评价工作,为中国核工业三十年辐射环境质量评价作了示范。张永兴同志 40 年来的科研与工程实践,推动了野外现场试验技术的发展,提出用稳定元素活化分析测量放射性核素浓集因子的方法,应用大气扩散双元示踪研究技术、双向风标和梯度观测等多种大气湍流特征测量技术手段,针对核设施的生产活动,从释放源项估算、经环境输送、不同介质间的转移,到人体健康危害效应的定量评估、环境辐射水平的监测等,建立了系统、完整的核设施环境影响评价方法学。

另一编著者陈晓秋教授在 20 世纪 80 年代初就参加辐射环境工作,是中国核工业三十年环境评价的主要参与者,随后一直负责和参与辐射环境评价工作,具有丰富的实践经验,在污染物运移规律研究、辐射环境影响评价、公众健康危害评价,以及计算机模拟技术在环境辐射防护中的应用等方面,做了大量卓有成效的工作:自主研发了用于核工业三十年辐射环境质量评价的计算机程序(YEAR30),不仅满足了核工业三十年辐射环境质量评价工作的需要,而且有效促进了核设施环境影响评价法学在我国的应用,该软件经多次改进升版(NGLAR,CAIRDOS),至今仍然被广泛地应用,充分体现出该软件超强的生命力和长的生存期;在核工业非放射性环境影响和公众健康危害评价工作中,考虑了"源项—途径—剂量—效应"的全过程,开发了相应的计算机软件,填补了国内公众健康危害评价程序的空白;研发了适应于核事故早期应急响应的预报模式系统,率先引入非静力平衡、完全可压缩的动力学模式进行风场预报,并将烟羽浓度预测模式与风场预报模式相耦合,满足了核事故早期应急响应的要求;建立了中长距离放射性污染物迁移和辐射后果评价系统,将全球中期气象数值预报产品与中长距离放射性污染物迁移和后果评价集成为一体,并用于评估放射性污染物的输运轨迹、分布范围和辐射后果;在中国辐射水平的研究中,针对核燃料循环及核电生产,对"人为活动引起的公众照射"进行了系统而完整的评估,给出了中国核燃料循环设施放射性流出物的归一化排放量和集体有效剂量。

核设施环境影响评价是核设施环境保护的重要工作,相信该书的出版必将会推进我国辐射环境影响评价技术骨干队伍的培养,推动我国辐射影响评价工作的健康发展。

潘自强

2015 年 1 月于北京

前　　言

　　人们常说,人类对辐射的认知比其他任何已知的污染物要多。实际上,自从20世纪初科学家发现电离辐射对人体可能产生伤害以来,人们对电离辐射影响的探索研究一直在继续并不断深入。

　　一些人类活动、实践和意外事件(或事故)已经导致放射性核素向环境的释放,并使人们受到辐射照射。这些活动有些已经终止,如大气层核试验,有的还在继续,如核反应堆发电、放射性同位素的生产和应用。这些放射性核素可能在受控条件下排放,此时的排放位置、排放量和排放时间等是可以预先确定和加以监测的,通常称之为计划排放或常规排放。另一方面,放射性核素也可能是在非控制情况下(如事件或事故期间)释放,此时这些放射性核素将在很短的时间内大量地向环境逸出。

　　核设施流出物的管理和处理已经将公众的辐射照射控制在很低的水平,因此要通过环境监测对这种很低水平的照射加以验证是极其困难的。人们也认识到,这些低水平照射涉及环境过程(如生物累积)引起的附加照射,可能大于仅由摄入空气和水中的放射性的直接照射,涉及地下水污染的照射甚至可能在长达数千年乃至更长的期间都不会出现。因此,核设施流出物释放的环境影响评价要求使用数学模式。本书全面描述了核设施环境影响评价方法学,涉及"释放源项—途径—剂量—影响"的各个方面,最终目的是建立释放源项或放射性核素向环境的输入与对人体健康影响之间的关系。

　　由于有关其他生物体受到环境辐射照射而产生明显有害效应的资料尚不充分,而人类是最敏感的哺乳类,所以普遍同意优先对人类的潜在后果进行评估,优先考虑为保护人类健康而提供的良好基础,即"保护了人也就保护了其他生物物种"。但是,这一观点最近受到质疑。从全面的环境保护观念出发,在有些情况下,保护非人类物种可能是主要的。本书对此最新观点作了介绍,但未包括对非人类物种影响评价的具体模式和参数。

　　本书取材于核工业研究部教材——《核设施环境影响评价方法学》。该教材自1986年起在核工业研究生部用于研究生教学,经多年科研、实际应用和教学经验的积累沉淀,不断充实完善,现按教学大纲要求整理完善。在成书过程中,增加了关于非人类物种保护的相关内容;补充了简单而实用的筛选模式、事故(事件)释放的辐射环境影响评价方法、核设施环境影响报告书的格式与内容,以及环境影响评价模式的评估方法;为便于巩固所学知识和延伸阅读,完善了习题和参考文献。

　　本书围绕"源项—途径—剂量—影响"这一主线,系统地描述了核设施环境影响评价方法学的主要内容,总结了我国核设施环境影响评价的主要经验,吸取了国外辐射环境影响评价的有益知识,既有理论性,也有实用性。本书可作为研习辐射防护与环境保护方向的研究生教材;也可作为相关专业工作者的手册,因为它包括大量的模式和参数以及可查算的图表。对需要了解核设施辐射环境影响一般知识的读者又可将其作为入门书。

　　中国核工业集团科学技术委员会潘自强院士和陈竹舟研究员,以及中国原子能科学研究院陈丽姝研究员,对本书的成稿提出了宝贵的指导意见和建议,并审阅了全部文稿;北京师范大学沈珍瑶教授在百忙之中认真校核了放射性核素在地下水中的运移一章;此外,在书稿的前期整理中,环境保护部核与辐射安全中心李冰博士、中国原子能科学研究院刘永叶、於凡、程卫亚、严源、李静晶、焦志娟和杨宏伟等同志做了大量的工作,包括文字录入、图表和公式的校对等,在此一并表示感谢!

由于核设施环境影响评价方法学是一门交叉学科,涉及的知识面广,而许多方面仍在不断探索和研究中,知识将不断更新。鉴于作者学识水平有限,疏漏和不妥之处在所难免,敬请读者予以斧正。

编著者

2015 年 1 月于北京

目　　录

第1章 绪 论

1.1 环境与环境科学

1.1.1 生物及生物圈

生物是环境的产物,生物发展形成生物圈。生物圈是指在地球表层由大气层(大气圈)、水域(水圈)和土壤岩石(圈)构成的适于生物生存的范围。

1.1.2 环境

环境就是人类和其他生物赖以生存的自然条件的总和。人类发展和进步也在改造环境,所以人类环境有自然因素又有社会因素。环境可分为聚落环境、地理环境和地质环境。

1. 聚落环境

聚落环境是人工环境占优势的生存环境,分为院落环境、村落环境和城市环境。

2. 地理环境

地理环境包括了全部土圈,由水、气、土和生物等因素构成。植物为自养型生物,为第一营养级;食草动物为第二营养级;食肉动物为第三、四营养级;微生物为另一营养级,统称为异养型生物。

人类或生物集团与周围环境相互作用,通过物质流和能量流共同构成生物——环境的复合体,即生态系统。生态系统中生物集团主要以食物链的形式组成。所谓"食物链"是指生物群落中各种动植物通过食物关系逐级相依为生构成的食物系列。

3. 地质环境

地质环境是指自地表而下的岩层。

1.1.3 环境科学

环境科学是新近发展起来的学科。社会对环境质量的普遍关注和对可能具有环境影响的所有人类活动的认识,推动了环境学科的发展。环境科学的研究对象是人类生存环境状态的构成、发生的变化及其变化规律。它是研究人类赖以生存的物质世界——自然环境和人类活动对环境(包括人类本身)的影响关系,以及控制这一影响的科学。

环境科学的任务是探索和掌握规律,改善环境,造福人民,促进文化经济的发展。

环境科学的内容和分科,大体上分为以下几方面:

(1)环境科学基本理论的研究;

(2)环境科学基础知识的研究;

(3)环境工程的研究;

(4)环境管理的研究。

1.2　核设施环境影响评价方法学的发展

辐射环境影响评价是定量估计放射性核素释放到生物圈后对人及其周围环境生态系统造成的影响,它涉及许多学科,包括预测和评估[1]:①源项,即释放物的形态与数量;②环境输运,如大气输送、地表水输送、地下水输送等;③转移,由一介质移向另一介质,例如干沉积、湿沉积、沉淀、吸附,以及浓缩等;④内照射及外照射剂量;⑤由剂量估算健康效应。

辐射对人的危害分为确定效应(有害的组织反应)和随机效应(癌症或遗传效应)。确定效应是人受的辐射剂量超过一定阈值后就会显现的效应,具有阈剂量特征的细胞群的损伤,反应的严重程度随剂量的进一步增加而增加,也可以称为组织反应。随机效应是人受照射后可能发生的效应,发生的概率与受到的剂量有关,而效应的严重程度与剂量无关。它是指诱发或引发恶性肿瘤疾病和遗传效应的概率,而不是其严重性,它是剂量的函数,且没有阈值。

对公众来说,除严重事故情况外,一般所受的剂量都远远低于发生确定效应的阈值,正常的照射(计划照射)都属于低剂量照射。国际放射防护委员会(ICRP)曾在第29号出版物中指出,用于评价放射性核素向环境释放后果的量是公众受到的有效剂量当量、约定剂量当量和关键组或群体受到的集体剂量当量,即辐射环境影响评价的指标是人所受的剂量[2]。由此,在实际工作中对核设施正常排放的剂量控制有两个特点:第一,用公众一年的累积剂量限值来控制辐射照射造成的附加危害,而不加逐时、逐日的限制;第二,对一个核设施由审管部门规定一个年剂量约束值(是公众剂量限值的一个分数),核设施正常运行时必须满足剂量约束值的要求。剂量约束值是放射性废物治理和流出物排放最优化方案的筛选条件。

20世纪40年代核工业问世,便开始了向环境排放放射性废物以及相应的环境监测与控制等活动,但当时并未涉及对环境影响的估计。20世纪50年代,人们开始了对核试验的环境监测,但都是测量放射性总 α 和总 β 活度,因那时谱仪分析法还未普及,不做剂量估计,所以那时的环境"评价"实质上只是对环境监测结果的解释和说明。著名保健物理学家摩根(Mongan)曾在一次国际会议上介绍了美国曼哈顿工程特区早期工作中有关环境保护和环境影响估计的实施计划,其最主要的特点就是严格控制向环境排放放射性物质的浓度和总量,使之不超过预定的限值,并对排放后果做"上限"估计。此后,这种做法成为核能工业的传统[3]。

1955年,美国原子能委员会(Atomic Energy Commission, AEC)出版了《气象学与原子能》[4]一书(1968年[5]和1983年两次修订再版)。该书提出了气载放射性核素在大气中输运、弥散和沉积的计算模式。1957年,美国开始了"犁头"(Plowshare)计划,即和平利用核爆炸,这就提出迫切要求:要能预测环境中烟团弥散和放射性核素的转移,以及由此对人的照射。

20 世纪 60 年代,系统工程分析学科发展起来,用来预测核素在环境照射途径中各自的作用,并积累了大量的环境生物学数据,主要是美国劳伦斯利弗莫尔国家实验室(Lawrence Livermore National Laboratory)汇编的[6]。

1969 年,美国环境保护基本法——《国家环境政策法》(National Environmental Policy Act,NEPA)问世,从 1970 年 1 月开始生效。《国家环境政策法》明确了环境保护的国家责任,并规定了联邦政府的有关行为要编制《环境影响报告书》(Environmental Impact Statement,EIS)[7]。《环境影响报告书》要根据国家环境政策法和环境质量委员会(Council on Environmental Quality,CEQ)的指南(Guideline)和施行规则(Regulation)编写。美国原子能委员会负责编制《核设施环境影响报告书》。早在 20 世纪 60 年代中期,美国就开始了两项大的环境影响评价研究项目(即密西西比河上游流域研究和田纳西流域研究),AEC 会同美国阿贡国家实验室(ANL)、美国西北太平洋国家实验室(PNL)、美国橡树岭国家实验室(ORNL)共同探讨研究了辐射剂量计算模型、人对环境的利用因子(包括食物谱)、放射性核素蜕变图纲、生物累积因子等,并编成导则(Guide)供 AEC 所属工厂编写环境评价报告用。1974 年,美国成立了核管理委员会(NRC),该委员会于 1974 年因美国的能源重组法案(Energy Reorganization Act of 1974)生效而产生,并从美国原子能委员会中独立出来,代替了原 AEC 的监管职能,负责编制《核设施环境影响报告书》。这些研究成果也转化为 NRC 的管理导则和国际原子能机构(IAEA)的技术文件[8-10]。

在 NEPA 问世之前,环境评价多数是偏保守的。NEPA 公布后,因有公众听证会,所以不得不降低公众剂量,联邦法规 10 CFR 50 附录 I 提出 ALARA(把照射减少至可合理达到的尽量低)原则,并提出核电站设计的数值目标值为 0.25 mSv/a(即 25 mrem/a),这就要求在评价计算中尽量除掉偏保守的估计,如用平均转移因子代替极大值等。在这方面有两本重要的研讨会报告集:一是《用于放射性核素释放的环境评价模式的评估》(The Evaluation of Model Used for the Environmental Assessment of Radionuclides Release,1977.9)[10]。该报告集对现用模式做了评价,对环境评价方法的各重要课题进行了评述,对计算模式的应用限制、不确定度估计和进一步的研究提出了意见,这次研讨会(Workshop)可称得上是一次里程碑;另一重要的报告集则是《反应堆安全研究》(WASH—1400)[11],它第一次把概率安全分析(PRA)方法用到反应堆安全上,考虑了有关人—机—环境交互影响的所有事件。

20 世纪 70 年代之后,伴随着环境科学和核能与核技术的发展,特别是环境评价模型的计算程序大量开发,核设施环境影响评价方法学日臻完善,至今已初步形成了一个完整的核设施环境影响评价方法学体系。

现在主要的核工业国,如美、法、英、日、德等国都发表了各自的"核设施环境评价指南"供核工厂,特别是核电站应用。我国也正在编写这方面的资料。

我国于 1956 年成立中国科学院近代物理研究所,它是原子能研究所(现名中国原子能科学研究院)的前身。1958 年建成重水实验研究反应堆和电子回旋加速器。同一年,开始在原子能研究所周围进行环境辐射水平本底调查,随后便开始进行环境辐射水平常规监测。20 世纪 60 年代,开始研究原子能所对周围环境的影响估计,从环境监测结果中分辨出美国和前苏联核武器试验的贡献与原子能所的流出物释放造成的环境影响,得出原子能所的运行对环境影响很小的结论。

20 世纪 60 年代中后期,我国核工业后续工程多选址在丘陵和山区,这些地区雨水充沛,微气象条件复杂,人口密度较大,土地利用率较高。为选择适当的排放方式和地点,开始了环境输运模式的研究,完成了天然河流稀释示踪试验和山区大气扩散示踪试验。20 世纪 70 年代,开始研究辐射影响后果评价方法,相继对"三线"核工业工厂进行了选址阶段的环境影响预评价。从 1981 年开始,我国对核工业辐射环境质量开展系统性评价,核工业部辐射防护研究所(现名中国辐射防护研究院)于 1986 年完成了辐射环境评价参考模式的选择与开发,建立了"用于核工业三十年辐射环境质量评价的剂量学模式和参数",随后完成了中国原子能科学研究院(即原子能研究所)30 年辐射环境质量评价[12];到 1989 年完成了中国核工业 30 年辐射环境质量评价[13]。

近年来,人们开始研究辐射对生物的影响,并逐渐将其纳入辐射环境影响评价的范畴。这方面有代表性的研究成果报告[14－20]如下:

(1)美国能源部(DOE)标准　《评价水生和陆生生物辐射剂量的分级方法》(2002 年);

(2)美国国家辐射防护与测量委员会(NCRP)　《电离辐射对水生物的影响》(NCRP 第 109 号报告,1991 年);

(3)国际原子能机构(IAEA)　《评价放射性对液态生态系统影响的方法学》(1979 年)和《在现代辐射防护标准水平电离辐射对植物和动物的影响》(1992 年);

(4)联合国原子辐射影响科学技术委员会(UNSCEAR)　《辐射对环境的影响》(1996 年);

(5)国际放射防护委员会(ICRP)　《评价非人类物种电离辐射影响的框架》(ICRP 第 91 号出版物,2003 年);

(6)欧盟(EC)　《主要欧洲生态电离辐射环境影响框架》(FASSET,2004 年)。

为了交流非人类物种放射防护研究的经验,从 20 世纪末开始,召开了一系列的国际会议。1996 年 5 月在瑞典斯德哥尔摩召开了第一次"天然环境电离辐射防护国际讨论会";1999 年 5 月在加拿大渥太华召开了第二次会议"核设施电离辐射环境保护方法国际讨论会";2002 年 7 月在澳大利亚达尔文召开了第三次"电离辐射环境保护"会议。2003 年 10 月,IAEA 联合 UNSCEAR、欧洲委员会(EC)和国际放射生态联合会(IUR)在瑞典斯德哥尔摩召开了"电离辐射效应环境保护"国际会议。来自 38 个国家和 11 个国际组织的 200 多名代表参加了会议。会议的主要收获是[21]:会议认为一些国际组织在研究加强放射性物质排入环境的控制时,明确考虑除人类之外的其他物种的防护的时机已经成熟。为了达到这一目的,建议:①UNSCEAR 继续提供环境辐射防护方面的国际权威性科学基础的电离辐射源和效应的最新成果;②ICRP 继续提出辐射防护的建议,包括保护非人类物质的专门建议;③IAEA 应负责有关应用标准的工作,不仅要保护人类而且还要保护非人类物种,为此需要限制放射性物质排放到环境中的量,IAEA 应继续组织有关这方面的国际会议以促进信息交流;④为鉴明环境辐射防护体系中可能的空白以及增加相关建议的理解和可接受性,包括广泛的利益相关者,如政府间组织(例如 OECD/NEA)及非政府机构(例如国际放射生态联合会和世界核协会等);⑤地区组织(如 EC)和国家机构则希望是这种国际建议能够转为地区和国家管理的要求。

认识到辐射对生物体的效应有许多共同点,对各种类型动物所进行的许多放射生物学研究表明,DNA 是辐射在所有生物体中有生物效应的关键的基本靶。其他生物的辐射效应机理与人的辐射效应机理是类似的。这就使得对人和非人类物种的防护有可能采用同一放射防护体系。

近年来,在评价非人类物种辐射影响的方法研究方面取得了重大进展。在这些工作的基础上,ICRP 提出了评价非人类物种放射影响方法的基本框架[22]。ICRP 建议对人类和非人类物种防护采用共同的防护与评价方法。人类与非人类物种的放射防护的共同目标是:用防止发生确定性效应和限制个体的随机效应并使其对群体的影响减到最小的方法保护人类健康;用防止或减小可能引起动物或植物早期死亡或繁殖率降低,使其对物种保护、生物多样性的保持或自然栖息地或群落状态的影响达到可忽略水平的方法保护环境。

目前,多个国家和国际组织已经建立了用于电离辐射非人类生物影响评价的剂量评估方法,并开发了相应的计算程序。这些方法对过程描述的细致程度及其计算程序中采用的某些参数具有显著的差异。在具体的防护标准及相应的评价方法的研究中,比较全面和系统的方法是美国能源部提出的分级方法(GRADED)[14]和欧盟评价主要欧洲生态电离辐射环境影响的框架方法(FASSET)[20]。

在我国,电离辐射对非人类生物影响评价正逐步纳入核设施环境影响评价的范围,经过不断的探索和实践,核设施环境影响评价方法学将更加完善。

1.3　核设施环境影响评价方法学的框架与内容

目前的辐射环境评价,由于缺少有关其他生物体受到环境辐射照射而产生明显有害效应的报道,而人类属于最敏感的哺乳类,基于"为了保护人到现在所要求的环境控制标准将确保其他物种不会受到危害"的理念,普遍同意优先对人类的潜在后果进行评估,优先考虑为保护人类健康而提供的良好基础[2]。

本书围绕"源项—途径—剂量—影响"阐述核设施环境影响评价方法学。图 1-1 列出核设施环境影响评价方法学的框架(图中数值编号表示了编排的基本顺序)。源项(释放源)是环境评价模式的重要输入参数,也是模式参数中灵敏度最大的参数。在环境低辐射剂量水平下的照射,源项与效应是线性关系,即效应 ∝ 剂量 ∝ 源项。对源项的完整描述包括排放方式、排放核素的种类、理化形态和排放量等。途径是指排放物进入环境后通过输运、弥散、沉积、食物链迁移等最终对人形成照射的途径网络。

当由排放源计算出各种环境介质中的放射性核素浓度后,则可由食物消费量和环境利用因子确定出关键人群组(或代表性个人)所受的有效剂量(内照射和外照射的总有效剂量)以及集体有效剂量,进而根据线性无阈的剂量——效应关系的假设,做出辐射效应的(上限)评价。

上述评价过程所采用的模式及其参数仅仅是实际情况和过程的数学近似。在早期的评价中,一般选用保守的模式和参数(即预测值比实际值高的模式和参数),随着 ALARA 原则的应用,需要去除那些过分保守的假设,但这增加了低估实际剂量的可能性。因此,辐射环境影响评价模式的不确定性的定量表述日益引起人们的关注。预测值的不确定性分析包含参数的不确定性估计及模式的可靠性验证[1]。

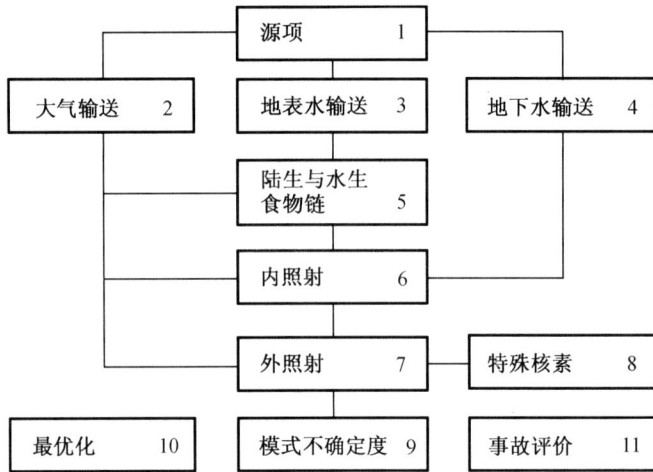

图 1-1　核设施环境影响评价框架

1.4　习　　题

1. 什么是生物圈,什么是生态系统? 请简述对人类食物链的理解。
2. 环境科学的研究对象和研究内容是什么?
3. 什么是辐射环境影响评价,其基本内容包括哪些?
4. 评价放射性核素向环境释放后果的量是什么,通常采用哪些基本指标?
5. 早期核设施环境影响估计的特点是什么?
6. 简述辐射环境影响评价方法学发展过程中的几个重大里程碑。

参 考 文 献

[1] 张永兴. 环境辐射影响评价方法学[J]. 辐射防护,1988,8(4-5):280-298.

[2] 张永兴. 放射性核素排入环境后的评价方法和原则——国际放射防护委员会第 29 号出版物的内容简介[J]. 辐射防护,1981,1(3):72-75.

[3] Morgan K Z. Health Physics and the Environment (IAEA-SM-148/45). IAEA:Rapid Methods for Measuring Radioactivity in the Environment[C]. IAEA Proceedings Series, STI/PUB/289,Vienna,1971, 3-21.

[4] Slade D H, Meteorology and atomic energy[R]. TID-241090, USAEC,1955

[5] 斯莱德 D H. 气象学与原子能[M]. 张永兴,译. 北京:原子能出版社,1973.

[6] Instrumentation and Controls Division of ORNL[R]. Annual Progress Report. ORNL-4990,1973.

[7] United States Congress. The National Environmental Policy Act of 1969. 42 USC Sec. 4321

［8］ 美国国家辐射防护与测量委员会. NCRP 第 76 号报告, 辐射评价:预估释放到环境中的放射性核素的迁移、生物浓集和人体吸收. 陈竹舟,李传琛,译,王恒德,校. 国外辐射防护规程汇编第八册,环境剂量计算模式(上)［G］. 国务院环境保护委员会办公室,1984.

［9］ 国际原子能机构. IAEA 安全丛书第 57 号,适用于评价常规释放时放射性核素在环境中迁移的通用模式和参数(关键组的照射). 施仲齐,刘原中,杜铭海,译,夏益华,施仲齐,张永兴,校. 国外辐射防护规程汇编第八册,环境剂量计算模式(下)［G］. 国务院环境保护委员会办公室,1984.

［10］ U. S. Department of Energy. The Evaluation of Model used for the Environmental Assessment of Radionuclides Release［R］. Workshop, 1977,9, Gatlinburg, TN

［11］ U. S. Nuclear Regulatory Commision. Reactor Safety Study［R］. NRC, WASH – 1400 (NUREG 75/014), 1975.

［12］ 潘自强,张永兴,宋绍仪. 中国原子能科学研究院辐射环境质量评价. 中国核工业三十年辐射环境质量评价文集［G］. 北京:原子能出版社,1989.

［13］ 潘自强. 中国核工业 30 年辐射环境质量评价［M］. 北京:原子能出版社,1990.

［14］ U. S. DOE. A Graded Approach For Evaluating Radiation Doses To Aquatic And Terrestrial Biota［R］. DOE-1153-2002. Washington：U. S. Department of Energy, 2002.

［15］ National Council on Radiation Protection and Measurements(NCRP)［R］. NCRP Report No. 109—Effects of Ionizing Radiation on Aquatic, 1991.

［16］ International Atomic Energy Agency(IAEA). Effects of Ionizing Radiation on Aquatic Organisms and Ecosystems［R］. Technical Reports Series No. 172. Vienna：IAEA, 1976.

［17］ IAEA. Effects of Ionizing Radiation on Plants and Animals at Levels Implied by Current Radiation Protection Standards［R］. Technical Reports Series No. 332. IAEA, Vienna,1992.

［18］ United Nations Scientific Committee on the Effects of Atomic Radiation(UNSCEAR). Sources and Effects of Ionizing Radiation. Scientific Annex：Effects of Radiation on the Environment［R］. UNSCEAR, 1996 Report to the General Assembly with Scientific Annex. United Nations, New York, 1996.

［19］ ICRP. A Framework for Assessing the Impact of Ionising Radiation on Non – human Species. ICRP Publication 91, 2003. Ann. ICRP 33 (3). 国际放射防护委员会. 国际放射防护委员会第 91 号出版物,评价非人类物种电离辐射影响的框架［J］. 辐射防护(中译本),2004,24(增刊):15 – 46.

［20］ C – M Larsson. The FASSET Framework for Assessment of Environmental Impact of Ionising Radiation in European Ecosystems—an overview［J］. Radiol. Prot. 2004,24(4A):A1 – 12.

［21］ 潘自强. 非人类物种电离辐射防护的进展［J］. 辐射防护,2004,24(增刊):1 – 8.

第 2 章　核设施和核技术应用的释放源项

2.1　概　　述

按照辐射照射的来源,辐射源可以划分为天然辐射源和人工辐射源两大类。自从人类在地球上出现以来,就一直受到天然存在的辐射源的照射,这种辐射称为天然辐射。天然辐射源主要是宇宙射线、宇生放射性核素和原生放射性核素。人们所受天然辐射照射的大小是与人类生活的地点和方式相关的。因此,人们所受天然辐射照射的大小也是随时间、地点和社会发展情况而变化的。迄今为止,天然辐射源是人类所受辐射照射的最大来源。

人类的实践活动和自然演变均可能使天然辐射本底的水平发生变化。自然演变引起的变化通常是一个缓慢的过程。人类的实践,特别是近代工业的发展,有可能使天然辐射本底水平在较短时期内发生变化。人为活动引起天然辐射水平升高的这种变化对人类和环境可能产生影响,因此有必要研究和确定天然辐射水平的基线,以便及时发现可能的变化。天然辐射水平基线也可以作为其他人工辐射照射的比较基线。

人工辐射源主要包括核燃料循环中的辐射源、放射性同位素辐射源和射线装置所产生的辐射源。来自人工辐射源的辐射照射是产生职业照射的重要来源,也是控制公众照射的重要对象。

已有的研究结果表明[1],核工业和燃料循环工厂对公众的照射远远小于医用和工业用放射性同位素的照射。

2.2　放射性核素的放射防护学特性

2.2.1　排放源项

在辐射环境影响评价中,主要关注公众照射的源项是能在环境中输运和转移的排放源项。描述排放源项的参数通常包括排放方式、排放核素的种类、理化形态和排放量等。由于效应与剂量成正比,所以效应与源项成正比,因而这是一个线性过程。

核设施本身对周围公众的直接辐射是很少的,来自核设施释放的气载成分是最令人关注的,也最难对其不同化学形态的影响进行定量化。如有机碘和无机碘不仅在其逸出到环境中的份额不一样,而且随后在环境中的行为也不一样。所以,在环境影响评价中所指的源项是"排放源项",以区别于设施内部的"初始源项"。

2.2.2　理化形态

由于放射性同位素的化学性质与那些稳定的同系物相同,它们会忠实地遵循稳定元素的运移。因此,从释放和迁移观点看,重要参数是物理形态(固体、液体、气体)、凝聚态(如微粒、胶状体等)、化学形态、在空气与水中的溶解度、氧化态、吸附特性和挥发性等。此外,为辐射防护和计算群体剂量,也必须知晓释放源项中放射性核素的总活度、比活度、释放速率和半衰期。

核燃料循环设施的流出物排放的核素种类较多,相对较复杂。工业和医用同位素大多涉及单一放射性核素,这样就简化了其泄漏途径与份额的论证工作。但实际上源物质中的核素也不纯净,原因如下:

(1)加工过程中产生的反应可能不止一个,如(n,p),(n,d),$(n,2n)$等;

(2)靶料本身就不是单一同位素,如通过$^{123}Sb(n,\gamma)^{124}Sb$ 生产^{124}Sb 中伴有$^{121}Sb(n,\gamma)^{122}Sb$ 产生的^{122}Sb;

(3)所要的核素是另一长寿命核的子体,如$^{99}Mo-^{99m}Tc$,$^{90}Sr-^{90}Y$ 等;

(4)短寿命核素可以衰变,或伴有长寿命的子体(或同位素),如$^{129}Te-^{129}I$,$^{134}Cs-^{137}Cs$ 等。

2.2.3　人工放射性核素几种典型的生成方式

用中子活化生产同位素,如$^{59}Co(n,\gamma)^{60}Co$,其比活度与中子通量、分离前的产品和靶同位素等有关,不易分离,所以比活度低。但若经衰变生成另一种元素,则可提高产品活度和生产效率。如生产^{131}I,用

$$^{130}Te(n,\gamma)^{131}Te \xrightarrow{\beta} {}^{131}I(8\ d)$$

生产^{210}Po,用

$$^{209}Bi(n,\gamma)^{210}Bi(5d) \xrightarrow{\beta} {}^{210}Po$$

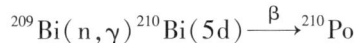

1. 用放射性核素发生器生产

放射性子体核素伴随母体核素的衰变而不断累积,可每隔一定时间从母体核素中方便地分离出来并加以收集,因而放射性核素发生器又称为"母牛",如钼-锝(Mo-Tc)淋洗装置。

2. 利用加速器生产

有的无合适靶则在加速器中通过带电粒子反应,如$^{68}Zn(p,2n)^{67}Ga$,这种方法生产的总活度相对较低且代价高。

3. 通过裂变反应生产(包括从辐照过的核燃料中提取)

常用的是通过裂变生产同位素,图2-1是具有双峰的裂变产额曲线。裂变产物是$\beta-\gamma$ 衰变,故沿等质线衰变,有一些中间体寿命长,在未衰变前已转移到环境中,如88链:

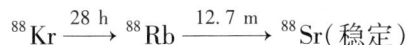

$$^{88}Kr \xrightarrow{28\ h} {}^{88}Rb \xrightarrow{12.7\ m} {}^{88}Sr(稳定)$$

Kr可进入大气圈,而Rb可以水溶态被植物吸收,相对原子质量为92~100 和133~143时,最大裂变产额可达7%。即使是同一衰变链的同质异位素,由于其化学性质不同,对每种裂变产物都要单独计算。

生物研究中用 ^{14}C, ^3H 作示踪剂,它们大量存在于植物体和液体闪烁液中,构成特殊的环境模式。

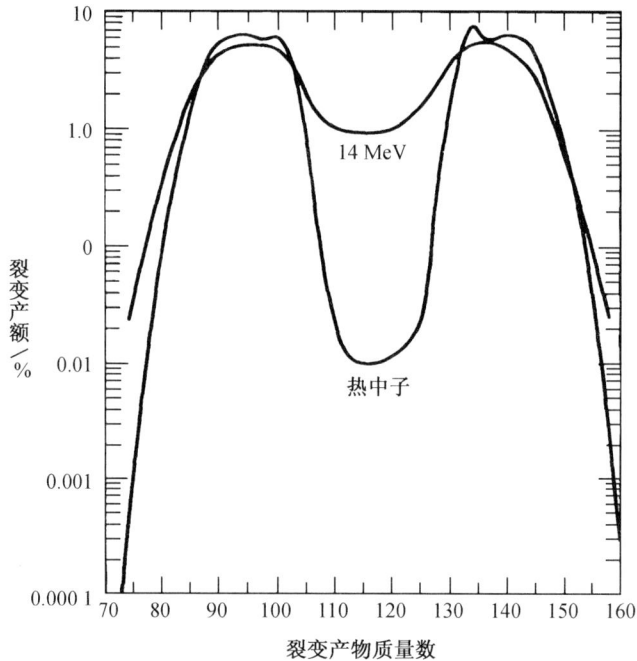

图 2 - 1   中子轰击 ^{235}U 的裂变产额 [2]

2.3   工业用放射性核素

2.3.1   工业用放射源的特点

核技术的工业应用主要是辐照装置(灭菌消毒、育种、食品保鲜、材料改性、三废处理)、射线照相(无损探伤)、密封源测井、辐射量规(如测厚计、测水分含量等)、烟雾探测器(火灾报警)及荧光材料等,使用的源主要是密封源,产生外照射。此外,放射性同位素野外示踪用源属于可弥散源。

20 世纪 70 年代,核技术工业应用的职业照射剂量约为医疗职业照射的一半,所以对群体剂量贡献很大,在美国平均个人剂量约为 2 μSv/a。

工业用放射源的特点具体如下:

(1)主要危害是外照射,但误排、误用也会进入环境;

(2)运输中采用双层包容,并要满足运输规程,定期检漏;

(3)废源不能乱丢,要放在指定的废物库内;

(4)退役问题,如荧光物质生产厂的退役。

2.3.2　工业用放射源的源强

表 2-1 列出工业用放射性同位素的源强。

表 2-1　工业用放射性同位素的源强

用途	放射性核素（密封源）	典型源强
工业照相	$^{192}Ir, ^{137}Cs, ^{170}Tm, ^{60}Co$	0.4 ~4 TBq(10 ~100 Ci)
测井	$^{137}Cs, ^{60}Co,$	0.4 ~70 GBq(10 mCi ~2 Ci)
	Pu-Be, Am-Be	1.9 ~700 GBq(50 mCi ~20 Ci)
	^{252}Cf	4 MBq(100 μCi)
辐射量规	如$^{90}Sr, ^{147}Pm, ^{144}Ce$	0.2 ~7 GBq(5 ~200 mCi)
自动称重	$^{137}Cs, ^{60}Co$	
烟雾探测器	^{241}Am	200 kBq(5 μCi)
萤光信号	^{3}H	20 GBq(0.5 Ci)
Mossbauer 分析	$^{57}Fe, ^{57}Co$	2 MBq(2 ~50 μCi)
水力学示踪	^{3}H	4 TBq(1 ~100 Ci)
	^{82}Br	4 GBq(10 ~100 mCi)
水库工程	^{85}Kr	7 GBq(200 mCi)

注：表中数据摘自 US. EPA - 520/4 - 73 - 002。

2.4　医用放射性核素

2.4.1　用途

使用 X 射线、其他的体外辐射源和内服的放射性同位素进行诊断，以及使用体外辐射源、植入体内的密封辐射源和放射性药物进行治疗，均可产生辐射照射。尽管此类医疗照射活动，使得受照个人或群体接受了较高的剂量，然而这些受照人员也是医疗照射的直接受益者。

医用同位素分为诊断、治疗、分析用源、起搏器电池等。放射学中的 X 射线透视，γ 源、β 源、n 源透射照相属于射线成像技术。

2.4.2　用量、剂量及"三废"

核医学用放射性示踪剂引起了环境污染问题，主要污染途径为患者（排泄物），工作人员（沾染），放射性物质的运输，放射性物质的配制操作及放射性废物处理等。如内服^{99m}Tc $2.22 \times 10^{7} \sim 55.5 \times 10^{7}$ Bq 做脑扫描，对患者造成的全身剂量约为 0.4 ~9.3 mSv；用^{131}I做甲状腺扫描，对甲状腺的剂量约为 0.1 ~0.2 Gy，这还只是诊断剂量，治疗甲状腺功能亢进的剂量还要高一个量级。

在美国、西欧等发达国家,由医院排入环境的放射性活度的总量比核工业常规排放的量还要大。

近几年放射免疫分析、示踪分析及尿分析等迅速增多,产生了大量的放射性废物,因此,医用涉核废物处理问题日益引起人们的关注。

医用产生的废液中,主要是甲苯、二甲苯(^{32}P),现在用焚烧法处理,但还有好多技术问题尚未解决。^{3}H,^{14}C半衰期很长,很容易在环境中转移和稀释,但在心理上、道义上都造成很大的负担;高纯度的^{238}Pu可用作心脏起搏器的材料(电池),^{238}Pu(约150 GBq)经外科移植于体内,造成很大的剂量。表2-2是美国人由此所受的剂量估计。

表2-2　由心脏起搏器对关键组造成的辐射剂量

(基于10 000例带Pu电池起搏器的患者估计)

与起搏器患者的关系	组人数	个人剂量/(mSv/a)			对该组(10 000例)的总剂量/(mSv/a)	
		由起搏器产生的剂量	平均剂量		由起搏器产生的剂量	天然本底辐射
			医用X射线	天然本底辐射		
配偶	6 430	50~75	730	1 020	420	6 460
家庭成员	8 950	10~15	730	1 020	120	9 120
与工作有关人员	72 000	1~2	730	1 020	105	73 440
与工作无关人员	218 000	0.5~1	730	1 020	145	243 780
除此以外的美国人		≪0.1	730	1 020	490	214 000 000
不包括患者在内的美国的群体剂量					1 280	

注:资料来源为US. EPA 520/1-77-009,美国人口约为210 000 000。

2.4.3　排放源项

1. 医用放射性废物的来源

医用放射性废物的来源主要包括以下方面:

(1)固体废物　放射性核素发生器;遮盖用的纸、手套、空药水瓶和注射器;用放射性核素治疗过的病人所使用过的物品;用作设备标定、校正和质量控制的废气密封源、点源,以及解剖用标记物;人与动物尸体、废弃组织与器官,以及其他生物废物。

(2)液体废物　放射性核素残留液,患者的分泌物、排泄物,试验与终端使用过的液体闪烁液,其他放射性同位素与放射性药物操作产生的液体。

(3)气载废物　使用^{133}Xe做通气实验的患者呼出的气体;^{14}C呼气实验受试者呼出的气体;放射性药物生产、转运和使用过程中产生的放射性气溶胶。

2. 医用放射性核素^{131}I

放射性同位素^{131}I是医学实践中应用最早也是使用最广泛的核素之一。^{131}I半衰期偏长(8.04 d),γ射线能量偏高(365 keV),不适合单光子发射计算机断层成像术(SPECT)测量,且能发射最大能量为 607 keV 的 β 射线,给病人增加额外的辐射剂量却不提供任何有用信息。因此,^{131}I 在诊断上的使用频率不断下降,但是在治疗方面,特别是甲状腺疾病的治疗方面仍然是不可替代的。

我国医用^{131}I 生产企业主要有中国原子能科学研究院和中核高通同位素股份有限公司。医用同位素的生产过程中向环境的排放也使公众受到了辐射照射。表 2 - 3 列出了中国原子能科学研究院医用同位素^{131}I 生产过程中的气载流出物排放量[3]。

表 2 - 3　中国原子能科学研究院医用同位素^{131}I 生产过程中的气载流出物排放量

年份	排放量/TBq
2000	9.56×10^{-3}
2001	5.74×10^{-3}
2002	1.69×10^{-2}
2003	2.54×10^{-3}
2004	7.68×10^{-4}
2005	1.10×10^{-3}
平均值	6.10×10^{-3}

已有研究表明[3],经气载途径向环境排放 1 TBq 的^{131}I 所致的集体剂量为每人 1.61 Sv(即集体剂量系数为每人 1.61×10^{-12} Sv/TBq)。

治疗过程中,治疗用^{131}I 液态流出物向城市废水系统的排放率约为患者服用量的 0.05%,集体剂量系数为每人 0.03 Sv/TBq(液态流出物)[1];^{131}I 甲状腺治疗时的环境排放包括患者治疗过程和制剂准备过程向环境大气的排放。根据我国^{131}I 甲状腺治疗实践,每例碘治疗向大气环境排放的^{131}I 总量为 1.9×10^{6} Bq,其中 5.8×10^{5} Bq 为患者住院期间(通常为 15 d)的排放,其余 1.32×10^{6} Bq 为制剂准备和施治当天的排放量[4]。

2.5　核燃料循环

2.5.1　压水堆型的核燃料循环

核燃料循环包括铀矿石的开采、水冶和转变为核燃料材料;核燃料组件的制造;通过反应堆产生能量,乏燃料的储存和后处理,乏燃料中易裂变和有用物质的循环利用与回收;以及放射性废物的处理和处置。

典型的压水堆核能生产系统基本上是由三个子系统组成:堆前核燃料生产系统,核电生产系统和堆后处理系统。下面以一个典型的压水堆为例,介绍生产 1 GWa 电能所需各核设施生产比例关系,如图 2 - 2 所示。

从图 2 - 2 可知,核能生产 1 GWa 电能的生产比例关系具体如下:

(1)矿山系统需要开采含铀品位为 0.1% 的铀矿石 1.8×10^{5} t;

(2)水冶厂需从 1.8×10^{5} t 铀矿石中提取 169 t 的 U_3O_8(黄饼);

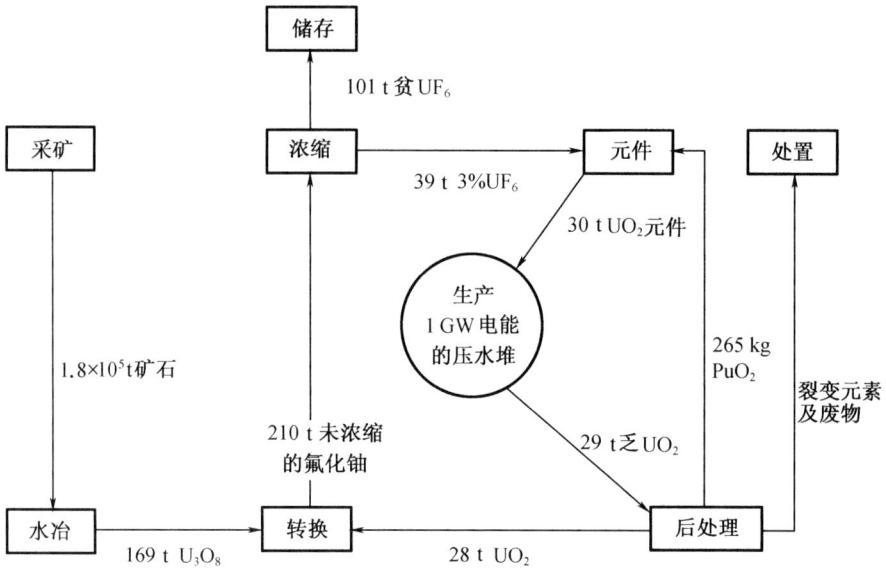

图 2 - 2　核能生产 1 GWa 电能的生产比例关系

（3）转换厂将 169 t 黄饼转换成 210 t 六氟化铀（UF_6）；

（4）浓缩厂将 210 t 六氟化铀浓缩成 ^{235}U 含量为 3% 的 39 t UF_6；

（5）元件厂制成含 3% 的 ^{235}U 的核反应堆燃料棒 UO_2 约 30 t；

（6）将 30 t UO_2 燃料棒投入 1 GWa 的压水堆中进行发电。经过发电运行后，取出 29 t 的乏燃料元件棒进入核燃料后处理厂。

（7）29 t 的乏燃料经后处理后，28 t 的 UO_2 返回到转换厂，265 kg 的 PuO_2 返回到元件厂，剩下的作为高放废物进行处置。

在核燃料循环的各个阶段中，最有可能向环境释放放射性物质，即产生辐射源项的主要环节具体如下：

（1）铀矿的开采和水冶，导致氡及其子体的释放；

（2）铀转化和浓缩以及燃料元件制造排放铀；

（3）核反应堆运行，来自常规流出物释放和事故释放；

（4）乏燃料后处理，释放具有全球弥散性核素，如 ^3H，^{14}C，^{85}Kr 和 ^{129}I；

（5）放射性废物处置和运输，主要是 ^{14}C。

2.5.2　铀矿开采和水冶

采矿和水冶过程主要是将含有铀及其衰变产物的矿石开采出来，冶炼包括对矿石的加工和铀的提取，及制成俗称黄饼的半成品。

在采矿和水冶过程中主要产生 Rn 及其子体。据联合国原子辐射影响科学委员会（UNSCEAR）估计[1]，每生产 1 GWa 电能在采矿阶段的氡排放为 75 TBq，水冶过程氡排放量的归一平均值为 3 TBq/（GWa）。

我国铀矿冶生产放射性流出物归一化年排放量[5]，气载流出物的 ^{222}Rn 约为 0.18 TBq/t，氡子体约为 0.29 kJ/t，气溶胶约为 0.15 TBq/t；液态流出物的铀约为 22.8 kg/t，镭约为 8.7 kg/t。

这里需要说明的是，近年来随着生产工艺的变化，原有的常规铀矿冶生产的企业大部分已经改为堆浸、地浸加工工艺。目前我国堆浸和地浸采冶工艺生产的铀产品已占铀总产量的 80%。另外，采冶工艺本身的变化，使得废石和尾矿（渣）的产生量大大减少，对地表环境的污染也得到控制，因而也较大地改善了地表环境质量状况。

2.5.3　铀转化、铀浓缩和燃料生产

天然铀 UF_6 生产的铀转化系统是核电燃料元件制造中的一个重要环节，主要从精制 UO_2 转化到 UF_4 和 UF_6 的生产。

易裂变核素 ^{235}U 在天然铀中的含量很低，铀同位素分离就是将易裂变的 ^{235}U 与其他铀同位素分离，提高 ^{235}U 丰度的过程。核燃料循环中的铀同位素分离，以天然铀或回收铀的 UF_6 为原料，经铀同位素分离后，获得加工燃料元件的低浓缩铀产品（UF_6）。

轻水堆的燃料生产工艺主要包括：化工转换（水解、沉淀、溶解、干燥、还原）、芯块制备（制粒、压制、烧结、磨削）、元件棒和组件生产等工序。

在铀转化、铀浓缩和燃料元件生产过程中，流出物向环境的排放是比较少的，而且主要是铀系的同位素。

文献[5]按照生产规模做粗略估计，我国铀转化归一化释放量约为 6.19×10^5 Bq/t，相当于 0.14 GBq/GWa；铀浓缩气态流出物的归一化排放量约为 1.34×10^5 Bq/t SWU（分离功），液态流出物的归一化排放量约为 1.94×10^6 Bq/t SWU。如果按照 1 GWa 相当于 130 t SWU 估计，气、液态流出物的归一化排放量分别为 1.74×10^7 Bq/GWa 和 2.52×10^8 Bq/GWa。由于实际生产量比设计生产量规模小，因此这个值可能比实际情况小一些。燃料元件生产，按照发电量归一化的气载和液态流出物的总铀释放量分别为 44.8 MBq/GWa 和 0.86 GBq/GWa。

UNSCEAR 在 1993 年提交联合国大会的报告中，对铀开采、水冶、转换、浓缩、元件制造五种核设施，每生产单位电能（1 GWa）产生的流出物中主要核素的排放量做了评估（见表 2-4）。

表 2-4　堆前燃料系统生产 1 GWa 电能流出物排放量[6]

核素	气载流出物					液体流出物				
	GBq/GWa		MBq/GWa			GBq/GWa		MBq/GWa		
	开采	水冶	转换	浓缩	元件	开采	水冶	转换	浓缩	元件
^{238}U	0.66	0.0007	74	3.7	0.74	—	—	814	370	370
^{235}U	—	—	2	0.07	0.22	—	—	20	7.4	7.4
^{234}Th	0.66	0.0007	74	3.7	7.4	—	—	814	370	370
^{230}Th	0.074	0.015	74	3.7	0.74	—	—	—	—	370
^{226}Ra	0.04	0.015	0.74	—	—	—	—	—	—	—
^{222}Rn	20 880	1 000	8 140	—	—	—	—	—	—	—
^{210}Pb	0.04	0.015	—	—	—	—	—	—	—	—
^{210}Po	0.04	0.015	—	—	—	—	—	—	—	—
总放射性	—	—	—	—	—	—	1.0	—	—	—

由表 2 - 4 数据可知,堆前核燃料系统归一化气载流出物排放量约为 22 TBq/GWa,主要核素是^{222}Rn,主要排放的液态流出物排放量约为 1 GBq/GWa,主要是沉积于尾矿坝的底泥中的^{226}Ra,^{210}Po,^{210}Pb 等。

2.5.4　核反应堆运行

核电站流出物主要来自于核燃料裂变时产生裂变产物和中子辐射下的活化产物。裂变产物大部分滞留在燃料元件 UO$_2$芯块的包壳中,但某些气体和气载放射性核素^{133}Xe,^{85}Kr,^{3}H,^{131}I,^{14}C,以及部分气溶胶还不可避免地释放到环境中。液体流出物主要是氚水。根据 UNSCEAR 1993 年提供的资料估算,核电站生产 1 GWa 电能时排入环境的气载流出物排放量列于表 2 - 5 和表 2 - 6 中。

表 2 - 5　核电站生产 1 GWa 电能时排入环境的气载流出物排放量[6]

气载流出物类型	压水堆	沸水堆	重水堆	气冷堆	轻水堆	快中子堆
放射性惰性气体	86 TBq	290 TBq	191 TBq	2 150 TBq	2 000 TBq	150 TBq
气体^{3}H	2.8 TBq	2.5 TBq	480 TBq	9.02 TBq	26 TBq	96 TBq
活化气体^{14}C	120 GBq	450 GBq		540 GBq		
气载^{131}I	0.93 GBq	1.8 GBq	0.19 GBq	1.4 GBq	14 GBq	
气载放射性颗粒物	2.0 GBq	9.1 GBq	0.23 GBq	0.69 GBq	12 GBq	0.19 GBq
合计	89 TBq	293 TBq	671 TBq	2 159 TBq	2 026 TBq	246 TBq

注:表 2 - 5 数据是 1985—1989 年各国核电站平均归一化释放量(UNSCAR. 1993)。

表 2 - 6　核电站生产 1 GWa 电能时排入环境的液态流出物排放量[6]

液体流出物名称	压水堆	沸水堆	重水堆	气冷堆	轻水堆	快中子堆
氚	25 TBq	0.79 TBq	374 TBq	120 TBq	11 TBq	3 TBq
除氚以外的液态流出物	45 GBq	36 GBq	30 GBq	960 GBq		30 GBq
合计	25 TBq	0.79 TBq	374 TBq	121 TBq	11 TBq	3 TBq

注:表 2 - 6 数据是 1985—1989 年各国核电站平均归一化释放量(UNSCAR. 1993)。

由表 2 - 5 数据可知,核电站生产 1 GWa 电能时排入环境的气载流出物(国际平均)压水堆最少,为 89 TBq/GWa,气冷堆最多,为 2 159 TBq/GWa。

由表 2 - 6 数据可知,核电站生产 1 GWa 电能时,排入环境的液态放射性流出物(国际平均)沸水堆最少,为 0.79 TBq,重水堆最多,为 374 TBq。

表 2 - 5 与表 2 - 6 数据合计,核电站生产 1 GWa 电能时各堆型的归一化排放量为:压水堆 114 TBq/GWa;沸水堆 293.8 TBq/GWa;重水堆 1 045 TB/GWa;气冷堆 2 280 TBq/GWa;轻水堆 2 037 TBq/GWa;快中子堆 249 TBq/GWa。

由此可知,压水堆的归一化排放量最小,而气冷堆的归一化排放量最大。

2.5.5　后处理厂运行

需要说明的是,目前世界上有许多国家,特别是美国没有堆后处理系统这一环节,他们在核电生产停业以后,对核反应堆及其乏燃料采用长期封存的办法。此外联合国原子能辐射影响科学委员会(UNSCEAR)也没有提供足够的定量的堆后处理系统归一化(1 GWa)的流出物排放量数据,这里只能做定性评估。

压水堆核电站卸出的乏燃料大约含有3%的裂变产物,95%未燃掉的铀,1%新生成的^{239}Pu和小于1%的锕系元素。乏燃料从堆内移出后的初期,其放射性活度极高,需要放入储存池内冷却和衰变两年以上再进行后处理。在后处理过程中,特别是乏燃料溶解时有大量的气体与挥发性裂变产物逸出,如放射性的碘、氪、碳、氚、氙、钌、锆、铯等,同时在工艺处理过程中还将产生液体和固体废物。对于逸出的气体裂变产物都通过严格的处理,例如采用苛性碱洗涤、干燥、固体活性炭吸附剂吸附,或高效液体吸附洗涤等,所以排放到大气中的放射性的量是很少的。

液体废物视其放射性活度强弱分为高、中、低水平放射性废物三类,处置方式各不相同。高放废液含有大量裂变产物,将其蒸发缩小体积,经玻璃(或沥青)固化后,最终处置在相当深度的地层中。大多数中放废液是短半衰期的^{89}Sr,^{95}Zr,^{103}Ru等裂变产物,将它们储存一段时间后,也可视为低放废液处理,再经三段流程处理后,低放废液在职能部门的严格管理、监督下有控制地排放。低放固体废物大都采用浅地层埋藏处置。然而活度超过4×10^{10} Bq/L的高放废物通常固化前要先冷却,使其放射性衰变,然后再按处置高放废物的办法处置。

在后处理过程中各步骤都在严格的放射性安全监督下,在严密可靠的作业系统中进行,产生的放射性气、液和固体废物都经过严格的处理和处置,只有达到法定的排放标准,才可排入环境,所以给环境带来的危害和公众辐射剂量贡献低于前面的核电生产系统。

2.5.6　固体废物处置和运输

在核燃料循环的各个阶段均有固体废物产生,主要包括由反应堆运行阶段产生的中低放固体废物,燃料后处理阶段产生的高放废物,以及直接处置的乏燃料。低放固体废物一般利用沟槽或水泥槽浅埋处置,但也有更先进的处置方法。最新的研究表明,中放固体废物将在中等深度的地层处置,相关标准正在研究制定中。高放废物和乏燃料一般存放在中间储存容器和池中,直到有了合适的处置手段和确定了处置点后再进行处置。

放射性固体废物处置的所有放射性核素最终将通过各种途径转移进入地下水,转移的数据与处置场特征条件的假设密切相关,因而一般来说有很大的不确定性。

各种类型的物质在核燃料循环的设施间运输,在载有放射性物品的卡车、船和火车附近的公众成员会受到小剂量的外照射。

2.5.7　中国核燃料循环设施流出物归一化排放量

核燃料循环设施(包括铀矿开采和选冶、铀转化、铀浓缩、元件制造、核反应堆、后处理以及放射性废物的处理和处置设施)的运行,已经导致放射性物质向环境的释放并使人们受到辐射照射。

在中国核工业30年辐射环境质量评价工作的基础上,我国核能生产的人工辐射源监测及其环境监测逐步改进,1986—2005 年期间,核燃料循环设施的营运单位和环境监管部门,已经积累了较完善的放射性流出物监测数据和记录,特别是核反应堆所释放核素的监测和记录,为这类辐射源的影响分析提供了适当的数据。21 世纪初《中国辐射水平》一书的研究,给出了中国核燃料循环设施放射性流出物归一化排放量(见表 2 - 7)。从表中可以看出,我国核燃料循环各类核设施运行放射性流出物的实际情况。

表 2 - 7　中国核燃料循环设施及核电厂流出物归一化排放量[5]

辐射源	主要核素	放射性流出物归一化排放量/(GBq/GWa)			
		1986—1990	1991—1995	1996—2000	2001—2005
铀矿采冶	^{222}Rn		61.6×10^{3}①	30.8×10^{3}	39.6×10^{3}
铀转化	U				0.14②
铀浓缩	U		1.4×10^{-1}	5.5×10^{-1}	0.14②
元件制造	I	1.92③	2.30④	7.0×10^{-1}	
压水堆运行气载释放	氚		5.54×10^{2}⑤	7.80×10^{2}	7.28×10^{2}
	惰性气体		3.10×10^{4}⑤	7.55×10^{3}	1.42×10^{3}
	碘		8.38×10^{-1}⑤	4.40×10^{-2}	1.19×10^{-2}
	其他核素		5.96×10^{-2}⑤	1.45×10^{-2}	4.19×10^{-3}
压水堆运行液态释放	氚		1.24×10^{4}⑤	1.76×10^{4}	2.32×10^{4}
	除氚核素		36.0⑤	3.64	1.30
重水堆运行气载释放	氚				2.29×10^{4}⑥
	惰性气体				1.39×10^{3}⑥
	碘				3.04×10^{4}⑥
	其他核素				1.92×10^{-2}⑥
重水堆运行液态释放	氚				1.55×10^{4}⑥
	除氚核素				5.65×10^{-1}⑥

注:①为 1994—1995 年的平均值;②为 2001—2004 年的平均值;③为 1988—1990 年的平均值;④为 1991 年、1992 年、1994 年和 1995 年四年的平均值;⑤为 1993—1995 年的平均值;⑥为 2003—2005 年的平均值。

2.6　人为活动引起天然辐射水平的增加

人为活动引起天然辐射水平增加(Naturally Occurring Radioactive Material,NORM)已日益受到国内外广泛关注。国际放射防护委员会(ICRP)最新建议书已建议把人为活动使得天然辐射水平增加纳入其放射防护体系,并正在制定 NORM 照射情况的控制框架[7,8]。国际原子能机构(IAEA)在其基本安全标准的修订中,也把 NORM 照射的控制作为重要内容建议纳入成员国的监管范围,并制定了一系列的安全报告和管理导则[9]。

人为活动引起天然辐射水平增加,具有如下特点:

(1)辐射照射源于天然放射性核素,是天然存在的;

(2)天然放射性核素无处不在,半衰期长;

(3)"三废"(废水、废气、废渣)排放数量大,涉及范围广;

（4）环境天然辐射水平显著增高，区域分布差异大；

（5）受照时间公众比工作人员长，人员受照差别大。

由于人类活动使得天然放射性核素受到迁移、浓集和扩散的作用，造成环境放射性核素和辐射水平显著增高，不少地方已远远高于天然本底。天然放射性核素对公众照射是长期的，但引起辐射水平增强的工业活动的工作人员受照时间相对较短，导致工作人员或公众受到的剂量可能相差几个量级。表 2-8 至表 2-10 分别列出了 NORM 行业的天然放射性核素的排放量、中国煤矿井下^{222}Rn 的活度浓度，以及其他地下场所^{222}Rn 的活度浓度。

表 2-8　NORM 行业的天然放射性核素的排放量[1]

NORM 行业	每吨矿石的气态排放/MBq						每吨矿石的液态排放/MBq					
	^{238}U	^{228}Th	^{226}Ra	^{222}Rn	^{210}Pb	^{210}Po	^{238}U	^{228}Th	^{226}Ra	^{222}Rn	^{210}Pb	^{210}Po
钢铁				2.4×10^{-2}	7.0×10^{-3}	1.2×10^{-2}					6.8×10^{-5}	1.1×10^{-3}
煤电	1.2×10^{-4}	5.9×10^{-5}	8.1×10^{-5}	2.5×10^{-2}	3.0×10^{-4}	5.9×10^{-4}						
焦炭	1.5×10^{-5}	1.0×10^{-5}	1.5×10^{-5}	1.0×10^{-2}	1.4×10^{-5}	7.9×10^{-5}					2.7×10^{-5}	3.6×10^{-5}
水泥	1.0×10^{-4}	2.5×10^{-5}	1.0×10^{-4}	7.9×10^{-2}	1.0×10^{-4}	3.9×10^{-2}						
元素磷				9.9×10^{-1}	1.2×10^{-1}	8.6×10^{-1}					4.2×10^{-2}	2.9×10^{-1}
磷酸	1.0×10^{-4}	2.9×10^{-6}	1.3×10^{-4}	1.2	1.1×10^{-4}	2.0×10^{-4}	4.8×10^{-1}	1.1×10^{-2}		1.1	9.3×10^{-1}	1.4
钛颜料	2.0×10^{-5}	2.0×10^{-5}	2.0×10^{-5}	1.2×10^{-1}	2.0×10^{-5}	2.0×10^{-5}	4.0×10^{-5}	6.0×10^{-5}	4.0×10^{-5}	4.0×10^{-5}	6.0×10^{-5}	4.0×10^{-5}

表 2-9　中国煤矿井下^{222}Rn 的活度浓度（Bq/m^3）[10]

煤矿类型	实验测量			实验测量和文献报道		
	样本数	范围	平均值	样本数	范围	平均值
大型煤矿	12	18～65	47	23	18～202	77
中型煤矿	16	22～1 963	223	24	22～1 963	225
小型煤矿	16	14～3 187	630	19	14～3 187	536
石煤矿	4	136～4 183	1 244	8	136～23 976	5 999

表 2-10　除矿山外地下工作场所^{222}Rn 的活度浓度[11-13]

工作场所	测量点/样品数	范围值/(Bq·m^{-3})	平均值/(Bq·m^{-3})
人防工程	23 城市/500 测点	14.9～2 482	247
地下宾馆	1/20		173.8
地下商场、餐饮、娱乐场所	41/41	46.8～538	227
地下车间	18 城市/1 024	3.1～4 705	479
地下仓库	18 城市/539	27～5 250	312
地下溶洞	39 溶洞/312	20～8 660	1 200
地下养殖场	32/32		2 069
地下文体中心	20/20	136～256	172
半地下花房	6/6	67.5～127.6	92.7
地下咖啡屋	7/7	415.8～863.7	611.5
地下舞厅	6/6	136.0～256.0	189.8
平均			524.9

2.7　习　　题

1. 描述排放源项的主要参数有哪些？简述对排放源项的理解。

2. 计算 0.2 GBq 的 ^{90}Sr, ^{131}I(元载体)的质量。

3. 通常将"Mo - Tc"称为"母牛"，医院购进 1.2 GBq 的 ^{99}Mo($T_1 = 66$ h)同位素发生器，试计算其子体 ^{99m}Tc($T_2 = 6$ h)增长的最大量，并估计要"挤出"0.2 GBq 的 ^{99m}Tc 需要间歇多长时间，能用多长时间？

4. 计算 100 g 的 ^{235}U 全部裂变产生的 Kr, Xe, I 的量。如果这些 ^{235}U 是在一年内全部烧完(假定在此期间功率不变)，试计算其裂变速率和 ^{131}I 的平衡浓度。

5. 实际用源中，工业用密封源和示踪用的可弥散源的主要差别是什么？

6. 某同位素股份有限公司医用 ^{131}I 的年生产能力约为 130 TBq，如果不考虑生产工艺和环境特征上的差别，按 ^{131}I 归一化年排放量为 1.36×10^{-4} TBq/GWa(生产量)估计，试计算该公司每年经气载途径向环境的排放量是多少，对生产设施周围公众造成的集体有效剂量有多大。

7. 为满足一个 1.0×10^6 kW 机组的年发电需求，试估计铀矿冶生产环节氡的年排放量大约是多少？铀转化、铀浓缩和燃料生产环节，每年释入环境的总铀量是多少？

参 考 文 献

[1] United Nations. Sources and Effects of Ionizing Radiation [R]. Volume Ⅰ: Sources. UNSCEAR, 2000 Report to the General Assembly, with Scientific Annexes. New York, 2000.

[2] Till John E., Meyer H Robert. Radiological Assessment: A Textbook on Environmental Dose Analysis[C]. NUREG/CR - 3332, ORNL - 5968, U. S. Nuclear Regulatory Commission, 1983.

[3] 杨端节,陈晓秋,张海霞. 我国医用同位素 ^{131}I 应用中的公众照射及治疗中陪护人员的医疗照射[J]. 辐射防护通讯,2011, 31(2):1 - 5.

[4] 姚素华,杭玉林,刘玉琴. 碘 - 131 治疗患者污染的监测[J]. 中华放射医学与防护杂志, 1983,3(3):39.

[5] 陈晓秋,潘英杰,任天山. 核能生产人工辐射源对中国大陆公众的辐射照射[J].原子能科学与技术,2012,46(5):633 - 640.

[6] United Nations. Sources and Effects of Ionizing Radiation [R]. Scientific AnnexesB. UNSCEAR, 1993 Report to the General Assembly, with Scientific Annexes. New York, 1993.

[7] ICRP. ICRP PUBLICATION 103,The 2007 Recommendations of the International Commission on Radiological Protection[R]. Annals of the ICRP,2007. (国际放射防护委员会. 国际放射防护委员会第 103 号出版物,国际放射防护委员会 2007 年建议书. 潘自强、周永增、周平坤、夏益华、刘华、马吉增、刘森林、郝建中,译校. 北京:原子能出版社,2008).

［8］ ICRP. Scope of Radiological Protection Control Measurement ［R］. ICRP Publication 104,2008.

［9］ IAEA. Extent of Environmental Contamination by Naturally Occurring Radioactive Material (NORM) and Technological Optional for Mitigation ［R］. IAEA Technical Report Series No. 419, 2003.

［10］ 陈凌,潘自强,刘森林,等. 中国煤矿井下工作人员所受天然辐射照射职业性照射初步评价［J］. 辐射防护,2008,28(3):129 – 137.

［11］ 李晓燕. 中国地下工程氡污染及其健康危害评价［D］. 中国科学院地球化学研究所,2005.

［12］ 张林,胡灿云,何展,等. 广州地铁一号线车站氡浓度［J］. 中国放射医学与防护杂志,2003,23(5):383 – 384.

［13］ 潘自强,刘森林. 中国辐射水平［M］. 北京:原子能出版社,2011.

第3章 放射性核素在大气中的输运与转移

3.1 概 述

3.1.1 气载放射性向大气中输运和转移的途径

各种核设施排放出的气载放射性可能通过许多途径对居民(公众)产生照射:

(1)放射性烟羽的外照射;

(2)沉积在地面上的放射性核素产生的外照射;

(3)吸入放射性烟羽中的气载放射性核素产生的内照射;

(4)食入被放射性物质污染的食物产生的内照射。

3.1.2 放射性核素在大气中的弥散与清除过程

这些照射的大小取决于源强及放射性核素的大气弥散与沉积过程。图 3 – 1 表示出大气弥散和清除的过程,即风的输送、涡动扩散、干沉积和湿沉积(包括雨淋和冲洗)、放射性核素在输送过程中的衰变。

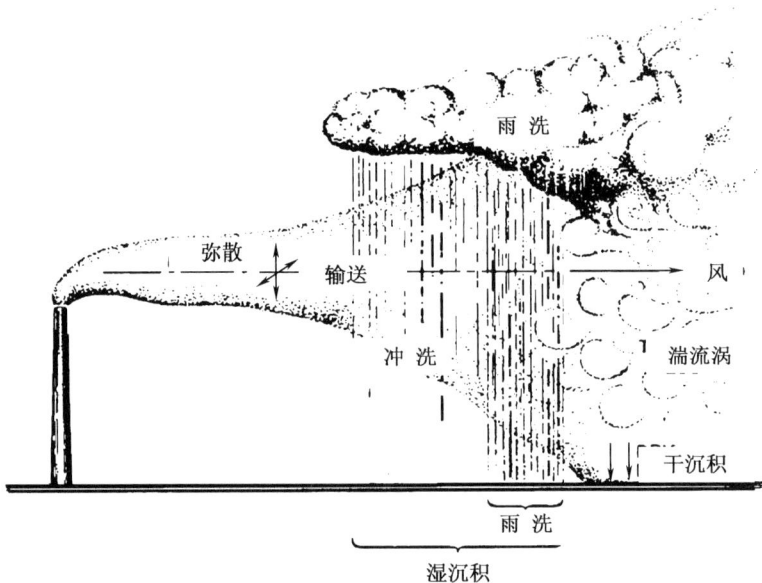

图 3 – 1 大气弥散和清除过程

3.1.3　高斯烟羽模式

描述大气输送与扩散过程的最通用的模式是连续点源高斯烟羽模式,其应用广泛的具体原因如下:

(1)它的计算结果与试验资料相符合;

(2)模式方程的数学运算相当简便;

(3)物理概念清楚,是可取的;

(4)与湍流的随机性质相一致;

(5)它就是扩散率 K 和风速 u 为常数时的斐克(Fick)方程的解。

本章将介绍高斯扩散模式的应用(参数的选取、修正)及它的适用范围。

3.2　大气湍流及弥散

3.2.1　大气的分层

所谓大气是指包围地球的空气层。从地球表面向上直到数百千米的高度,都是大气层。整个大气层可以划分为对流层、平流层和电离层,见图 3-2。对流层顶的高度大约是 8~11 km,95% 的大气质量集中在这一层。该层内大气有强烈的垂直和水平运动,主要天气现象均发生在这一层内。

在距地表 1~2 km 以下,尤其是几百米以下,地面的影响十分强烈,这一层的风速明显受到地面摩擦作用,因此这一层常被称为摩擦层或行星边界层(大气边界层)[1,2]。它与人类活动的关系最为密切,也是我们研究大气扩散、放射性核素释放、扩散和清除过程等的主要对象。而在此之上,由于地面的影响可以忽略,因此经常被称为自由大气。

大气中的主要成分是氮(78.08%)、氧(20.95%)、氩(0.93%)和二氧化碳(0.03%),以及氖、氦、氪、氢等少量气体。在对流层中,它们的组成几乎不变。

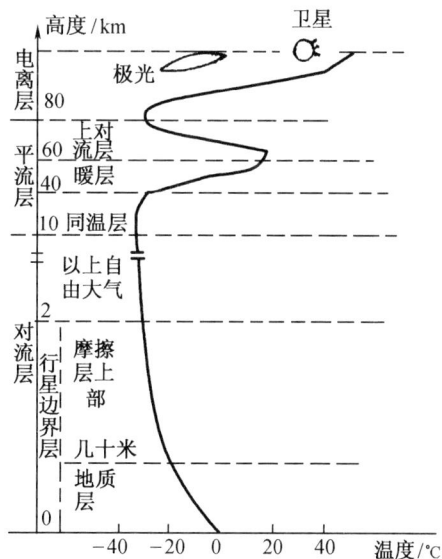

图 3-2　大气的分层

3.2.2　行星边界层内的风场与温度场

由于地球表面对空气的加热和冷却作用,可以观察到行星边界层内空气温度的日变化、温度随高度的变化(温度层结),也可以观察到风矢量随高度的变化。

1. 温度场

地面热收支的变化,造成浮力作用。

如果一干空气块(体积为 V)垂直向上移动,与它的周围环境无热量交换(即绝热过程),那么该气块的温度将不断下降(克服引力场做功),其受力为

$$F = W_A - W_P = gV(\rho_A - \rho_P) \tag{3-1}$$

式中　A——周围空气;

　　　P——所研究的气块;

　　　g——重力加速度;

　　　ρ——空气密度。

因此

$$a = \frac{F}{\rho_P V} = g\left(\frac{\rho_A - \rho_P}{\rho_P}\right) = g\frac{T_P - T_A}{T_A} = \frac{g}{T_A}(\gamma - \Gamma)\Delta Z \tag{3-2}$$

即

$$a = \frac{\mathrm{d}w}{\mathrm{d}z} = \frac{g}{T_A}(\gamma - \Gamma)\Delta Z \tag{3-3}$$

式中　T——温度;

　　　Z——垂向坐标;

　　　γ——气层的温度梯度,$\gamma = -\dfrac{\mathrm{d}T}{\mathrm{d}Z}$。

可以证明,气块的绝热温度梯度约为每上升 100 m 下降 0.98 ℃,即 $\Gamma = -\left(\dfrac{\mathrm{d}T}{\mathrm{d}Z}\right)_{绝热} = 0.98 \times 10^{-2}$ ℃/m,称为干绝热递减率,记为 Γ。如图 3-3 所示,它是常用的大气层静态热力学稳定性的一个判据[2]。

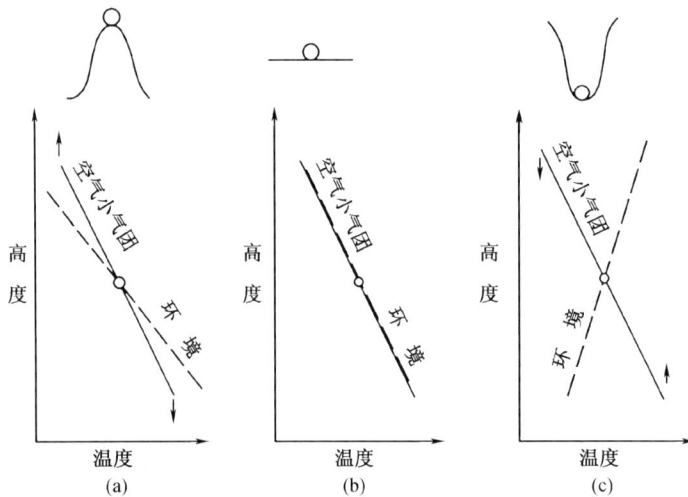

图 3-3　热力学静态稳定性判据

——实际环境温度廓线;——干绝热递减率

(a)不稳定:$\gamma > \Gamma$;(b)中性:$\gamma = \Gamma$;(c)稳定:$\gamma < \Gamma$

图 3 - 3 表明:①当大气温度梯度 $\gamma > \Gamma$ 时,$a > 0$,垂直运动被加速,该大气将是不稳定的,垂向温度递减(此时称为超绝热递减率);②当 $\gamma < \Gamma$ 时,$a < 0$,垂直运动受到遏制,大气处于稳定状态,逆温;③当 $\gamma \approx \Gamma$ 时,$a = 0$,虚位移的气块不受任何净力作用,达到随遇而安的状态,大气处于中性。因此,温度垂直梯度成为大气稳定度情况的静力判据。

理查逊数(Richardson)作为动力判据:

$$Ri = \frac{g}{T_A} \frac{(\mathrm{d}\theta/\mathrm{d}Z)}{(\mathrm{d}\bar{u}/\mathrm{d}Z)^2} \tag{3-4}$$

式中　$\dfrac{\mathrm{d}\theta}{\mathrm{d}Z}$——位温梯度,有 $\dfrac{\mathrm{d}\theta}{\mathrm{d}Z} = \dfrac{\mathrm{d}T}{\mathrm{d}Z} - \Gamma$;

Ri——理查逊数,热力浮力与机械切应力的比值,用来表征大气层稳定情况的参数。

2. 风廓线

由量纲分析可以推算出近地面风随高度变化的廓线:

中性条件下,有

$$\bar{u}(z) = \frac{u_*}{k} \ln\left(\frac{Z}{Z_0}\right) \tag{3-5}$$

非中性条件下,有

$$\bar{u}(z) = \frac{u_*}{k}\left[\ln\left(\frac{Z}{Z_0}\right) + \alpha Z/L\right] \tag{3-6}$$

式中　u_*——摩擦速度,m/s;

k——卡门常数,其取值为 0.4;

z——离下垫面的高度,m;

α——由观测结果来确定的常数;

L——莫宁奥布霍夫(Monin-Obukhov)特征长度,m。

3. 风场

对于水平稳定风,有

$$\begin{cases} f\bar{v} - \dfrac{1}{\rho}\dfrac{\partial p}{\partial x} + \dfrac{\partial}{\partial z}\left(K\dfrac{\partial \bar{u}}{\partial z}\right) = 0 \\[3mm] -f\bar{u} - \dfrac{1}{\rho}\dfrac{\partial p}{\partial y} + \dfrac{\partial}{\partial z}\left(K\dfrac{\partial \bar{v}}{\partial z}\right) = 0 \end{cases} \tag{3-7}$$

式中　$\bar{u}, \bar{v}$——分别是沿 x, y 轴的风速分量;

p——大气压强;

ρ——空气密度;

K——空气涡动黏滞度;

f——柯氏力系数,$f = 2\omega\sin\varphi$;

ω——地转角速度;

ϕ——地理纬度。

在行星边界层顶,地面摩擦力可忽略不计,若取风的流动方向为 x 轴,则得 $\dfrac{\partial p}{\partial x} = 0$ 和

$f\,\bar{u}_{\mathrm{G}} = -\dfrac{1}{\rho}\dfrac{\partial p}{\partial y}$，即风向沿等压线吹，风速与气压梯度成正比。

上述风场的解称为埃克曼（Ekman，1902）螺线（见图 3 - 4）：

$$\bar{u}(z) = \bar{u}_{\mathrm{g}}(1 - \mathrm{e}^{-az}\cos\alpha z) \tag{3 - 8}$$

$$\bar{v}(z) = u_{\mathrm{g}}\mathrm{e}^{-az}\sin\alpha z \tag{3 - 9}$$

其中

$$\alpha = \sqrt{f/2K_{\mathrm{m}}}$$

式中　　K_{m}——涡动黏滞度；

　　　　f——柯氏力系数。

风速一般随高度的增加而增加，风矢量随高度而变化，风矢量的变化与埃克曼螺线基本一致。如图 3 - 4 所示，风矢量随着高度的增加（Z_1，Z_2，Z_3）而右旋，在混合层顶（Z_i）接近于地转风速矢。

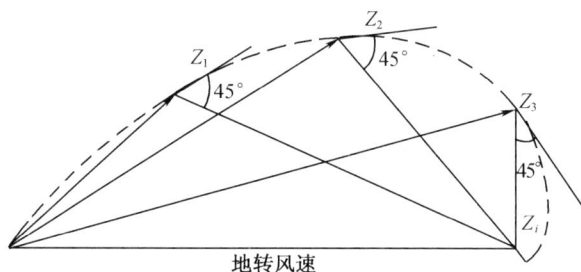

图 3 - 4　埃克曼螺线

总之，在行星边界层（1 ~ 2 km）内，风速随高度而增大，在近地面层（几十米高度范围内）风向不变，再向上，一直到行星边界层顶，风向将向右（北半球）偏转，趋近于地转风矢。

3.2.3　湍流特征

不稳条件往往发生在晴朗的白天近地面气层；中性条件往往发生在有风（大风）和多云的时候；稳定条件往往发生在晴朗的夜间且风速小的时候。这些热力学因素（浮力）是产生大气湍流的源泉之一；粗糙的下垫面对气流的黏性阻力是产生大气湍流的另一原因。前者称为热成因湍流，后者称为机械湍流[3]。

所谓"湍流"，它是一种不规则运动，其流场的各个特征参量是时间和空间的随机变量，因此它的统计平均值是有规律的。

湍流的主要特征是它的不规则性，即在湍流场中，存在着不同于主流方向的各种尺度的不规则运动，导致流体各部分之间的强烈混合。此时，只要在流场中存在某种属性的不均匀性，就会因湍流的混合和交换作用，使得这种属性从高值区向低值区传输，进行再分配。实际上湍流输送的速率很快，在大气中它比分子输送速率大几个数量级。

当流体速度小于临界雷诺数 Re 的风速 U_{c} 时，流体的流动为平流；反之为湍流。雷诺数的定义为 $Re = \dfrac{U_{\mathrm{c}}R}{\nu}$（即流体惯性力与黏性力的比值，无量纲数），式中，$R$ 为流体特征尺度，ν 为动力学黏滞系数。

假设变量(如风速)可以表示为平均量与湍流脉动量之和,即

$$u = \bar{u} + u' \tag{3-10}$$

$$\bar{u} = \frac{1}{T}\int_0^T u\mathrm{d}t$$

式中 $\bar{u}$——平均风速;

u'——脉动风速。

定义

$$\dot{I}_x = \left(\frac{\overline{u'^2}}{\bar{u}^2}\right)^{1/2} = \frac{\sigma_u}{\bar{u}} \tag{3-11}$$

$$\dot{I}_y = \left(\frac{\overline{v'^2}}{\bar{u}^2}\right)^{1/2} = \frac{\sigma_v}{\bar{u}} = \sigma_\theta \tag{3-12}$$

$$\dot{I}_z = \left(\frac{\overline{w'^2}}{\bar{u}^2}\right)^{1/2} = \frac{\sigma_w}{\bar{u}} = \sigma_\Psi \tag{3-13}$$

式中,$\dot{I}$ 为湍流强度。

用双向风标可直接测量湍流强度 i_y 和 i_z,即

$$\sigma_\theta(\tau_1) = \left(\frac{\tau_1}{\tau_0}\right)^p \sigma_\theta(\tau_0), \quad p \approx \frac{1}{5} \tag{3-14}$$

式中 τ_0——双向风标的取样时间,s;

τ_1——评价时使用的取样时间,s。

3.3 大气湍流扩散理论简介

目前在处理扩散输运问题上有三种理论体系,即梯度输送理论、统计扩散理论和相似理论[4-7]。

梯度输送理论认为环境介质中一个固定点上的扩散与局地的浓度梯度成正比,是研究流体相对于空间固定坐标系的运动性质的理论方法,也就是说,这个理论实质上是欧拉理论体系。其基本思想来自于分子扩散过程的比拟,假设湍流引起的动量通量与局地的平均风速梯度成正比,进而局地质量通量与该地物质的平均浓度的梯度成正比,比例系数 K 称为扩散系数,因此将其称为 K 理论。

统计扩散理论研究是跟随流体粒子运动的方法,它是拉格朗日的理论体系。其中心问题是寻求扩散粒子关于时间和空间的概率分布,进而给出扩散物质的时间和空间变化。实际上,大气湍流扩散是一个连续的扩散过程,同时它还受到下垫面的各种热力和动力作用的影响。在平稳和均匀湍流的假定下,可以证明粒子分布符合正态分布。

相似理论是一个独特的理论体系,它是基于量纲分析发展起来的,是利用流场欧拉性质的参数来表述其拉格朗日特性的一种参数化理论,也可认为它是拉格朗日的"相似性"理论。相似理论的基本原理是基于拉格朗日相似性的假设,认为流场的拉格朗日性质仅仅依赖于表征流场欧拉性质的那些已知参量。将粒子扩散的特征与流场的拉格朗日性质联系起来,因此可以建立它与风以及温度的空间分布之间的关系。

描述湍流扩散最常用的两种方法是梯度输送理论和统计理论。

3.3.1　梯度输送理论

梯度输送理论(常常也叫 K 理论)处理固定点的大气输送,它正比于局地的浓度梯度,这与斐克提出的分子扩散理论相似,因此流过某点处的面矢量通量为

$$\boldsymbol{S} = -K \nabla \chi \qquad\qquad (3-15)$$

式中　K——湍流(涡动)扩散系数;

　　　χ——所研究的无限小体元中污染物的浓度。

假定小体元 $\mathrm{d}v$ 中既没有源也没有汇,则污染浓度关于时间的变化为

$$\frac{\mathrm{d}\chi}{\mathrm{d}t} = -\mathrm{div}\boldsymbol{S} = \nabla K \nabla \chi + K \nabla^2 \chi \qquad\qquad (3-16)$$

假定湍流在空间均匀分布,即 $\nabla K = 0$,则得到所谓的斐克扩散方程,即

$$\frac{\partial \chi}{\partial t} = K \nabla^2 \chi \qquad\qquad (3-17)$$

因为这种方法研究空间固定点处的大气输送,所以其实质是欧拉体系。

在非相对扩散问题中,把描述大气扩散能力的参数看作离源距离的函数显然是不合适的,因此不能将常系数的 K 应用于求解连续点源的扩散。但是,在考虑大尺度的大气扩散问题时,扩散物质本身占据的空间尺度已明显大于对扩散起作用的湍涡尺度,不再受到取样时间和扩散范围改变的显著影响,此时与常系数扩散模型接近。此外,随着扩散尺度的进一步增加,扩散项的作用相对减小。因此,可以从菲克扩散模型来考虑大尺度以及全球尺度的扩散问题[7]。

3.3.2　统计理论

统计理论与梯度输送理论不同,它是从研究物质浓度的脉动平均入手,追踪粒子运动史而完成的。

假设变量 A(物质浓度、温度、速度)是平均量 $\overline{A}$ 与湍流脉动量 A' 之和,即

$$A = \overline{A} + A' \qquad\qquad (3-18)$$

平均是系综平均,对于大气应用可以用时间平均来近似,一般是 3 小时左右时间内的平均。对式(3-18)用雷诺平均,则有

$$\overline{A'} = 0 \quad \text{和} \quad \overline{\overline{A}} = \overline{A} \qquad\qquad (3-19)$$

由 A 的守恒方程

$$\frac{\mathrm{d}A}{\mathrm{d}t} = \frac{\partial A}{\partial t} + u\frac{\partial A}{\partial x} + v\frac{\partial A}{\partial y} + w\frac{\partial A}{\partial Z} = B + S \qquad\qquad (3-20)$$

式中,B 代表所有的外部影响,S 包括了所有的内部源与汇,u,v,w 是沿 x,y,z 轴的速度分量。

假定大气是不可压缩的,则有

$$\frac{\partial u}{\partial x} + \frac{\partial v}{\partial y} + \frac{\partial w}{\partial z} = 0 \quad \text{或} \quad \mathrm{div}\boldsymbol{V} = 0 \qquad\qquad (3-21)$$

将式(3-18)代入式(3-20),利用式(3-21)并按式(3-19)求平均,则得到

$$\frac{\mathrm{d}\overline{A}}{\mathrm{d}t} = \frac{\partial \overline{A}}{\partial t} + \overline{u}\frac{\partial \overline{A}}{\partial x} + \overline{v}\frac{\partial \overline{A}}{\partial y} + \overline{w}\frac{\partial \overline{A}}{\partial z} = B + S - \frac{\partial}{\partial x}(\overline{u'A'}) - \frac{\partial}{\partial y}(\overline{v'A'}) - \frac{\partial}{\partial z}(\overline{w'A'}) \quad (3-22)$$

式中, $\overline{u'A'}$ 是 A 由于湍流脉动在 x 方向造成的通量。

由于 $\overline{u'A'}$ 这类湍流通量只有用快速响应的仪器才能测到,也难以模拟分子状况做理论处理。所以,一般假设湍流通量与平均梯度成正比,即

$$\overline{w'A'} = -K\frac{\partial \overline{A}}{\partial z}$$

式中, K 是扩散系数,负号表示通量梯度的方向。

如果 A 是污染物浓度,则由(3-22)给出扩散方程

$$\frac{\partial \overline{A}}{\partial t} + \overline{u}\frac{\partial \overline{A}}{\partial x} + \overline{v}\frac{\partial \overline{A}}{\partial y} + \overline{w}\frac{\partial \overline{A}}{\partial z} = S + \frac{\partial}{\partial x}\Big(K_x\frac{\partial \overline{A}}{\partial x}\Big) + \frac{\partial}{\partial y}\Big(K_y\frac{\partial \overline{A}}{\partial y}\Big) + \frac{\partial}{\partial z}\Big(K_z\frac{\partial \overline{A}}{\partial z}\Big) \quad (3-23)$$

如果 A 是动量(如风速在 x 或 y 方向的分量 $\overline{u}, \overline{v}$),则可得到行星边界层内的运动方程。

3.4　高斯模式及其应用

3.4.1　限制条件

高斯分布(即正态分布)模式在大气污染计算中用得最多、最普遍。大多数国家的环境影响评价导则中都采用这种模式计算大气污染物浓度。前面已经讲过,斐克扩散方程的一个基本解是高斯分布函数。例如,对于瞬间点源释放,其浓度分布为

$$\chi = \frac{Q}{(4\pi t)^{3/2}(K_x K_y K_z)^{1/2}}\exp\Big\{-\Big[\frac{(x-x_0)^2}{4K_x t} + \frac{(y-y_0)^2}{4K_y t} + \frac{(z-z_0)^2}{4K_z t}\Big]\Big\} \quad (3-24)$$

式中, (x_0, y_0, z_0) 是点源的坐标。

而按照统计理论,在均匀平稳的湍流场中,污染物浓度可表示为(见图 3-5)

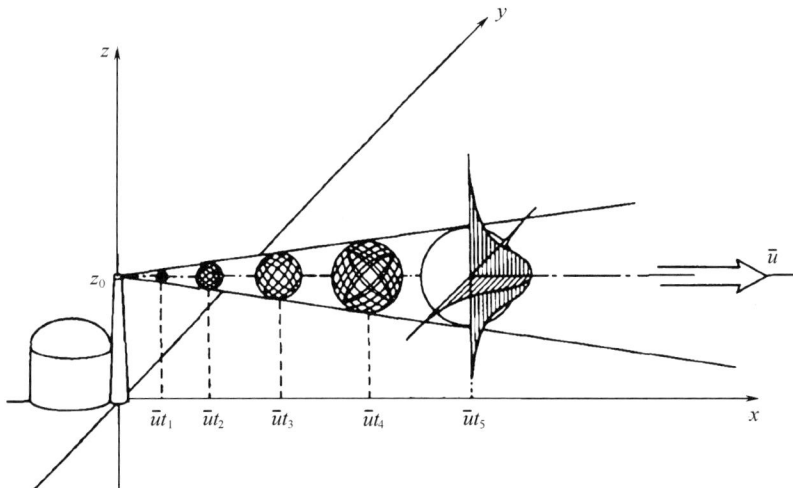

图 3-5　单烟团的高斯扩散

$$\chi = \frac{Q}{(2\pi)^{3/2}\sigma_x \cdot \sigma_y \cdot \sigma_z}\exp\left\{-\left[\frac{(x-x_0)^2}{2\sigma_x^2} + \frac{(y-y_0)^2}{2\sigma_y^2} + \frac{(z-z_0)^2}{2\sigma_z^2}\right]\right\} \quad (3-25)$$

式中,σ_i^2 是浓度分布沿 i 方向的方差,单位为 m^2。

在统计理论中,某粒子在时间间隔 t 内被脉动风带走偏离原方位的距离 y 为

$$y(t) = \int_0^t v'(\tau)\mathrm{d}\tau \quad (3-26)$$

如图 3-6 所示,由于随机湍流的作用,在时间 t 内标记粒子位移了距离 y 的路径。

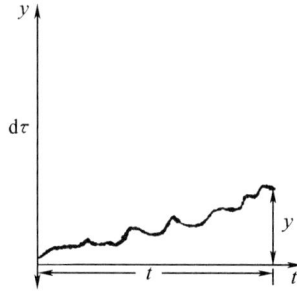

图 3-6　湍流作用下的粒子位移

可以计算的不规则随机过程的最简单的统计学量是均方扩散,这是大量独立重复实验的结果。将式(3-26)两边平方,并取许多重复实验的平均值(统计平均或系综平均),可以得到

$$\overline{y^2(t)} = 2\,\overline{v'^2}\int_0^t\int_0^{t_1}R(\xi)\,\mathrm{d}\xi\mathrm{d}t_1 \quad (3-27)$$

式中,$R(\xi)$ 称为一点的拉格朗日速度自相关系数,且有

$$R(\xi) = \frac{\overline{v'(t)v'(t+\xi)}}{\overline{v'^2}} \quad (3-28)$$

由于 $R(0)=1$,R 是相关系数,所以在很短的时间内 $R(t)\approx 1$。由此可知,当 t 很小时,有

$$\overline{y^2(t)} \approx \overline{v'^2}t^2 \quad (3-29)$$

当 t 很大时,自相关函数 R 很快趋于零,这样就有

$$\overline{v'^2}\lim_{t\to\infty}\int_0^t R(\tau)\mathrm{d}\tau = k_1 \quad (3-30)$$

式中,k_1 是个常数,粒子最终必然"忘记"它的初始运动。

Sutton 从量纲分析出发,求得 $R(\xi)$ 的表达式为

$$R(\xi) = \left(\frac{\nu}{\nu + \overline{v'^2}\xi}\right)^n \quad (0 < n < 1) \quad (3-31)$$

由此算出了扩散系数。Sutton 模式在 20 世纪四五十年代应用甚广。

对于连续点源排放,假设烟羽由无限多相互重叠的单个烟团组成,而且沿 x 轴的扩散小于风的输送而被忽略,由此对释放时间积分(对(3-25)式积分)(见图 3-7),由任一烟团中心坐标 $x_0 = \overline{u}t$,$y_0 = 0$,$z_0 = H$,得

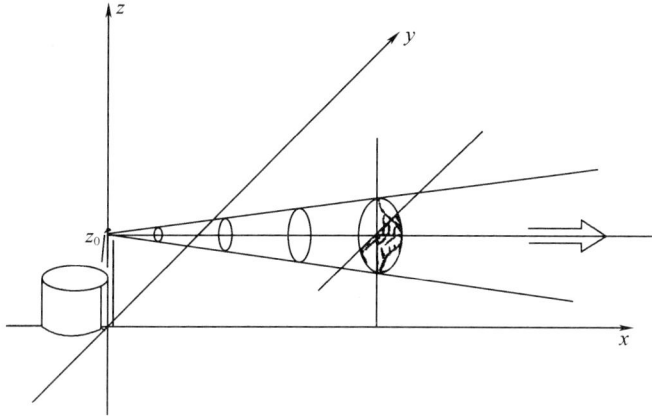

图 3-7　高斯烟羽扩散

$$\chi(x,y,z;H) = \int_0^\infty \frac{\dot{Q}\mathrm{d}t_1}{(2\pi)^{3/2}\sigma_x \cdot \sigma_y \cdot \sigma_z}\exp\left\{-\left[\frac{[x-u(t-t_1)]^2}{2\sigma_x^2}+\frac{y^2}{2\sigma_y^2}+\frac{(z-H)^2}{2\sigma_z^2}\right]\right\}$$

$$= \frac{\dot{Q}}{2\pi\bar{u}\sigma_y\sigma_z}\exp\left(-\frac{y^2}{2\sigma_y^2}\right)\left\{\exp\left[-\frac{(z-H)^2}{2\sigma_z^2}\right]+\exp\left[-\frac{(z+H)^2}{2\sigma_z^2}\right]\right\} \qquad (3-32)$$

式中　$\dot{Q}$——排放率,Bq/s;

　　　H——烟羽高度(或烟囱有效高度),m。

式(3-32)用到地面全反射的边界条件,即 $z=0$ 时

$$\frac{\partial \chi}{\partial z}=0$$

由此得到(3-32)式中的"镜像源"项 $\exp\left(\frac{(z+H)^2}{2\sigma_z^2}\right)$。

对于地面上的浓度(人们呼吸的浓度)为

$$\chi(x,y,0;H) = \frac{\dot{Q}}{\pi\bar{u}\sigma_y\sigma_z}\exp\left(-\frac{y^2}{2\sigma_y^2}\right)\exp\left(\frac{H^2}{2\sigma_z^2}\right) \qquad (3-33)$$

式(3-32)和式(3-33)是高斯烟羽模式的基本方程。由此可推导出本章所要的其他计算公式。

从理论上说,满足下述基本条件,高斯模式才是正确的:

●湍流(在空间上)是均匀的;

●(在时间上)湍流是平稳的,污染物浓度是稳态的;

●足够长的扩散时间;

●风场空间是均匀且恒定的;

●风速不为零;

●必须真正保持连续性条件;

●地面对烟羽全反射。

下面将说明这些条件。

(1)湍流的均匀性

湍流的均匀性,即 $\nabla k=0$,或

$$k(x,y,z) = 常数 \qquad (3-34)$$

而在真实的大气中,实际上永远不会出现这种状态,当局地地形差别很小时,例如平坦的原野,则近似地呈现水平均匀性。由于总是存在着浮力与重力,所以垂直均匀性很少见。风速随高度增加是大气垂直不均匀性的典型例子。

(2)平稳的湍流条件和稳态污染物浓度

湍流的平稳性定义为其期望值(均值)不随时间变化,而且自相关系数与初始时刻无关,即式(3-28)中

$$R(\xi) = R(t+\xi) \qquad (3-35)$$

稳态的污染物浓度(即 $\frac{\partial \chi}{\partial t}=0$),由(3-34)式和 $\bar{u}\frac{\partial \chi}{\partial x} \gg K_x \frac{\partial^2 \chi}{\partial x^2}$ 可知

$$\bar{u}\frac{\partial \chi}{\partial x} = K_y \frac{\partial^2 \chi}{\partial y^2} + K_z \frac{\partial^2 \chi}{\partial z^2} \qquad (3-36)$$

式(3-36)的物理意义见图3-8。即设想烟羽内有一个垂直于流动方向的横断面,式(3-36)表示自特定位置以平均速度 $\bar{u}$ 输送进入这个面积的物质总量恰好等于由于扩散从 $y-z$ 平面被送出去的总量。当大气湍流和排放源强都不随时间变化时就是这种情况。然而,实际上由于风的持续性特征,对较长的时间,无论湍流或排放源的强度都不是恒定的,大气湍流呈明显的日变化。

通常,近似的平稳条件只发生在几个小时内。例如,根据风的持续性特征参数的统计,风向保持恒定时的概率,会发现随着持续时间的增大,出现恒定风向的频率会减少。

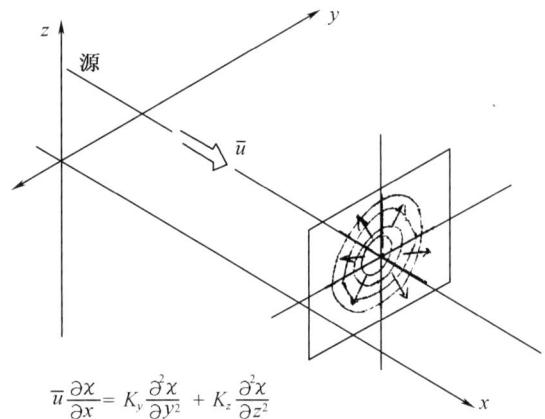

图3-8 平稳的高斯烟羽扩散的含义

(3)扩散时间的影响

从湍流扩散来看,可以把大气看成是由不同尺度的旋涡(湍涡)组成的。最大湍涡可能与大的气旋风暴的尺度(1×10^8 cm)相比拟,最小湍涡为黏性耗散的很小尺度(似分子扩散,尺度约为 5×10^{-2} cm)。

排入大气的烟团或烟羽,将受到这些尺度不同的湍涡的作用。比烟团尺度小的湍涡,可使烟团边缘慢慢模糊,体积逐渐增大;而尺度远大于烟团尺度的湍涡,只能使烟团移动而很少扩散;只有湍涡尺度与烟团尺度相近时,湍涡才使烟团撕裂和变形,从而迅速地扩散开来,如图3-9所示。

由于湍流扩散方程(3-25)的推导是对随机过程的平均求得的,因此其应用有一定的取样时间范围的限制。取样时间(因而扩散时间)的大小与污染物浓度有很大关系,如图3-10所示。

因此,随着离源距离的增大,扩散时间变长,取样时间也须相应增加,否则更大湍涡(低频)的影响仍可使烟羽弯曲,致使浓度分布偏离式(3-25)的计算值。

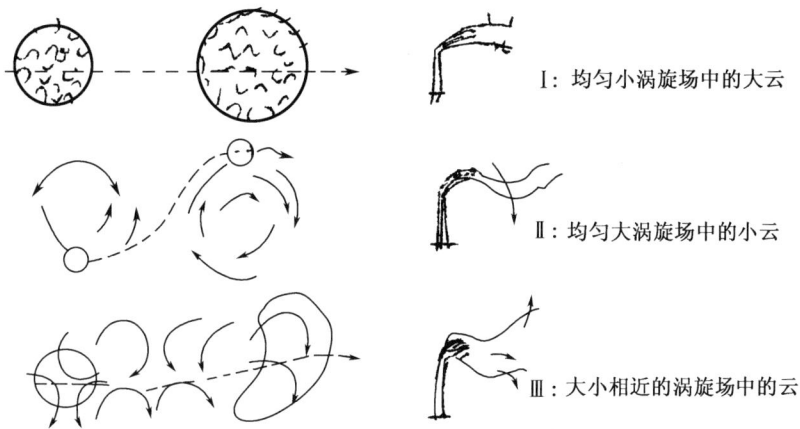

Ⅰ: 均匀小涡旋场中的大云

Ⅱ: 均匀大涡旋场中的小云

Ⅲ: 大小相近的涡旋场中的云

图 3 – 9　不同尺度的湍涡对烟团扩散的作用

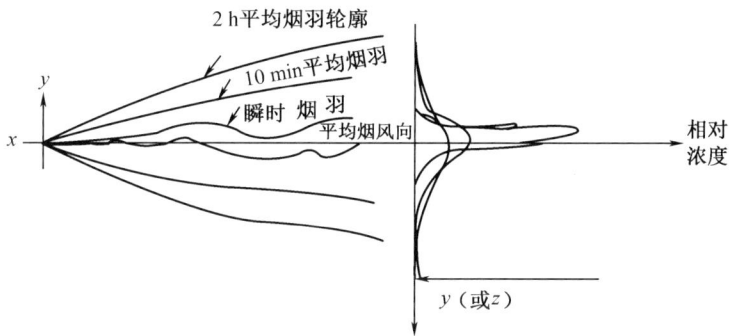

图 3 – 10　不同平均时间的烟羽轮廓和浓度分布

(4)流场(风速场)的均匀性和恒定

原则上,流场的空间均匀和恒定就意味着

$$\frac{\partial \overline{u}}{\partial x} = \frac{\partial \overline{u}}{\partial y} = \frac{\partial \overline{u}}{\partial z} = 0 \qquad (3-37)$$

就风的水平变化而言,方程(3 – 37)基本上可以得到满足。但是在垂直方向上有显著的风廓线(见图 3 – 11),这种风廓线的形状取决于表面粗糙度、地理纬度和大气稳定度。在近地面气层,风向几乎不变,但风速随高度成正比增加,在较高处受地转风影响风向逐渐变化,在行星边界层处,由科里奥利力与气压梯度力平衡而形成地转风。

实验观察表明,由地面到大约 150 m 间,风向几乎不变,而 150 m 到 800 m 的高度上风向逐渐变化,趋近地转风方向。在稳定大气状态期间,风向从 40 ~ 50 m 就开始变化,到 200 m 平均变化 26°;在不稳定状态下风向从 80 m 起开始变化,到 200 m 高度时平均变化约 11°(Hübschmann,1981)[8]。

(5)风速不为零的含义

应用高斯烟羽模式的更为重要的前提条件是方程(3 – 16)中

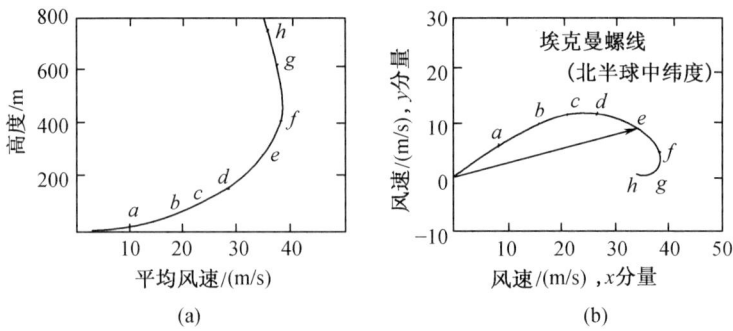

图 3 - 11 水平风场随高度的变化

(a)风速标量值;(b)风矢量

$$\frac{\mathrm{d}\chi}{\mathrm{d}t} = \frac{\partial\chi}{\partial t} + \bar{u}\,\frac{\partial\chi}{\partial x} = K_x\,\frac{\partial^2\chi}{\partial x^2} + K_y\,\frac{\partial^2\chi}{\partial y^2} + K_z\,\frac{\partial^2\chi}{\partial z^2} \qquad (3-38)$$

沿纵向的扩散与风速输送相比是可以忽略的,即

$$K_x\,\frac{\partial^2\chi}{\partial x^2} \ll \bar{u}\,\frac{\partial\chi}{\partial x} \qquad (3-39)$$

这个条件适用于风速在 0.5 m/s 以上的情况,在实际大气中,一般来说是满足这个条件的,特别是在 100 m 以上的高度。对于地面释放且静风频率较高的地区,高斯模式不完全适合。这时需引入沿 x 轴方向的扩散,通常按照烟团模式进行计算,或用其他更复杂的数学模式。

(6)连续性条件和地面全反射

高斯烟羽模式的连续性条件为

$$\int_0^\infty \int_0^\infty \int_{-\infty}^\infty \chi(x,y,z)\cdot\bar{u}\mathrm{d}y\cdot\mathrm{d}z\mathrm{d}t = Q \qquad (3-40)$$

即自由大气中没有源与汇。然而,实际上既有源(如沉积物再悬浮)也有汇(放射性衰变和干湿沉积)。在推导高斯烟羽公式时式(3-32)和式(3-33)没有考虑这些因素。近来的实际做法是在公式中计入干湿沉积的汇,即

$$\frac{\partial Q}{\partial t} = -\lambda Q - \varLambda Q - v_d \int_{-\infty}^\infty \int_{-\infty}^\infty \chi(x,y,0)\mathrm{d}x\mathrm{d}y \qquad (3-41)$$

式中,等式右面第一项表示放射性衰变引起源的变化项,λ 为放射性衰变常数,单位为 1/s;第二项表示湿沉积引起源的变化项,$\varLambda$ 为湿沉积清除系数,单位为 1/s;第三项为干沉积引起源的变化项,v_d 为干沉积速度,单位为 m/s;$\chi(x,y,0)$ 可由式(3-33)给出。

地面全反射的假定也不满足,因为事实上在地表上有沉积。因此,全反射的假定导致高估了空气中的污染物浓度,因此得到较保守的值。

(7)实际结果

在大气中很少能完全满足高斯模式的前提假定和边界条件。然而通过按照现场情况选择扩散参数(σ_y 和 σ_z),由高斯模式算出的结果与实测数据符合得较好。

鉴于高斯模式要求有平稳的湍流条件,实际应用时需要把大气湍流分为几种不同的状态,并对每种湍流状态由实验测出相应的一组扩散参数,这样就可能计算较长时间(长于稳态湍流持续的时间)的污染物浓度,例如计算年平均浓度和辐射剂量。

3.4.2　大气稳定度分类及扩散参数

1. 大气湍流(稳定度)分类

大气湍流状态是由热浮力(对流)部分和机械部分组成。有时对流湍流占优势,有时机械湍流占优势,这取决于天气状况和地面粗糙度。它们的作用机制如图 3 - 12 所示。

这种湍流状态称为大气稳定度,最好用湍流的直接测量来确定(区分)各种稳定度。但是这种测量难度很大且花费大。因此,通常从可利用的气象资料来确定(推断)大气稳定度。

大气稳定度的分类方法有许多种,其中最方便和常用的方法是帕斯奎尔(Pasquill,1962)方法[9]。英、美、德、日本、加拿大等许多国家在核电站选址的环境影响报告中规定采用这种方法。

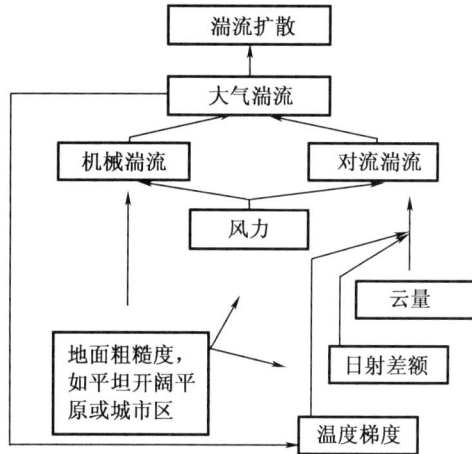

图 3 - 12　影响湍流扩散的机制图

Pasquill 用"大草原计划"扩散实验获得的资料,按地面风速、日射和夜间云量把大气稳定度分为六个类别,即 A,B,C,D,E,F 类。A 类到 C 类代表不稳定状态,D 类表示近中性状态,E 类和 F 类表示稳定状态,如表 3 - 1 所示。随后,Gifford 和 Turner 对该方法做了改进,采用太阳高度角计算日射,并用云状云量来修正。

表 3 - 1　Pasquill 的稳定度分类

地面风速 (10 m 高) /(m/s)	白天日射			夜间		浓阴白天 或夜晚
	强	中	弱	满天薄云 或云量≥ 4/8	≤3/8 云量	
<2	A	A～B	B			D
2	A～B	B	C	E	F	D
4	B	B～C	C	D	E	D
6	C	C～D	D	D	D	D
>6	C	D	D	D	D	D

注:云量的定义为当地可见的天空(分为 8 等分)上被云覆盖的比例。

如果有湍流观测,最好根据双向风标的测量结果 σ_θ 和 σ_φ(分别是水平风向脉动标准差和垂直风向脉动标准差)做稳定度分类(Smith 和 Cramer)。表 3 - 2 列出 Cramer 的分类法。表 3 - 3 列出美国核管会(NRC)推荐的用 σ_θ 分类与 Pasquill 分类的对应关系。美国核管会还推荐了用排放口高度和 10 m 高度处的温度梯度来分类,如表 3 - 4 所示。

表 3 - 2 Cramer 稳定度分类

稳定度类别	$\sigma_\theta/(°)$	$\sigma_\varphi(10\ m\ 高处)/(°)$
极不稳定	30	10
近中性,粗糙地面:树,建筑	15	5
近中性,光滑的草原	6	2
极稳定	3	1

表 3 - 3 USNRC 推荐的分类

Pasquill 类别	A	B	C	D	E	F
$\sigma_\theta(10\ m\ 高处)/(°)$	25	20	15	10	5	2.5

表 3 - 4 温度梯度分类法

Pasquill 类型	A	B	C	D	E	F	G
温度梯度/$\times 10^{-2}(°)/m$	< -1.9	$-1.9 \sim -1.7$	$-1.7 \sim -1.5$	$-1.5 \sim -0.5$	$-0.5 \sim 1.5$	$1.5 \sim 4.0$	>4.0

实际上,大气湍流的成因既有热成因(用温度梯度反映),又有机械成因,所以较好的分类方法是用理查逊数 Ri(Richardson Number)和莫宁 – 奥布霍夫长度(Monin-Obukhov Length)。这类湍流指标反映了垂直方向的热力湍流和机械湍流之间的关系。

理查逊数的定义为:单位质量气块湍能消耗率与湍能补充率之比是湍流增强或减弱的判据。达到平衡时,$Ri = 1$。实验发现临界值通常出现在 $\frac{1}{2} \sim \frac{1}{4}$ 之间,极端值为 $(0.05 \sim 1.5)$。

$$Ri = \frac{g}{T} \frac{\left(\frac{\partial T}{\partial z} + \gamma\right)}{\left(\frac{\partial \bar{u}}{\partial z}\right)^2} \tag{3-42}$$

由于实验测量上 $\partial u/\partial z$ 不好测(误差大),所以实验上采用总体理查逊数,为

$$R_b = \frac{g}{T} \frac{\left(\frac{\partial T}{\partial z} + \gamma\right)z^2}{u_g^2} \tag{3-43}$$

式中 g——重力加速度;

T——环境温度

u_g——测定环境温度梯度的高度处风速的几何平均值。

莫宁 – 奥布霍夫认为层结大气中近地面层的湍流性质主要取决于四个因子:$u_*, z, \frac{H}{\rho c_p}$

和 $\frac{g}{T}$。基于相似理论和近地面层湍流交换性质,莫宁 – 奥布霍夫长度 L 的定义为

$$L = \frac{u_*^3 c_p \rho T}{KgH} \tag{3-44}$$

式中 u_*——由地面切应力 τ 确定的摩擦速度,$u_* = (\tau/\rho)^{\frac{1}{2}}$;

c_p——比定压热容;

ρ——密度；

g——重力加速度；

k——卡门常数；

H——垂直湍流热通量。

可以看出,L 的符号决定于 H,当层结稳定时,位温随高度增加,由于湍流热通量向下,此时 $L<0$;当层结不稳定时,位温随高度减少,由于湍流热通量向上,此时 $L>0$;中性层结,位温梯度为 0,此时 $L\rightarrow\infty$。

表 3-5 列出 Pasquill 稳定度类别与 Richardson 数和 Monin-Obkohov 长度之间的关系。

表 3-5　Pasquill 分类与 Ri 和 L 的关系

Pasquill 稳定度	Ri(在 2 m 处)	L/m
A	$-1.0 \sim -0.7$	$-2 \sim -3$
B	$-1.0 \sim -0.4$	$-4 \sim -5$
C	$-0.17 \sim -0.13$	$-12 \sim -15$
D	0	∞
E	$0.03 \sim 0.05$	$35 \sim 75$
F	$0.05 \sim 0.11$	$8 \sim 35$

从实用角度出发,国际原子能机构(IAEA)推荐了基于温度梯度与风速相组合的 $\Delta T - U$ 法,它能较好地反映热力湍流和机械湍流两者的影响,明显优于简单的 P-T 法。实用中通常采用 100 m 高度与 10 m 高度处的温差,及相应的地面风速 u(地面上方 10 m 高度处)来确定大气稳定度。表 3-6 给出了 IAEA 推荐的由温度递减率和风速确定稳定度的方法。

表 3-6　由温度递减率和风速确定稳定度

$u/(\text{m/s})$	$(\Delta T/\Delta z)/\times 10^{-2}\text{K/m}$						
	$\leqslant -1.5$	$-1.4 \sim -1.2$	$-1.1 \sim -0.9$	$-0.8 \sim -0.7$	$-0.6 \sim 0.0$	$0.1 \sim 2.0$	>2.0
<1	A	A	B	C	D	F	F
$1 \sim 2$	A	B	B	C	D	F	F
$2 \sim 3$	A	B	C	D	D	E	F
$3 \sim 5$	B	B	C	D	D	D	E
$5 \sim 7$	C	C	D	D	D	D	E
>7	D	D	D	D	D	D	D

2. 大气扩散参数

应用高斯模式(3-32)式,(3-33)式最关键的问题是选择合适的扩散参数 σ_y,σ_z。20 世纪 50 年代以前,扩散气象学家致力于用固定点的气象观测(湍流强度 $i_x = \left(\dfrac{\overline{u'^2}}{\overline{u^2}}\right)^{1/2}$ 等的观测)来计算 σ_y,σ_z,最著名的公式有 Sutton 公式[4]。在 20 世纪 50 年代后期,实验观测结果有时与 Sutton 公式偏离较大。到 20 世纪 60 年代,Passquill 提出用野外示踪实验测定的 σ_y,σ_z 代入公式使用。之后开展了几次大的扩散实验计划,得出了可供计算采用的扩散参数值。Passquill

和 Gifford 总结并完善了"草原计划"得到的实验结果,得出平坦地区近地面排放的 σ_y, σ_z 曲线[1,9],见图 3-13。

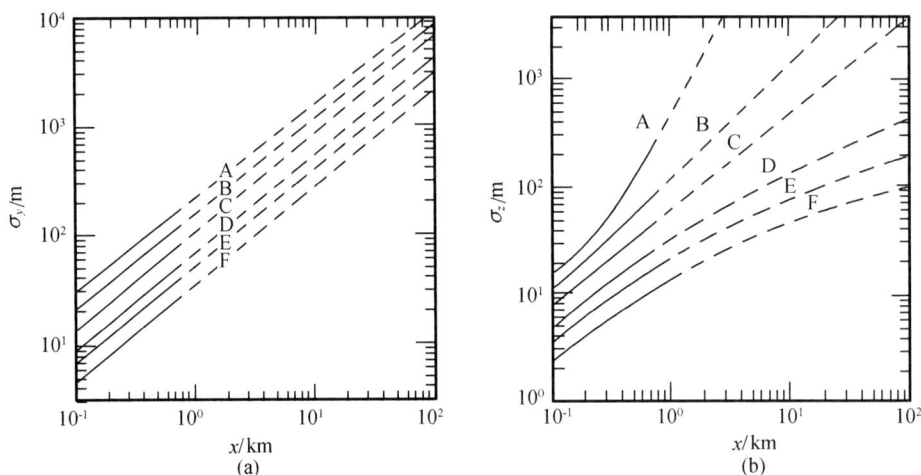

图 3-13 Pasquill 的 σ_y, σ_z 曲线(实线为实测值,虚线为外推值)

$(a)\sigma_y;(b)\sigma_z$

为了在计算机上使用,Smith 等人提出了用公式拟合的 σ_y, σ_z 曲线,Smith 总结美国布鲁克海文国家实验室(BNL,Brookhaven National Laboratory)的实验资料(源高 100 m,无浮力抬升,实验范围 10 km),得出

$$\sigma_y = ax^b$$

$$\sigma_z = cx^d$$

式中,x 是下风向距离,单位为 m;a,b,c,d 的值列于表 3-7 中。

表 3-7 BNL 的试验结果

$(\sigma_y = ax^b, \sigma_z = cx^d)$

稳定度类型	参数			
	a	b	c	d
B_2(强不稳定)	0.40	0.91	0.41	0.91
B_1(弱不稳定)	0.36	0.86	0.33	0.86
C(近中性)	0.32	0.78	0.22	0.78
D(弱稳定)	0.31	0.71	0.06	0.71

Pasquill-Gifford 的 σ_y, σ_z 曲线可用下述公式表示,即

$$\sigma_y(x) = (a_1 \ln x + a_2)x$$

$$\sigma_z(x) = \frac{1}{2.15}\exp(b_1 + b_2 \ln x + b_3 \ln^2 x)$$

此外,还有 Klug 等人根据试验结果拟合的 σ_y, σ_z 曲线,它们都是实验结果的总结,代表了下垫面不同粗糙地区,见表 $3-8$[2]。其中,Newberry 等人(1974)按照风速廓线幂指数 $\left(n, u(z) = u_{10}\left(\dfrac{z}{10}\right)^n\right)$ 或粗糙度长度 $\left(l, u(z) = \dfrac{u_*}{\kappa}\ln\left(\dfrac{z}{l}\right)\right)$ 将自然表面划分为四个粗糙度类别(Roughness Category)[10]:

表 3 – 8　各种稳定度下扩散参数的拟合系数

Diffusion Category	A	B	C	D	E	F	Roughness Category
Pasquill-Gifford							
a_1	– 0.023 4	– 0.014 7	– 0.011 7	– 0.005 9	– 0.005 9	– 0.002 9	
a_2	0.350 0	0.248 0	0.175 0	0.108 0	0.088 0	0.054 0	
b_1	0.880 0	– 0.985 0	– 1.186 0	– 1.350 0	– 2.880 0	– 3.800 0	1
b_2	0.152 0	0.820 0	0.850 0	0.793 0	1.255 0	1.419 0	
b_3	0.147 5	0.016 8	0.004 5	0.002 2	– 0.042 0	– 0.055 0	
	V	Ⅳ	Ⅲ₂	Ⅲ₁	Ⅱ	Ⅰ	
Klug							
p_y	0.469 0	0.306 0	0.230 0	0.219 0	0.237 0	0.273 0	
q_y	0.903 0	0.885 0	0.855 0	0.764 0	0.691 0	0.594 0	1
p_z	0.017 0	0.072 0	0.076 0	0.140 0	0.217 0	0.262 0	
q_z	1.380 0	1.021 0	0.879 0	0.727 0	0.610 0	0.500 0	
Brookhaven							
p_y		0.400 0	0.360 0	0.320 0		0.310 0	
q_y		0.910 0	0.860 0	0.780 0		0.710 0	3
p_z		0.411 0	0.326 0	0.223 0		0.062 0	
q_z		0.907 0	0.859 0	0.776 0		0.709 0	
		(B)	(C)	(D)	(E)		
St. Louis							
p_y		1.700 0	1.440 0	0.910 0	1.020 0		
q_y		0.717 0	0.710 0	0.729 0	0.648 0		3 ~ 4
p_z		0.079 0	0.131 0	0.910 0	0.930 0		
q_z		1.200 0	1.046 0	0.702 0	0.465 0		
	A	B	C	D	E	F	
Jülich[a] (50 m)							
p_y	(0.868 5)	0.868 5	0.718 4	0.624 8	1.691 0	5.382 0	
q_y	(0.809 7)	0.809 7	0.783 7	0.767 2	0.621 1	0.577 8	3 ~ 4
p_z	(0.222 2)	0.222 2	0.214 9	0.204 8	0.161 6	0.396 0	
q_z	(0.968 0)	0.968 0	0.943 8	0.935 8	0.809 4	0.618 3	
	A	B	C	D	E	F	
Jülich[a] (100 m)							
p_y	0.229 4	0.227 0	0.223 6	0.221 7	(1.691 0)	(5.382 0)	
q_y	1.003 2	0.970 4	0.938 0	0.904 8	(0.621 1)	(0.577 8)	3 ~ 4
p_z	0.096 5	0.155 1	0.247 4	0.398 0	(0.161 6)	(0.396 0)	
q_z	1.158 1	1.023 6	0.890 0	0.755 2	(0.809 4)	(0.618 3)	

类别 1　$0.1 \leqslant n < 0.15$ 或 $0.005\ \text{m} \leqslant l < 0.05\ \text{m}$,海、平原或无主要障碍物的开阔乡村;

类别 2　$0.15 \leqslant n < 0.25$ 或 $0.05\ \text{m} \leqslant l < 0.5\ \text{m}$,有少量树木或灌木的开阔乡村;

类别 3　$0.25 \leqslant n < 0.35$ 或 $0.5\ \text{m} \leqslant l < 1.5\ \text{m}$,茂密的森林,小镇,或郊外;

类别 4　$0.35 \leqslant n < 0.45$ 或 $1.5\ \text{m} \leqslant l < 3\ \text{m}$,市区。

3.4.3　风摆效应及长期平均

在计算年平均稀释因子时,某一风向 i 下风向的浓度是一年中 8 760 h 所有 i 风向的累积效应。气象观测中,将风向划分为 16 个扇形, i 风向是指 22.5°夹角内的风向,观测结果表明,在平坦地区如果 i 风向在这 22.5°内均匀分布,即考虑"风摆"(Wind Swimming)效应,则 i 风向下游 x 处的浓度因子为

$$\overline{(c/\dot{Q})} = \frac{\int_{-\infty}^{+\infty}(c/\dot{Q})\,\mathrm{d}y}{x\theta} = \frac{\int_{-\infty}^{+\infty}(c/\dot{Q})\,\mathrm{d}y}{x\frac{2\pi}{n}} = \frac{2.032}{ux\sigma_z}\exp\left(-\frac{h^2}{2\sigma_z^2}\right) \quad (3-45)$$

式中, n 为方位数 $(n=16)$, $\theta = \frac{2\pi}{n} = \frac{2\pi}{16} = 22.5°$ 。

因此,年平均浓度因子可由下式表示,即

$$\overline{(c/\dot{Q})}_i = \frac{2.032}{x}\sum_{j=1}^{6}\sum_{k=1}^{m}\frac{f_{ijk}}{\sigma_{zj}\bar{u}_{ijk}}\exp\left(-\frac{h^2}{2\sigma_{zj}^2}\right) \quad (3-46)$$

式中, f_{ijk} 是 i 风向 j 稳定度和 k 风速组的联合频率,满足

$$\sum_{i,j,k}f_{ijk} = 1 \quad (3-47)$$

3.4.4　风速的修正,静风的处理

低风速通常与大气中的高污染浓度相关。由于对低风速有关的现象尚未有足够的了解,在这种条件下弥散的模拟仍然是一个重大的挑战。这种现象之一是大气出现大的水平振荡,称作"风摆"。

当风速降低到某个值(1 ~ 2 m/s)时,开始出现风摆(低频水平风摆动)。在这种情况下,要定义一个准确的平均风向和估算气载流出物的弥散是相当困难的。根据超声风速计采集的数据集(复杂下垫面和相当平坦的地区),包括每小时的风观测资料,发现风摆似乎出现在所有气象条件下,而不论稳定度或风速;同时证实风摆在水平风分量上存在一个下限值。此外,在低风速情况下,发现水平风分量的自相关函数在负的半周期显示出一种振荡行为[11]。

新近的研究[12-19]主要集中于三个方面:①讨论高斯烟羽模式的局限性,当应用于小风速条件下,弥散模式产生不合理的结果;②揭示小风速条件下的湍流特征;③开发新的实用模式和方法,用于小风速条件下扩散试验的模拟。

1999 年,英国辐射防护管理局(NRPB)发布的 1996—1997 年报的附录 A 中,专门论述了低风速条件下的大气弥散问题。研究结果表明[20],有几种适用于考虑低风速影响的简单方法,具体如下:

(1)简单地采用大量的代表性天气条件;

(2)定义附加的低风速天气类型(如基于韦伯分布);

(3)对于低风速或静风条件,采用简单的低风速弥散模式;

(4)将附加的条件或限制性条件应用于标准弥散模式。

　　然而,审查了这些方法之后,最好的建议是,考虑申请类型所必需的弥散模式,然后采用适合于相应假设的方法学。

　　通常,对于年平均浓度,烟羽的横风向散布通常是不重要的,其结果取决于横风向积分浓度。有许多简单的低风速模式基本上是调整水平散布参数,这可能对结果不产生任何明显的变化。然而,低风速级别的频率可能是重要的,因此最好采用大量的代表性天气,以保证能够包括低风速。但应当指出,对烟羽所能到达距离以外更远地方的浓度,不能使用低风速模式来预测(即考虑低风速条件的持续性)。

　　在计算年平均浓度时,应用高斯方程的适用条件之一是风速不为零,因此需对静风频率加以适当处理。

　　由于气象站测风仪的启动风速大,烟囱口处的风速大于气象站 10 m 高度处的风速,故设 $u_c = 0.5$ m/s,而 $_cf_{ij} = \dfrac{N_{ij}^1}{\sum\limits_i N_{ij}^1} \cdot \dfrac{_cN_j}{N}$,则式(3 – 46) 可改写为

$$\left(\frac{\bar{C}}{Q}\right)_i = \frac{2.03}{x} \sum_{j=1}^{6} \sum_{k=1}^{m} \left(\frac{_cf_{ij}}{0.5} + \frac{f_{ijk}}{u_{ijk}}\right) \frac{1}{\sigma_{zj}} \exp\left(-\frac{h^2}{2\sigma_{zj}^2}\right) \tag{3 – 48}$$

式中,N_{ij}^1 是一年中 i 风向第 1 级不为 0 的风速组(例如 1 ~ 2 m/s 的风速组)出现的次数,$_cN_j$ 是一年中观测到静风时出现 j 稳定度的次数,N 是一年中观测的总次数。

　　对于安全分析情况的申请,经常需要考虑在典型的和最坏的天气条件下流出物的弥散,此时评价低风速条件下的弥散更重要。首先,需要定义构成最坏情况的条件是什么。过去常选择 F 类稳定度和 2 m/s 天气条件,现在有研究认为,对中等远近的距离,考虑 F 类稳定度和 0.5 m/s 或 F 类稳定度和 1 m/s 的条件可能更适当,这取决于该天气条件是否能够持续到所关心的距离处[20]。

　　多数模式涉及按照风速修正横风向散布,导致烟羽散布范围大,而比简单地应用标准高斯烟羽方法获得的浓度小。考虑了大量的这种模式后认为,对于多数特殊场合,用风摆或时间平均修正标准的 NRPB – 91 模式,用于 0.5 ~ 2 m/s 的低风速是合理的方法。该方法使得浓度取决于 $u^{-1/2}$,而不取决于通常所引用高斯烟羽模式的 u^{-1}。这个 $u^{-1/2}$ 因子"软化"了 u 接近于 0 的特点,意味着在极低的风速下(如 0.5 m/s)采用这类模式可能是合适的。

　　在某些特定的情况下,如当需要预测上风向散布时,可能需要采用烟团型模式或三维扩散方程,而不是任何标准的烟羽模式。

　　低风速模式主要用于稳定的低风速场合。为直接修正标准的高斯烟羽模式,尽可能采用现行的技术,建议采用下列选项:

　　(a) U_{min} 方法[17]——要求估计 $U < U_{min}$ 的比例。

　　(b) 采用摩擦速度 u^*,设置 u^* 下限值为 0.05。

　　(c) 0 风速模式[19],需要类似于方法(a)的信息。

　　(d) 设置 $\sigma_\theta u = $ 常数(0.5 ~ 0.8)[20]——低风速 u 和与此匹配的 σ_θ 作为标准的烟羽参数。

　　(e) 设置风速下限值(如 $u = 0.5$ m/s)——类似于方法(a),但要调整频率分布,而不是对于每个低风速分别进行计算,可能采用最小的 u^* 参数。

3.4.5 建筑物的影响

建筑物和起伏不平的地形对污染物的弥散影响很复杂,在近场,建筑物对弥散的影响与具体障碍物几何形状、表面粗糙有关,其气流流线如图 3-14、图 3-15 所示。这种影响表现在两方面:一是降低烟羽有效高度;二是增大湍流混合效应。

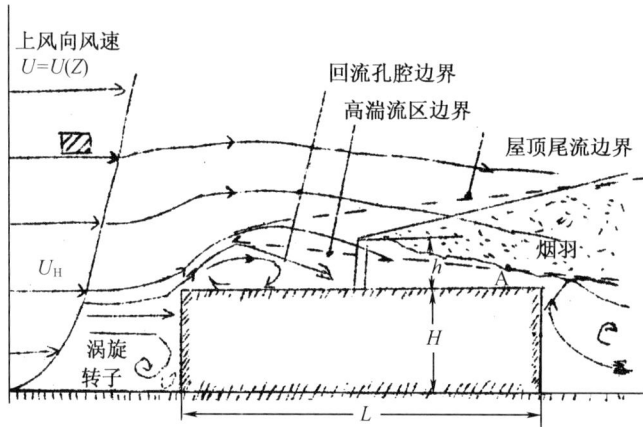

图 3-14 气流垂直于迎风面,流过长而扁平的建筑物时的图像

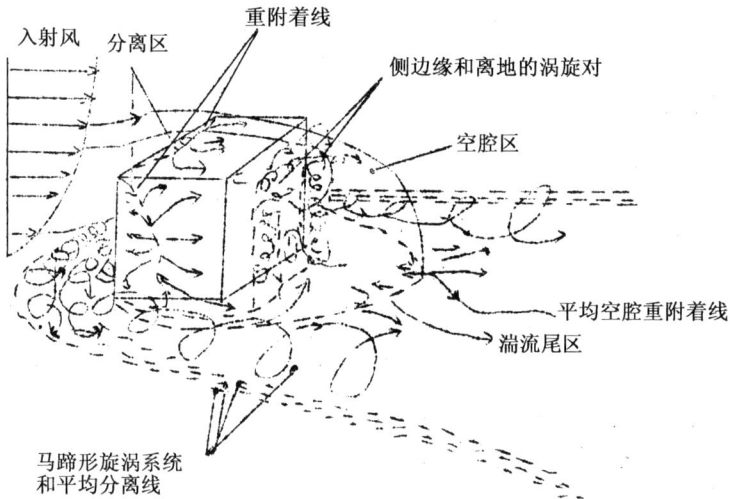

图 3-15 深边界层中气流流过锐边缘建筑物时气流图像

1. 对烟羽高度的影响

烟羽主轴若碰到建筑物则进入建筑物背风面的尾流区,高度将下降(见图 3-14)。大风时甚至烟囱本身尾流的低压也可能使烟流在烟囱背后下曳。为避免这种现象,可以提高排放出口速度(烟囱出口处的废气向上排出的速度)w_0,当 $w_0/\bar{u} \geq 1.5$,则认为不会出现下曳

($\bar{u}$ 是烟囱口高度的风速)。当 $\frac{w_0}{\bar{u}} < 1.5$ 时,烟流下曳高度 h_d 为

$$h_d = 3\left(1.5 - \frac{w_0}{\bar{u}}\right)D \qquad (3-49)$$

式中,D 是烟囱内径。

建筑物对烟羽高度的影响与建筑物的配置有关。按保守的规则是烟囱高度 h_s 必须在周围建筑物高度的 10 倍距离内超过建筑物高的 2.5 倍。即若建筑物高度为 H_c,则 $h_s \geqslant 2.5H_c$,这样才能保证烟羽躲开建筑物尾流的影响。若在 $X = 10H_c$ 范围内,$h_s < H_c$,则 $h_e = 0$,即烟羽进入空腔区,整个烟羽都在地面层中。对于 h_s 在 $(1 \sim 2.5)H_c$ 的情形,h_e 可用内插法求得,如图 3-16 所示。

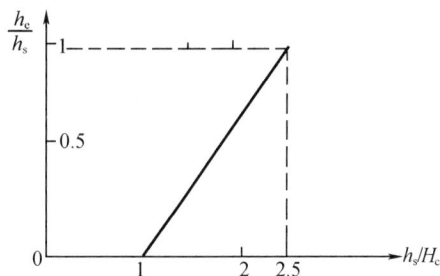

图 3-16 有效烟羽高度的内插

h_e—烟羽有效高度;h_s—烟囱高度

2. 建筑物对污染物混合的影响

进入建筑物背风面的污染物在高湍强旋涡作用下很快混合均匀,并向下风向流去,故其扩散因子可写成

$$\chi/Q = \frac{1}{(\pi\sigma_y\sigma_z + cA)\bar{u}} \qquad (3-50)$$

式中 A——与气流正交的建筑物的横截面积;

c——形状因子,一般在 $0.5 \sim 2$ 之间,偏保守的计算通常采用 $c = 0.5$。

NRC 附加一条限制:建筑物增大扩散的效应不大于没有建筑物时预期扩散的 1/3。这一规律可表示为

$$\Sigma_y = \left(\sigma_y^2 + cA/\pi\right)^{\frac{1}{2}} \leqslant \sqrt{3}\,\sigma_y \qquad (3-51)$$

$$\Sigma_z = \left(\sigma_z^2 + cA/\pi\right)^{\frac{1}{2}} \leqslant \sqrt{3}\,\sigma_z \qquad (3-52)$$

3.4.6 干沉积与湿沉积

气载物质在输送与弥散过程中,由大气转移至下垫面的过程称为沉积过程,分为干沉积与湿沉积(降水冲洗)。

1. 干沉积

烟羽中的大颗粒粒子由重力作用下沉,叫作重力降落,服从 Stocks 定律,一般颗粒在 10 μm 以上才有意义。而干沉积是指粒径小于 10 μm 的微粒或气体在与下垫面接触过程中被捕获的过程,其作用机理目前尚不完全清楚,主要有湍流扩散、布朗运动、光合作用、化学力、静电吸引、碰撞以及其他的生物、化学、物理等过程。定量描述这一过程的方法是 Chamberlain (1953) 提出的,认为地面单位面积上放射性核素的沉积通量 $\dot{W}_d(\mathrm{Bq/(m^2 \cdot s)})$ 与该面积上方空气中的核素活度浓度成正比[21],有

$$\dot{W}_d = V_d \chi \qquad (3-53)$$

式中　V_d——干沉积速度，m/s；

$\quad\quad\chi$——地面上方空气中浓度，Bq/m^3。

若烟云通过时间为 T，则下垫面上的沉积总量为

$$W_d = \int_0^T \dot{W}_d dt = V_d \int_0^T \chi dt = V_d \cdot E \tag{3-54}$$

常用干沉积因子来表达大气本身的特性，即

$$w/Q = V_d(E/Q) \tag{3-55}$$

式中　w/Q——干沉积因子，m^{-2}；

$\quad\quad E/Q$——曝污量因子，$s \cdot m^{-3}$。

为了考虑由于干沉积造成的烟云损耗，对于干沉积通量常用如下校正方法：

$$w = V_d\left(\frac{\chi}{Q}\right)_x\left(\frac{Q_x}{Q_0}\right)_d(Q_x/Q)_p Q_0 \tag{3-56}$$

式中　$(Q_x/Q_0)_d$——干沉积损耗修正因子（烟云中污染物由于干沉积损耗而保留的份额）；

$\quad\quad (Q_x/Q)_p$——放射性衰变修正，$(Q_x/Q)_p = e^{-\lambda t} = e^{-\lambda x/\bar{u}}$。

显然

$$\frac{\partial Q_x}{\partial x} = -\int_{-\infty}^{\infty} w(x,y) dy \tag{3-57}$$

代入 χ 的表达式(3-32)，得

$$\frac{\partial Q_x}{\partial x} = -\left(\frac{2}{\pi}\right)^{1/2}\frac{V_d Q_x}{\bar{u}\sigma_z}\exp\left(-\frac{h^2}{2\sigma_z^2}\right) \tag{3-58}$$

积分后得

$$Q_x/Q_0 = \left(\exp\int_0^X \frac{dx}{\sigma_z\exp(h^2/2\sigma_z^2)}\right)^{-\left(\frac{2}{\pi}\right)^{\frac{1}{2}}\frac{V_d}{\bar{u}}} \tag{3-59}$$

V_d 与污染物的理化特性有关，也与下垫面有关，还与稳定度有关。野外实验资料还不足以总结出规律。在环境影响预评价中，推荐对元素态碘(I_2)采用 $V_d = 1\times10^{-2}$ m/s，其他气溶胶粒子为 $V_d = 1\times10^{-3}$ m/s，惰性气体可采用 $V_d = 1\times10^{-4}$ m/s。在现状评价时需采用野外就地实测值。

2. 湿沉积

湿沉积是降水把污染物淋洗至地面，湿沉积有两种过程：一是在云中清除的，叫雨洗(Rainout)；一种是在云下清除的，叫清洗或冲洗(Washout)(见图 3-1)。它们可作为类似的模式处理，所以实用中都把这两种过程合在一起。目前，处理湿沉积的模式有两种。

(1) 第一种方法假定浓度由于降水呈指数衰减

可知

$$\chi(t) = \chi(0)e^{-\Lambda t} = \chi(0)e^{-\Lambda(x-x_0)/\bar{u}} \tag{3-60}$$

式中　Λ——清除系数，s^{-1}；

$\quad\quad x_0$——开始降水计起的距离。

湿沉积通量 $\dot{w}_w$ ($Bq/m^2 \cdot s$) 为

$$\dot{w}_w = \int_0^L \Lambda\chi dz = \frac{\Lambda\dot{Q}}{(2\pi)^{\frac{1}{2}}\sigma_y \cdot \bar{u}}\exp\left(-\frac{y^2}{2\sigma_y^2}\right) \tag{3-61}$$

式中，L 是混合层高度。

这种方法严格地说只能用于处理单分散气溶胶和十分活泼的气体,一旦被降水滴捕获便不再从中释放出来。

(2)另一种处理方法是采用所谓"清洗比 w_r"的方法

已知
$$w_r = \frac{k_0}{\overline{\chi_0}} \tag{3-62}$$

式中　k_0——降水里的污染浓度;

$\overline{\chi_0}$——被淋洗烟羽层的空气平均浓度。

$$\dot{w}_w = k_0 I_0 = \overline{\chi_0} W_r \cdot I_0 \tag{3-63}$$

式中,I_0 是等效降水率,mm/h。

类似于干沉积,可定义一个湿沉积速度:

$$V_w = \dot{w}_w / \chi_0 \tag{3-64}$$

Hosker(1980)提出[22]

$$\Lambda \approx \frac{W_r I_0}{Z_w} \approx \frac{W_r I_0}{L} \tag{3-65}$$

式中,Z_w 是变湿的烟羽层厚度,可用混合层高度 L 近似代之;Λ 与降水 I_0 有关,Brenk(1981)给出近似式[23]:

$$\left.\begin{array}{ll} \Lambda = 8.0 \times 10^{-5} I^{0.6}, & \text{对元素碘} \\ \Lambda = 1.2 \times 10^{-4} I^{0.4}, & \text{对气溶胶} \end{array}\right\} \tag{3-66}$$

实际应用中,对元素碘,$w_r = 2 \times 10^5$;对气溶胶,$w_r = 3 \times 10^5$。

$\overline{L} = \dfrac{1}{\sum\limits_j q_i/L_j} \approx 500$ m,q_j 是降雨时 j 稳定度的频率,L_j 是此时的混合高度。

3.4.7　排出流所致烟团动量抬升及浮力抬升

在式(3-33)中,H 应是烟羽高度,或称为烟囱有效高度,以 h_e 表示。由于排出气流有动量和浮力,所以排出的烟羽有抬升。另外计算点的地面与排放烟囱的底标高常常不在同一高度,所以式(3-33)的 H 应以 h_e 表示,h_e 的综合式为

$$h_e = h + \Delta h_1 + \Delta h_2 + \Delta h_3 - h_d \tag{3-67}$$

式中　h——烟囱实体高度;

Δh_1——动量抬升;

Δh_2——浮力抬升;

Δh_3——地形修正(烟囱底标高减去观测点标高);

h_d——烟囱尾流下曳。

关于 Δh_1,Δh_2 有大量公式,有的是经验拟合式,有的则是用量纲分析推得的半经验式[2]。现选择与实验观测符合较好的公式推荐如下:

过渡阶段(烟羽尚未升到顶端)

$$\Delta h = 2\theta F^{\frac{1}{3}} \overline{u}^{-1} x^{2/3} \tag{3-68}$$

最终抬升,中性稳定度

$$\Delta h = 400F/\bar{u}^3 + 1.5d\frac{w}{\bar{u}} \tag{3-69}$$

最终抬升,稳定有风

$$\Delta h = 2.6(F/\bar{u}S)^{1/3} \tag{3-70}$$

最终抬升,稳定无风

$$\Delta h = 5.1F^{1/4}S^{-3/8} \tag{3-71}$$

上述公式中,式(3-69)中的 $1.5d\frac{w}{\bar{u}}$ 是动量抬升,其余都是计算浮力抬升的。

$F = g(\Delta T/T_s)W\frac{d^2}{4}$,叫作浮力通量,$T_s$ 是排出流的温度,单位为 K;S 是稳定度参数,且有

$$S = \frac{g}{T}\left(\frac{\partial\theta}{\partial z}\right) = \frac{g}{T}\left(\frac{\partial T}{\partial z} + \Gamma\right) \tag{3-72}$$

当知道排热速率而不知道 T_s 时,浮力通量 F 可近似为 $F = 1.6\times10^{-4}Q_{H'}$,$Q_{H'}$ 的单位是 W。

对于不稳定条件下的热烟柱抬升高度,可保守地采用中性条件下的抬升。

对于瞬时烟团的抬升,可用下述公式计算:

$$\Delta h = 2.66\left(\frac{Q_i}{c_p\rho\frac{\partial\theta}{\partial z}}\right)^{1/4} = 2.66\frac{F_i^{1/4}}{S^{1/4}} \tag{3-73}$$

式中 Q_i——瞬时热的排放量;

F_i——瞬时浮力,$F_i = gQ_i/(c_p\rho T)$。

3.4.8　混合层高度的影响

烟羽远距离输送和弥散时,将会遇到顶部的"混合层顶"的限制,这时混合层顶的作用就像一个烟羽反射层界面,在其下部烟羽可连续扩展,但却不能穿越该层。如上方的逆温层底就是混合层顶的界面。对混合层中的扩散处理,可采用多次反射的方法,其结果为[1]

$$\chi(x,0,e) = 2\chi(x,0,h)\sum_{m=0}^{\infty}\left\{\exp\left[-\left(\frac{2mh_i + h}{2^{1/2}\sigma_z}\right)^2\right] + \exp\left[-\left(\frac{(2m+1)h_i - h}{2^{1/2}\sigma_z}\right)^2\right]\right\} \tag{3-74}$$

式中,h_i 是混合层高度(也常用 L 表示)。

计算机计算时,当 $2\sigma_z < L$ 时可用式(3-33)计算浓度(即上方反射层没有作用)。取 $2\sigma_z(x_L) = L$ 的 x_L 值为上方不反射的距离,当 $X \geqslant 2X_L$ 则认为混合层中已均匀混合,而 $x_L \sim 2x_L$ 之间用对数线性插值方法求得。

混合层高度值与稳定度有关,也与地理位置和粗糙度有关,可用探空或声雷达就地观测。

3.4.9　短期释放及曝污量

评价一个事件或一段时间的操作对环境的影响时,常常要用有效剂量来评价,剂量与浓度的时间积分相对应。例如,对于吸入内照射有

$$H = \int_0^T \chi R(DF)_a \mathrm{d}t = R \cdot (DF)_a E \tag{3-75}$$

式中 χ——浓度,$\mathrm{Bq/m^3}$;

$\quad\quad R$——呼吸速率,$\mathrm{m^3/s}$;

$\quad\quad (DF)_a$——吸入剂量转换因子,$\mathrm{Sv/Bq}$;

$\quad\quad E = \int_0^T \chi \mathrm{d}t$—— 浓度的时间积分,即曝污量,$\mathrm{Bq \cdot s/m^3}$。

连续点源的曝污量 $= \bar{c} \cdot t$,对于源强是常数,则由式(3-33)计算的浓度乘以曝露时间 T,即可得到曝污量,即 $H = C \cdot T$。

瞬时点源的曝污量,是通过对式(3-32)积分求得。由于此积分只在烟团通过时浓度值大,其余时刻趋于零,故积分 $\int_0^T f(t)\mathrm{d}t \approx \int_0^\infty f(t)\mathrm{d}t$,且有

$$\frac{E}{Q} = \frac{1}{\pi \bar{u} \sigma_{yi} \sigma_{zi}} \exp\left(-\frac{y^2}{2\sigma_{yi}^2}\right) \exp\left(-\frac{H^2}{2\sigma_{zi}^2}\right) \tag{3-76}$$

式(3-76)在形式上与式(3-33)相同,但扩散参数 σ_{yi},σ_{zi} 须用瞬时释放条件下的扩散参数。若释放时间大于 20 min 且释放期间风向不变,则式(3-76)与式(3-33)等同,即参数也相同。

3.4.10 几种小静风的处理方法

1. PAVAN 程序的处理方法

在美国,为满足联邦法规 10 CFR 100 和 10 CFR 50 的要求,美国核管理委员会(NRC)于 1979 年发布了管理导则《核动力厂潜在事故后果评价的大气弥散模式》(RG 1.145, 1979),确定了放射性后果评价的大气弥散估算由确定论方法变更到概率水平方法的基础模式[24]。为在早期厂址申请、建造许可证申请和运行许可证申请中全面地实施 RG 1.145,NRC 在详细地阐述了 RG 1.145 的技术基础(NUREG/CR-2260,1981)后,于 1982 年推出了相应的计算机程序——PAVAN(Version 2.0)[25],实现了 RG 1.145 所提供模式的计算功能。

PAVAN 程序是由美国太平洋西北实验室(PNL)为 NRC 开发的一个计算机程序,该程序利用风向、风速和大气稳定度联合频率资料,给出各方位禁区边界(EAB)和低人口区(LPZ)外边界在各时间段的大气弥散因子(χ/Q)值,用户可以选定地面释放(如通过建筑物泄漏和排风)或独立烟囱的高架释放方式。程序中考虑了建筑物尾流的附加弥散、低风速条件下的烟羽摆动,以及非直线烟羽轨迹的修正等。

PAVAN 程序一经推出,就在放射性事故后果评价中得到了广泛的应用。我国核动力厂的安全分析报告和环境影响报告,无论是申请厂址审批阶段、申请建造许可证阶段,还是申请装料批准书阶段,无论是滨海沿岸选址,还是滨河或滨湖(库)选址(内陆选址),均采用该程序进行大气弥散估算。然而,PAVAN 程序是以直线高斯烟羽模式为基础的,它是在求解大气平流扩散方程中假定纵向扩散相对于平流输运是可以忽略的情况下导出的,因此,该模式的应用有一定的局限性[26]。

1982 年和 1983 年,NRC 对 RG 1.145 进行了修订[15],尽管 RG 1.145 的基本评价模式保持不变,但已经意识到大气弥散的估算是极其保守的(特别是小风和建筑物尾流条件下),允许申请者采用不同的替代方法。

为保持与 NRC 现行管理导则的衔接,并考虑到 PAVAN 和 XOQDOQ[26] 计算程序用于定义扩散参数的关系式,以及用于主控室可居留性评价的新尾流模式(Murphy-Campe 模式)的应用,NRC 对现有模型进行了修订。修订后的模式仍然是一种高斯模式,只是采用了修订的扩散参数。扩散参数由三部分组成,第一部分是标准的扩散参数;第二部分是对标准扩散参数的小风修正,考虑到风摆所增加的弥散,这种修正在小风速条件下最大,并随着风速的增加而减小;第三部分是建筑物尾流的修正,这种修正是建筑物面积和风速的函数,在小风速条件下较小,但随着风速增加而增加。表 3-9 给出了这种修订模式与 NRC 现行模式比较的结果[28]。

表 3-9 修订模式与 NRC 现行模式比较的统计结果

统计指标	修订模式	Murphy-Campe 模式	RG. 1.145 模式
预测浓度与测量浓度的中值之比	1.510	2.935	4.451
几何均值之比	1.417	3.263	4.546
几何标准差之比	0.757	1.075	0.944
最小值之比	0.010	0.034	0.095
最大值之比	166	4 100	2 050
预测浓度在测量值的 2 倍范围内	27.4%	16.6%	15.6%
预测浓度在测量值的 4 倍范围内	53.8%	33.2%	39.8%
预测浓度在测量值的 10 倍范围内	84.2%	59.1%	61.7%
变异系数	49.3%	30.6%	33.8%

NRC 管理导则规定,模式应当用于确定不超过总时间 5% 的大气弥散因子(χ/Q)。这些最高值与 1 m/s 的风速相关联,通常当风速不超过 1 m/s 时,模式高估在 1 个数量级(即10 倍)以上,平均约为 2 个数量级(约 100 倍)。

修订模式评估的结论是[28]:在释放点邻近的接受点,该修订模式浓度预测与最大浓度预测模式性能类似,表明修订模式可用于控制室可居留性评价,即使在建筑物附近浓度分布可能不是高斯分布;对于评价设计基准事故的后果,该修订模式也被认为适合于近场的弥散计算。

PAVAN 程序对于静风的处理方法是,风向按用户提供的低风速时的风向分布确定静风出现在各风向的频率,风速按用户所提供该风速级上下限值的 $\frac{1}{2}$ 计。但对小风(含静风)条件下的风摆效应和高风速条件下的建筑物尾流影响的修正适用于地面源,并取决于大气稳定度和所选择的扩散参数。

在中性(D)或稳定(E,F 或 G)大气稳定度,并且地面风速小于 6 m/s 的条件下,可以考虑烟羽的水平摆动,对烟羽的水平扩散参数进行修正;在不稳定(A,B 或 C)大气稳定度条件下,或地面风速在 6 m/s 以上时,只考虑建筑物尾流效应,而不考虑烟羽水平摆动的影响。

该程序提供了两套大气扩散参数(沙漠曲线和 P－G 曲线)供用户选择,其中沙漠曲线是基于无建筑物的开阔区域和采样时间为 15 ~ 60 min 的野外试验资料而绘制的,认为已经包括了烟羽的风摆,因此程序中不再调用风摆子程序;而 P－G 曲线是基于 3 ~ 10 分钟的采样资料,未包括烟羽的风摆,程序中需按上述原则进行风摆效应的修正。

2. GENII－V2 软件包的处理方法

GENII－V2 软件包是美国能源部发布,后由美国环保局开发更新的软件,用于计算释放到环境的放射性核素所致剂量及风险。该软件集成了烟羽模式和烟团模式,以应对不同的释放景象[29]。

(1)静风时的烟羽模式

直线高斯烟羽模式是在非 0 风速假定条件下导出的,在静风情况下,存在的两个问题是 0 风速和无风向。对于静风,前者通过假设一个最小风速(如 1 m/s),并采用直线高斯烟羽模式来解决;对于后者,解决的方法是随机挑选一个风向,除非用户提供了低风速时风向的分布,该软件假定静风的风向出现在每个方向的概率是均等的。

(2)静风时的烟团模式

当风速为 0 时,烟团迁移就停止了,但拉格朗日烟团模式不会变得无意义。如果弥散系数基于距离来定义,当风速为 0 时,扩散也将终止。实际上,在静风期间弥散系数是时间的函数而不是风速的函数,因此扩散得以持续下去。

对于大气弥散参数的修正与文献[28]所建议的方法完全相同,即将高风速时建筑物尾流效应和小风时风摆效应的大气弥散参数分开以增量表示:

$$\Sigma_y^2 = (\sigma_y^2 + \Delta\sigma_{y1}^2 + \Delta\sigma_{y2}^2)^{1/2} \qquad (3-77)$$

式中　σ_y——通常的水平弥散参数;

　　　$\Delta\sigma_{y1}$——小风风摆修正项;

　　　$\Delta\sigma_{y2}$——高风速尾流修正项。

对于垂直弥散参数的修正采用相同的表示形式。

扩散参数修正的各增量为

$$\left.\begin{aligned}
\Delta\sigma_{y1}^2 &= A_y\left[1 - \left(1 + \frac{x}{1\,000U}\right)\exp\left(-\frac{x}{1\,000U}\right)\right] \\
\Delta\sigma_{z1}^2 &= A_z\left[1 - \left(1 + \frac{x}{100U}\right)\exp\left(-\frac{x}{100U}\right)\right] \\
\Delta\sigma_{y2}^2 &= B_y U^2 A\left[1 - \left(1 + \frac{x}{10\sqrt{A}}\right)\exp\left(-\frac{x}{10\sqrt{A}}\right)\right] \\
\Delta\sigma_{z2}^2 &= B_z U^2 A\left[1 - \left(1 + \frac{x}{10\sqrt{A}}\right)\exp\left(-\frac{x}{10\sqrt{A}}\right)\right]
\end{aligned}\right\} \qquad (3-78)$$

式中,常数 A_y, A_z, B_y 和 B_z 取决于参数化中所采用的正常弥散参数,A 为建筑物迎风截面。

GENII－V2 参数化中所用的 A_y 和 A_z 见表 3－10,并认为采用目前开阔下垫面的弥散参数已经高估了高风速条件下的扩散,因此在程序中将 B_y 和 B_z 设定为 0,而文献[28]推荐的 A_y 和 A_z 分别为 9.13×10^5 和 6.67×10^2,B_y 和 B_z 分别为 5.24×10^{-2} 和 1.17×10^{-2}。

表 3 − 10   小风速风摆模式的扩散系数

扩散参数	Briggs 开阔乡村	Briggs 城市条件	Pasquill-Gifford （ISC3 − EPA）	Pasquill-Gifford （NRC）
A_y	1.78×10^4	6.15×10^4	2.0×10^4	1.75×10^4
A_z	1.45×10^5	1.44×10^4	1.34×10^5	1.41×10^5

3. RASCAL 3.0.5 系统的处理方法

RASCAL 系统是 NRC 开发的放射性后果分析的辐射评价系统,经过 20 多年对系统能力和计算模式的持续改进现升级到 RASCAL 3.0.5 版,目前在 NRC 应急运行中心运行,用于应急期间大气释放的剂量预测。

该系统对于静风情况的处理做了适当的考虑:由于直线高斯烟羽模式来源于风速显著大于 0 的假设,从而消去了弥散方程低风速扩散的部分解。为补偿失去的部分解,当遇到静风时,许多直线模式假定风速为 0.5 ~ 1 m/s。然而,这种假定并没有说明其中的静风问题,因为缺乏明确的风向。对于直线模式,尚不存在完全满意的静风风向假定。在静风条件下,如果弥散参数是时间的函数而不是迁移距离的函数,则高斯烟团模式的行为表现较好。而在弥散参数按照迁移距离的函数计算的模式中,静风期间弥散就停止了,只要是静风,物质分布保持不变。在其他情形下,沉积、耗减、照射和剂量按照有风条件计算。

RASCAL 3.0.5 通常采用随距离变化的弥散参数,但当风速低于 0.5 m/s 时,要转换到时间函数。

(1)烟团模式的静风弥散参数

有风条件下采用的弥散参数随着迁移距离的增加而增加。在静风或接近静风条件下,迁移距离不再增加或缓慢增加。实际上,静风时大气弥散不会停止。在低风速(<0.5 m/s)期间,RASCAL 3.0.5 烟团模式从基于距离的弥散参数切换到基于时间的弥散参数,以考虑连续的弥散。

(2)烟羽模式的静风弥散参数

与高斯烟团模式不同,在低风速条件下,直线高斯烟羽模式是不适当的,如果风速变为 0,将没有意义。因此,当风速小于 0.5 m/s 时,RASCAL 3.0.5 就改变模式。模式要求估算水平和垂直湍流速度而不是正常的弥散参数,对于关心的风速,模式采用缺省的湍流速度 0.13 m/s,对小于 1 m/s 的风速,这个值是合理的。

3.4.11   应用 PAVAN 程序需要关注的几个问题

目前,由于在小风速条件下,对大气边界层的结构和弥散现象还缺乏足够的了解,而多数事故后果评价的大气弥散计算程序(PAVAN)是以直线高斯烟羽模式为基础的,它是在假定纵向扩散相对于平流输运可以忽略的情况下而导出的,因此该模式的应用有一定的局限性,特别是在小风和静风条件下,PAVAN 程序应用的结果往往受到质疑:

• 通常认为标准的高斯烟羽模式在小风条件下高估了地面浓度,其保守程度是否适当?

• 厂址的非居住区半径随着这种保守程度的增加而增大,增大的非居住区半径是否可以接受?

• 一个厂址的小风或静风频率在什么限度内模式的应用结果是可以接受的?

• 在静风情况下,风速接近于 0 和缺乏风向定义,该模式利用联合频率中低风速时的风向分布或随机挑选一个风向的等权分布,哪一种方法更适合于特定的厂址? 通常将风速设定为 0.5 m/s 是否合理?

• 小风条件下大气的水平振荡(风摆)是大气流动的固有属性,是否和大气稳定度有关?

因此,在应用 PAVAN 程序计算大气弥散因子时需要关注如下问题:

1. 静风的定义和应用

静风风速,应当定义为低于风标或风速计的启动风速(取两者之中较大值,以反映仪器度量的限值)的一小时平均风速。如果气象测量计划证实了在 NRC RG.1.23 中的管理见解,静风风速应该取等于风标或风速计启动风速两者中较高的值。在其他情况下,考虑到风速测量系统的限制,需要对静风做保守的估计。

在静风条件期间风向频率的取值应与小于 1.5 m/s 的非静风风速组的风向频率分布成正比。

PAVAN 程序设置的风速组可达 13 组,并认为如果风速被分为多个风速组,如静风,0.5 m/s,0.75 m/s,1.0 m/s,1.25 m/s,1.5 m/s,2.0 m/s,3.0 m/s,4.0 m/s,5.0 m/s,6.0 m/s,8.0 m/s 和 10.0 m/s,子程序 ENVLOP 可计算出接近 0.5% 分位点的最佳结果。主要是多个低风速级别可以在低风速累积频率部分计算更多的 χ/Q 以满足 0.5% 的要求。这种风速分级建议与 NRC 管理导则《核电厂气象监测大纲》(NRC RG.1.23 Ver.1,2007)的要求基本保持一致。

稳定度的定义,NRC RG.1.23 强调应当使用温度梯度的测量结果,特别是在低风速(小于 1.5 m/s)伴随着稳定状态的时候,因为对于最坏的稳定度情况,温度梯度是一个有效的指标,并将稳定度增加一个 G 类——极端稳定。此外,NRC 认可的某些高斯烟羽模式(如 RG.1.145 和 RG.1.194)采用了基于该稳定度分类方法的野外示踪试验导出的风摆修正因子。

在实际应用中,对于静风或小风频率较高的内陆厂址,从风向、风速和大气稳定度的联合频率分布统计时,就应对 G 类稳定度的划分、风速组的划分以及静风的定义进行考虑。

此外,在特定场址的气象观测中,应对以 5% 或更高频率出现的气象条件加以说明,应注意审查厂址气象资料的质量和数量,对实验数据统计分析得到的参数应有 95% 的置信水平,使其满足 RG.1.23 的要求。其中,所提供厂址气象资料的最低要求:对于建造许可证申请,应是连续 12 个月的有代表性的资料;对于运行许可证申请,应是连续 24 个月的代表性资料,其中包括最近一年;对于早期厂址许可(ESP)申请或联合执照(COL)申请,应是连续 24 个月的资料,这些资料应是安全、有代表性和完整的,并满足不超过最近 10 年的要求。当然提供 3 年或 3 年以上的资料更好,但必须保证数据的获取率不低于 90%,间断测量的时间不宜太长。

2. 大气扩散参数的应用

PAVAN 程序有两套大气扩散参数,分别包含了烟羽摆动的沙漠曲线和不包括烟羽摆动的 P – G 曲线,并且扩散参数被限定为 1 000 m,作为保守的考虑(见 POLYN 子程序)。

如果上述扩散曲线不能描述特定厂址的大气扩散情况,则应当进行修正,以反映该厂址本身的扩散特性。

几乎所有的核电厂,在申请建造许可证阶段,已经完成了现场大气扩散试验。因此,应当采用现场试验所获得的大气扩散参数,或依据现场试验的结果判断使用 PAVAN 程序内置的扩散参数,甄别是否需要进行小风和静风的风摆修正。当现场获得的大气扩散参数不完整,应对推荐的扩散参数进行评估。

对于静风频率较高的内陆厂址,应特别关注小风(或静风)条件下野外样品的实际取样时间和数据的处理方法,分析烟羽在不同取样弧线的浓度分布和散布角度,及其随稳定度和风速的变化。此外,应当给出极端稳定(G 类)条件下的大气扩散参数,以修订 PAVAN 程序中的大气扩散参数。

这里需要说明的是,G 类大气稳定度的扩散参数有不同的表达方式,但其导出的基础仍然是有限的大气扩散试验资料。

美国环境保护署(EPA)的评价软件 CAP88 – PC,对于 G 类大气稳定度的扩散参数,采用下式计算,即

$$\sigma(G) = \sigma(F) - (\sigma(E) - \sigma(F))/2 \tag{3 – 79}$$

NRC RG. 1.145 认为采用下列近似估计极端稳定(G)条件下的大气扩散参数是适宜的,即

$$\sigma_y(G) = \frac{2}{3}\sigma_y(F)$$
$$\sigma_z(G) = \frac{3}{5}\sigma_z(F) \tag{3 – 80}$$

而在 PAVAN 程序中,则采用了如下方式表示,即

$$\sigma(G) = \sigma^2(F)/\sigma(E) \tag{3 – 81}$$

需要说明的是,以上扩散参数是在没有考虑风摆效应或其他扩散能力增强条件下的经验估计,小风(或静风)条件下应用时应当考虑水平方向扩散能力的增强。

3. PAVAN 程序应用的保守性

NRC RG. 1.145 及其同行评议认为,采用 RG. 1.145 描述的方法计算的 χ/Q,对于事故后果评价是足够保守的。因此,在小风和静风条件下,正确应用 PAVAN 程序的计算结果也是可以接受的。然而,放射性后果评价采用 5% 不保证率时的 χ/Q 值,对于静风频率较高的内陆厂址,具有较大的不确定性,使得 PAVAN 程序的应用受到较大的限制。

从大气扩散理论讲,在小风和静风情况下,原则上 PAVAN 程序是不适用确定短期的 χ/Q 值,至少在静风频率超过 5% 的情况下是不适用的。

对于 EAB 边界上的接受点,在静风期间,没有明确的风向,大气扩散是相当缓慢的,放射性流出物将在反应堆附近聚积,RG. 1.145 的模式可能高估了 χ/Q 的值;静风持续时间之后,在反应堆附近堆积的放射性流出物相当于增大了事故释放源强,因而在 EAB 边界又会

造成短时的高浓度,使得 RG. 1. 145 的模式可能低估了 χ/Q 的值。此时,应采用更适合的非直线烟羽模式,需要类似于蒙特卡罗方法的新数值方法。

另一方面,从模式计算结果的保守性分析,正确认识和理解"足够保守的"和"适当的保守性"是非常重要的。过分保守的估计势必导致 EAB 边界距离的增大,对于内陆厂址,将更多地受到土地利用、征地、居民搬迁、对 EAB 的有效管理权等诸多约束;相反,不适当的保守,使得 EAB 边界距离缩小,有可能导致公众的安全问题。因此,开展现场大气扩散试验,对于模式验证和分析是非常必要的,也可对修正后高斯模式的性能做出评估。

3.5　习　　题

1. 说明高斯烟羽基本公式,即式(3 - 33)的实用条件,为什么不能用它来预测大气中一个月的平均浓度?

2. 一个内径 3 m 的烟囱,烟流初始速度 10 m/s,烟温 473 K,环境风速 5 m/s,气温 295 K,温度梯度为 0.01 K/m,试计算其最终抬升高度。

3. 同上题,总烟囱高度为 50 m, ^{131}I 排放量为 1×10^4 Bq/m^3,试求地面上最大浓度点的浓度?

4. 扩散厂 UF$_6$ 的短期曝露允许水平为 1 μg/m^3,现已知某厂房排放量为 1×10^{-2} g/s,试求烟囱的最低高度?

5. 用 P - G 的 σ 曲线计算归一化的扩散因子(归一化扩散因子 $=\chi \cdot u/Q$),设 $H_e = 60$ m,计算至 80 km。计算 $y = 0$ 的中心点即可(本地区条件)。

6. 对 $x = 5$ km 试用式(3 - 33)和扇面平均浓度式(3 - 45)计算扩散因子,并说明两者差异的原因。

参 考 文 献

[1] 斯莱德 D H. 气象学与原子能[M]. 张永兴,译. 北京:原子能出版社,1973.

[2] Till J E, Robert M H. Radiological Assessment: A Textbook on Environmental Dose Analysis[M]. NUREG/CR -3332, ORNL -5968,US Nuclear Regulatory Commission, 1983.

[3] 赵鸣,苗曼倩,王彦昌. 边界层气象学教程[M]. 北京:气象出版社,1991.

[4] Sutton O G. 微气象学[M]. 徐尔灏,吴和赓,译. 北京:高等教育出版社,1959.

[5] 莱赫特曼 D. Л. 大气边界层物理学[M]. 濮培民,译. 北京:科学出版社,1982.

[6] 豪根 D A. 微气象学[M]. 李兴生,洪钟祥,吕乃平,译. 北京:科学出版社,1984.

[7] 李宗恺,潘云仙,孙润桥. 空气污染气象学原理及应用[M]. 北京:气象出版社,1985.

[8] International Atomic Energy Agency (IAEA). Atmospheric Dispersion in Nuclear Power Plant Siting[R]. Safety Series No. 50 - SG - S3. IAEA,1980.

[9] Pasquill F. Atmospheric Diffusion[M],2nd. ed. New York:Ellis Horwood Limited, 1974.

[10] Newberry C W,Eaton K J. Wind Loading Handbook[D]. Department of the Environment, London,1974.

[11] Anfossi D, Oettl D, Degrazia G, et al. An Analysis of Sonic Anemometer Observations in

Low Wind Speed Conditions [J]. Boundary Layer Meteorology, 114 (1): 179 – 203, 2005.

[12] Oettl D, Goulart A, Degrazia G, et al. A New Hypothesis on Meandering Atmospheric Flows in Low Wind Speed Conditions[J]. Atmospheric environment,2005,39(9): 1739 – 1748.

[13] Anfossi D, Brusasca G, Tinarelli G. Simulation of Atmospheric Diffusion in Low Windspeed Meandering Conditions by a Monte Carlo Dispersion Model [J]. Il Nuovo Cimento C, 1990,13(6).

[14] Brusasca G, Tinarelli G, Anfossi D. Particle Model Simulation of Diffusion in Low Wind Speed Stable Conditions[J]. Atmospheric Environment. 1992,4(26):707 – 723.

[15] Oettl D, Almbauer R A, Sturm P J. A New Method to Estimate Diffusion in Stable, Low – Wind Conditions[J]. Journal of Applied Meteorology, 2001,40(2): 259 –268.

[16] Yadav A, Sharan M. Statistical Evaluation of Sigma Schemes for Estimating Dispersion in Low Wind Conditions[J]. Atmospheric environment,1996,30(14): 2595 –2606.

[17] Sharan M, Yadav A. Simulation of Diffusion Experiments Under Light Wind, Stable Conditions by a Variable K-theory Model[J]. Atmospheric Environment, 1998,32(20): 3481 –3492.

[18] Goyal P, Rama Krishna. Dispersion of Pollutants in Convective Low Wind: a Case Study of Delhi[J]. Atmospheric Environment, 2002,36(11): 1901 –1906.

[19] Anfossi D, Oettl D. Meandering Atmospheric Flows Occurrence in Low Wind Speed Conditions and Related Dispersion Characteristics[C]. EMS05 – A – 00157, 5th Annual Meeting of the European Meteorological Society/7th European Conference on Applications of Meteorology, The Netherlands,2005.

[21] Hosker R P. Practical Application of Air Pollution Deposition Models:Current Status,Data Requirements, and Research Needs[C]. Proceedings of the International Conference on Air Pollutants and their Effects on the Terrestrial Ecosystem. Banff, Alberta Canada, 1980,5: 10 –17.

[22] Brenk H D,Vogt K J. The Calculation of Wet Deposition from Radioactive Plumes[J]. Nucl. Saf, 1981, 22 (3).

[23] US Nuclear Regulatory Commission. Atmospheric Dispersion Models For Potential Accident Consequence Assessments At Nuclear Power Plants[S]. Regulatory Guide 1. 145,1979.

[24] US Nuclear Regulatory Commission. PAVAN: An Atmospheric Dispersion Program for Evaluating Design Basis Accidental Releases of Radioactive Materials from Nuclear Power Stations[R]. NUREG /CR – 2858,1982.

[25] 陈晓秋,李冰. 小风和静风条件下 PAVAN 程序的应用[J]. 辐射防护通讯,2008,28 (4):8 –15.

[26] US Nuclear Regulatory Commission. XOQDOQ: Computer Program for the Meteorological Evaluation of Routine Effluent Releases at Nuclear Power Stations [S]. NUREG/CR – 4380, 1982.

[27] US Nuclear Regulatory Commission. XOQDOQ: Computer Program for the Meteorological

Evaluation of Routine Effluent Releases at Nuclear Power Stations[S]. NUREG/CR – 4380, 1982.

[28] Pacific Northwest Laboratory. Atmospheric Dispersion Estimates in the Vicinity of Buildings [S]. PNL – 10286, 1995.

[29] Napier B A, Strenge D L, Ramsdell J V. GENII Version 2 Software Design Document[S]. PNNL – 14584, 2004.

[30] US Nuclear Regulatory Commission. RASCAL 3.0.5: Description of Models and Methods [S]. NUREG – 1887, 2007.

[31] US Nuclear Regulatory Commission. Meteorological Monitoring Programs for Nuclear Power Plants[S]. Regulatory Guide 1.23 Revision 1, 2007.

第4章 放射性核素在地面水体
中的输运与转移

4.1 概 述

地面水中迁移和扩散计算的目的是估算在常规排放和事故排放两种情况下,液态流出物在水中产生的核素浓度及在岸边和水底的沉积。

污染物水体输运模式种类繁多,从简单的代数模式到平流扩散方程数值解的多维模式。然而,对模式适用性的验证却不多。

由于剂量计算取决于累积效应,而浓度的时空分布常常对剂量计算结果影响不大,所以本章的重点是介绍简单模式的应用。

放射性核素在地表水中的分布,受四种迁移和转换过程控制,如表4-1所示[1]。本章集中研究三种弥散过程:初始混合、远场平流和扩散过程引起的混合以及沉积效应[2]。

表4-1 影响放射性核素在地表水中迁移和归宿的主要机制

A 迁移和转换过程
迁移
水运动
排放造成的平流和扩散
周围平流和扩散
沉积物运动
媒介物传递
吸附和解吸
沉淀和溶解
挥发
降解和衰变
放射性核素衰变
转换:产生子代产物
B 点源和非点源的贡献
直接排放:常规的或事故的
来自大气的干沉降或湿沉降
来自土地表面的径流和土壤流失(侵蚀)
来自或向地下水的渗漏

4.2　初始混合(或主动掺混)的稀释估算

当流出物的数量少而接受水体相当大时,精心设计排放装置,利用迅速的初始混合来降低放射性核素浓度,这是一种有效的方法,在某些情况下,这是满足规程要求的唯一可行的方法。

初始的(或称近场的)混合过程由排放物动量(射流作用)和排放物浮力(羽状柱作用)产生的强湍流造成。这一过程相当迅速,大约在 10 ~100 倍特征排放尺度(一般用排放截面面积的平方根表示)内,稀释度可达 10 ~100。稀释度 S 的定义是

$$S = \frac{C_0}{C} \tag{4 - 1}$$

式中　C_0——排放浓度;

　　　C——关心点的浓度(一般取近场区终点为远场区的初始点)。

通常初始混合过程要比远场混合过程更重要。影响初始稀释的因素是流出物的动量和浮力,排放口的结构和位置,排放口附近受纳水体的特性(深度和水流等),在实际工作中三种类型的排放口很重要:表面点排放、浸没点排放和多孔扩散器。

在所有初始混合计算中,基本假设是排出物的特性(总热量、总活度等)不变。由于所涉及的时间尺度小,这种假设几乎总是现实的。

4.2.1　表面点源排放

表面排放包括排放口在自由水表面(例如明渠)或接近自由水表面(例如浅浸没管道)的排放。描写浮力表面射流动态特性的主要参数是排放密度弗汝德数(Froude Number)。Fr 是水力学中重要的无量纲数之一,它表示过水断面上单位质量液体具有的平均动能与平均势能的比值(表示水流惯性力与重力的比值)。$Fr<1$ 表示水流平均动能较小,重力占主导,水流为缓流;$Fr>1$ 表示水流的平均动能较大,惯性力占主导,水流为急流。且有

$$F_0 = \frac{U_0}{\sqrt{(\Delta\rho/\rho_0)gl_0}} \tag{4 - 2}$$

式中　F_0——密度弗汝德数;

　　　U_0——平均排放速度,m/s;

　　　ρ_0——周围介质密度,kg/m^3;

　　　$\Delta\rho = \rho_0 - \rho_排$——排放密度亏损,kg/m^3;

　　　g——重力加速度,m/s^2;

　　　l_0——特征排放长度,m。

l_0 与排放截面面积 A_0 有如下关系:

$$l_0 = (A_0/2)^{\frac{1}{2}}$$

对于一个矩形排水渠,如果深度为 h_0,半宽度为 b_0,则有

$$l_0 = \sqrt{h_0 b_0}$$

1. 停滞水和弱横向流

（1）深接受水

当浮力射流的垂直分量与水深 H 相比足够小时，可以认为是深接受水的情况。这时可以用图 4-1 估计表面羽柱中心线的稀释度[3]。而对于放射性核素的计算，常常只需研究近场混合过程的几个特性（如整体稀释度 S_s 和过渡距离 x_t）。在近场终点，当射流已经稳定，垂向卷吸停止后，就达到了整体稀释度（或稳定稀释度）S_s。

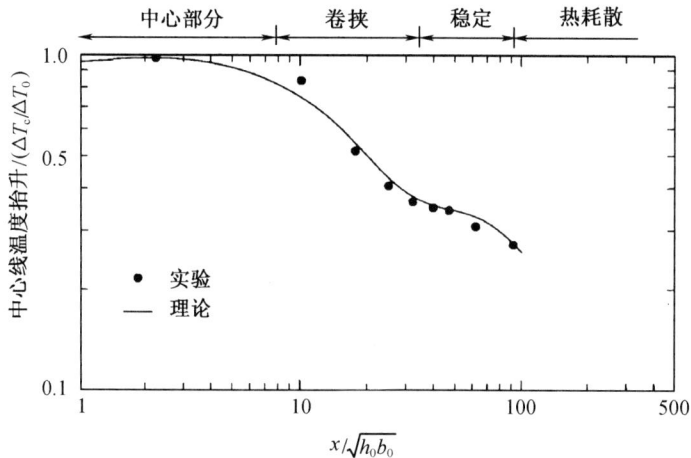

图 4-1   表面羽柱中心线稀释的理论计算结果和实验数据

过渡距离 x_t 是近场区域范围的一种度量，下述的 x_t 和 S_s 可以作为远场计算的起始条件：

$$S_s = 1.4 F_0 \qquad (4-3)$$
$$x_t = 15 l_0 F_0 \qquad (4-4)$$

另一个重要参数是表面射流的最大垂向穿透深度 h_{max}，它可表示为

$$h_{max} = 0.42 l_0 F_0 \qquad (4-5)$$

它发生在离排放口距离近似为 $5.5 l_0 F_0$ 处。

上述方程对下述几种情况不成立：①受纳水体过分浅；②存在着强横向流；③封闭的侧向边界。

（2）浅接受水

当射流运动状态明显受到水底影响时，受纳水体可视为浅水。实际上大多冷却水排放口都属于这一类。由实验和现场数据得到的浅水条件判据[4]是

$$\frac{h_{max}}{H} > 0.75 \qquad (4-6)$$

式中，H 是最大羽柱深度 h_{max} 处的水深。为了反映浅受纳水体的抑制稀释作用，可以给深水稀释方程加上经验修正因子 r_s。这样，可用下式估算浅水条件下的整体稀释度 $\hat{S}$：

$$\hat{S} = r_s S_s \qquad (4-7)$$

而

$$r_s = \left(\frac{0.75}{h_{max}/H} \right)^{0.75} \qquad (4-8)$$

2. 强横向流

由于受强横向流作用,排出物羽柱可能被冲向下游岸边。未污染水不能从一侧被卷吸进羽柱,在羽柱与水底相接触的浅水中,周围横向流无法从射流下通过,横向流可能使射流靠向岸边。确定靠岸的主要参数是相对横向流速 $R = U_a/U_0$(U_a 是横向流速)和浅度因子 h_{max}/H。对于垂直排放和直岸边,靠岸的判据[2]是

$$R > 0.05\left(\frac{h_{max}}{H}\right)^{-3/2} \tag{4-9}$$

文献[2]中没有估算强烈偏转而靠岸的射流的近场混合公式,主要是由于这时的混合可以用远场模式来描述。

对强烈偏转射流的详细实验研究表明:靠岸射流的近场混合总是比相应的不靠岸浅射流的近场混合小得多。为保守估计,靠岸浅水表面射流的初始稀释度为

$$(\hat{S}_s) = \frac{1}{2}\hat{S}_s = \frac{1}{2}r_s S_s \tag{4-10}$$

近场范围可由横向流偏转长度 x_c 估计,有

$$x_c = 2\frac{l_0}{R} \tag{4-11}$$

或由 x_t 估算(见式(4-4)),取 x_c 和 x_t 的小值。

3. 零或负浮力表面排放

上述模式仅对漂浮排放物才有效,而无浮力射流可由经典公式计算,即

$$S(x) = 0.32x/D \tag{4-12}$$

式中,D 是圆形半射流的等效直径。但当周围湍流强度开始超过逐渐变弱的射流湍流时,式(4-12)无效。

4.2.2　浸没点源排放

影响浸没排放(接近底部的潜没式排放)的最主要的因素是受纳水体的水深。如图4-2所示,存在两种基本条件:①深受纳水,这时浮力射流可上升到水表面,因为直到水表面之前都存在着湍流射流的卷吸作用,所以发生稀释,如果受纳水体充分分层,则射流轨迹要缩短,到达最终(平衡)水平时射流停止;②浅受纳水,这时排放动量足够强,引起浮力射流运动的动态溃散,并产生局部回流区。这两种条件的分析方法不同。

排放条件用相对水深 H/D 和密度 Froude 数 F_0 表征:

$$F_0 = \frac{U_0}{\sqrt{(\Delta\rho/\rho)gD}} \tag{4-13}$$

式中,D 为排放口直径。

深受纳水(稳定流场)的判据是

$$\frac{H}{D} > 0.22F_0 \tag{4-14}$$

而该判据对排放角 θ_0 不敏感。

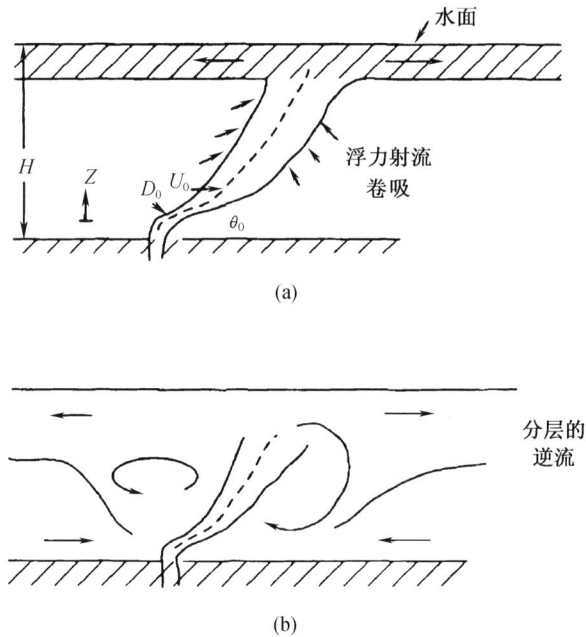

图 4 - 2 受纳水体与不同方式排放的相互作用

(a)有显著浮力射流的深水排放;(b)有不稳定循环流区的浅水排放

1. 停滞水或弱横向流

(1)深受纳水

关心的浸没浮力射流有两种特定情况:垂直排放和水平排放。

对于垂直浮力羽柱($\theta = 90°$),当排放 Froude 数 F_0 小时,中心线上稀释度 S_c(即羽柱中最小值)是归一化垂直距离 Z/D 的函数,即

$$S_c = 0.11 \left(\frac{Z}{D} \right)^{5/3} F_0^{-2/3} \qquad (4-15)$$

式中 Z——喷嘴以上的距离;

D——喷嘴有效直径(包含了在锐边缘孔口处的收缩效应)。

对于水平浸没排放,图 4 - 3 给出了几种射流模式的预报值与实验值。使用式(4 - 15)和图 4 - 3[4]首先要验证是否满足深水条件(即式(4 - 14))。由于在表面形成混合层(见图 4 - 2),通常使全水深 H(射流所能达到的最大距离)降低到实际几何值的80%。

近场的整体稀释度 S 为

$$S \approx 1.4 S_c \qquad (4-16)$$

(2)浅受纳水

浅水区中排放的强动力学效应可能产生复杂的流态。对于垂直排放,局部回水区的整体稀释度 S 为

$$S = 0.9 \left(\frac{H}{D} \right)^{5/3} F_0^{-2/3} \qquad (4-17)$$

对于水平排放,可以把它当成是浅水表面排放来处理,这样是偏于保守的。因为射流

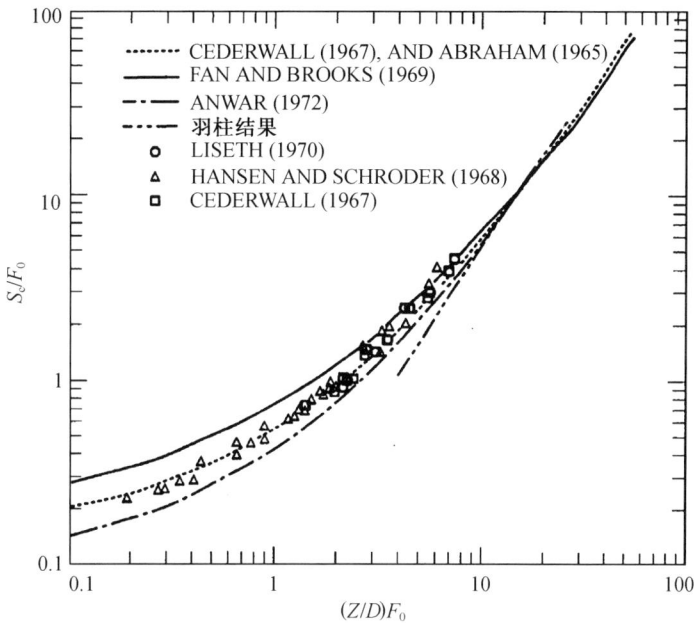

图 4 - 3   在停滞的均匀水体中,浸没式水平圆形浮力射流中心线稀释度

迅速上升到表层,其后运动状态类似于表面射流。这时,对变量 l_0 做适当变换,令 $l_0 = \sqrt{\dfrac{1}{2}(\pi D^2/4)}$,用式(4 - 7)即可。

2. 强横向流的弱化处理

横向流可视为附加的稀释机制,与排放动量和浮力产生的稀释机制协同加强了稀释。因此,为保守地估计放射性核素的累积,前几节介绍的忽略横向流的诸公式亦能满足要求。对于浅受纳水体尤其适用,因为深度的限制,横向流的影响比较弱。

如要准确预报深水排放分布情况,可采用几种计算机程序[5,6],此处不做进一步讨论。

4.2.3   多孔扩散器浸没排放

为达到非常高的初始稀释,用多孔扩散器是最有效的方法。扩散器是一种直线型装置,由很多间距很近的出水孔或喷嘴组成,喷出高速射流进入受纳水体。出水口可以是一段竖管,接到埋管上,或者就是简单地在受纳水体底部铺设的管道上开很多的孔。

就单孔排放而言,最重要的仍是要判断究竟属于稳态深水还是非稳态浅水的排放形式。参考图 4 - 2,用一个宽度为 B 的二维槽孔代替直径为 D 的圆形开口,这是实际扩散器的表示方法。对于一个有多个直径为 D 的侧间距为 l 的喷嘴的扩散器,确保动力学相似的等效槽宽 B 为

$$B = \frac{\pi D^2}{4l}$$

这样,多孔扩散器排放稳定性的动力学参数就是它的等效槽密度的 Froude 数和相对水

深 $\left(\dfrac{H}{B}\right)$：

$$F_s = \frac{U_0}{\sqrt{(\Delta\rho/\rho)gB}} \qquad (4-18)$$

由稳定性分析得出下述深受纳水条件：

$$\frac{H}{B} > 1.84 F_s^{4/3}(1 + \cos^2\theta_0)^2 \qquad (4-19)$$

一般而言，对于电站的废水排放，大多数扩散器属于浅水排放。

1. 深受纳水

（1）停滞水条件

一般只需考虑 $\theta_0 = 90°$ 的垂直浮力羽柱，并且 F_s 足够小使式（4-19）成立，就可估算出整体稀释度。而当式（4-19）成立时，所有非垂直排放也总是趋于使浮力羽柱上升。在深水条件下，扩散器通常设计成邻近喷嘴指向不同方向的交错扩散器，在这种情况下，$\theta_0 = 90°$ 是方便的动力学近似。中心线稀释度 S_c 为

$$S_c = 0.39\,\frac{Z}{B}F_s^{-2/3} \qquad (4-20)$$

考虑到表面层作用（见图4-2），取最大垂直距离为 $0.8H$ 时的值表示整体稀释度，这时要放大 $\sqrt{2}$，即

$$S = 0.44\,\frac{H}{B}F_s^{-2/3} \qquad (4-21)$$

如果水体分层，则浮力射流可能受到限制而终结于某一层的水面。

（2）周围横向流

横向流与扩散器主轴之间的相对方向是另外一个关键参数。垂直排列能拦截最多的横向流，从而达到最大混合。

对于弱横向流，近场整体稀释度为

$$S = 0.27\,\frac{H}{B}F_s^{-2/3} \qquad (4-22)$$

对于强横向流，稀释度为

$$S = C_1\,\frac{U_a L_D H}{Q_0} \qquad (4-23)$$

式中　U_a——横向流速度；

　　　L_D——扩散器长度；

　　　Q_0——排放流量。

理想情况下，C_1 应为1，但是实验发现 C_1 小于1，保守的值为 $C_1 = 0.58$，这可能是由于不完全混合和浮力再稳定的缘故。

2. 浅受纳水

浅受纳水条件下的多孔扩散器可以有多种流结构和混合机制[7]，常用于热排放。实践中使用较多的有三种类型的扩散器：单向扩散器、分级扩散器和交错扩散器，如图4-4所示。

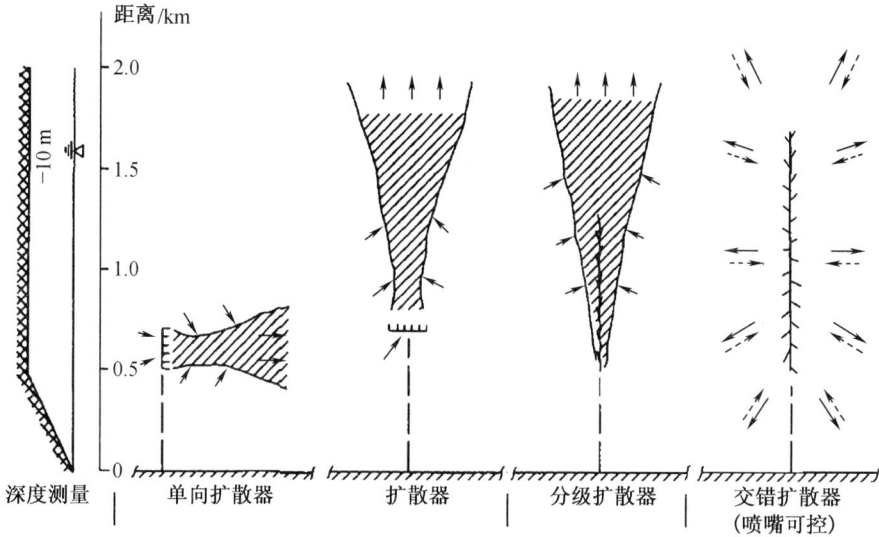

图 4 - 4　扩散器结构和近岸流场

（1）停滞受纳水

单向的和分级的扩散器装置产生垂向混合（均匀）的扩散羽柱，沿喷射方向喷出。如果初始排放速度（动量注入）高，则可达到非常高的稀释度，其整体稀释度 S 为

$$S = C_2 \sqrt{H/B} \tag{4 - 24}$$

因子 C_2 对单向扩散器等于 $1/\sqrt{2}$，对于分级扩散器等于 0.67。通常，式（4 - 24）是保守的下限估计值。

在浅水区，交错扩散器产生不稳定回流区，其整体稀释度为

$$S = C_3 \frac{H}{B} F^{-2/3} \tag{4 - 25}$$

式中，$C_3 = 0.45 \sim 0.55$。

（2）周围横向流

当周围流是稳定的且方向相同时，一种常用的扩散器是协流型扩散器（即垂直排列的单方向装置）。整体稀释度由横向流和扩散器混合的共同作用决定：

$$S = \frac{1}{2} \frac{U_a L_D H}{Q_0} + \frac{1}{2} \Big[\Big(\frac{U_a L_D H}{Q_0} \Big)^2 + 2 \frac{H}{B} \Big]^{1/2} \tag{4 - 26}$$

在河流中使用时，只要 L_D 比河宽 B 足够小，则可以用式（4 - 26）。如果扩散器横跨全河，则 S 为

$$S = \frac{Q_R}{Q_0} \tag{4 - 27}$$

式中，Q_R 是河流流量。

4.3　远　场　混　合

远场混合又称为被动混合,是由受纳水体的输送和弥散决定的。

污染物经初始近场混合之后,污染物对环境的影响由周围远场中的输送和扩散过程决定。由于此过程相对缓慢,需考虑相当长的距离和时间间隔,因而需考虑放射性衰变及其他物理化学转换过程,还要考虑受纳水体的大小及其净平流输送。

4.3.1　浓度梯度输运理论

实验发现,物质可由高浓度区向低浓度区输运,其输运通量 f 在数值上与浓度梯度成正比,由 Fick 定律可知:

$$f = -k \frac{\mathrm{d}c}{\mathrm{d}r} \boldsymbol{r}_0 = -k \nabla c$$

式中　　c——浓度;

　　　　$\boldsymbol{r}_0$——r 方向的单位向量;

　　　　k——比例系数,又称为传输系数,m^2/s;

　　　　f——由于浓度梯度所致的物质通量,$\mathrm{Bq \cdot m^{-2} \cdot s^{-1}}$。

由物质守恒方程,对于任一点 $p(x, y, z)$,有

$$\frac{\mathrm{d}c}{\mathrm{d}t} = -\nabla \cdot f \pm s = \frac{\partial}{\partial x} k_x \frac{\partial c}{\partial x} + \frac{\partial}{\partial y} k_y \frac{\partial c}{\partial y} + \frac{\partial}{\partial z} k_z \frac{\partial c}{\partial z} \pm s$$

式中,k_x, k_y, k_z 是 k 在 x, y, z 轴的三个分量;s 是源(+)或穴(-)。

对于放射性核素在环境流体介质中的输运,则有

$$\frac{\partial c}{\partial t} + u \frac{\partial c}{\partial x} + v \frac{\partial c}{\partial y} + w \frac{\partial c}{\partial z} = \frac{\partial}{\partial x} k_x \frac{\partial c}{\partial x} + \frac{\partial}{\partial y} k_y \frac{\partial c}{\partial y} + \frac{\partial}{\partial z} k_z \frac{\partial c}{\partial z} - \lambda c$$

上式就是标记物浓度的梯度扩散方程,它适用于大气、地面水、地下水的输运。

4.3.2　河流输运与稀释

河流通常是具有强平流和湍流的宽浅水体,有一定大小的净输送。在初始混合后,流出物常常在整个深度上混合,在向下游平流的同时,向侧向扩散。经足够距离后,流出物在整个河宽上完全混合。因而可以分阶段地研究:横向混合,纵向平流和弥散。

1. 横向混合

图 4-5 表示了在均匀深度为 H,周围流速为 U 的浅水河中的稳态扩散。图 4-5(a)是"点源"排放情况,图 4-5(b)是有限尺寸的源。排放使用能引起迅速垂向混合的浸没式管道。

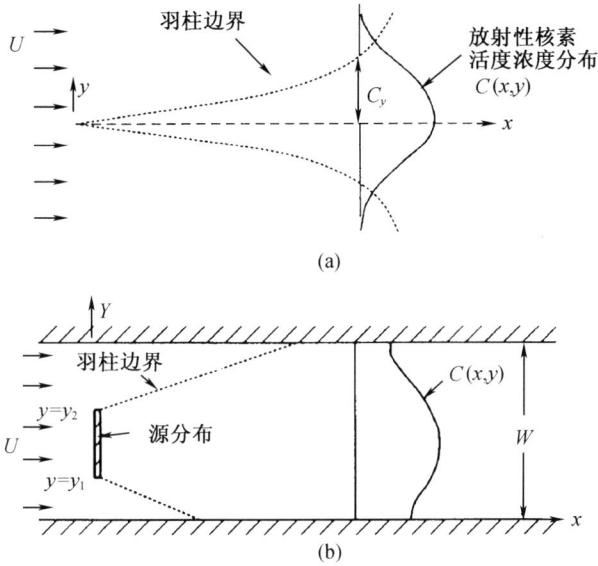

图 4 – 5　在均匀深度 H 和速度 U 的河道中稳态扩散的横向分布

（a）在宽阔的河流与水库中点源的羽柱分布（$\sigma_y \ll W$）；

（b）在河宽为 W 的河流中源宽（$y_2 - y_1$）的羽柱分布

只要羽柱宽度远小于河宽,就可用下式来描述其二维分布:

$$C(x,y) \ = \ \frac{Q_i C_i}{H \sqrt{4\pi K_y U x}} \exp\left(-\frac{y^2 U}{4 K_y x} - \frac{\lambda x}{U} \right) \tag{4-28}$$

式中　C_i——初始浓度;

　　　Q_i——流出物初始排放速率,$\mathrm{m^3/s}$;

　　　x——纵向距离,m;

　　　y——侧向距离,m;

　　　λ——放射性衰变常数($=\ln 2/T_{1/2}$);

　　　K_y——横向扩散系数,$\mathrm{m^2/s}$。

这里,C_i 和 Q_i 为近场初始混合过程之后的变量,注意到近场混合的保守假设,显然有 $C_i Q_i = C_0 Q_0$,K_y 表示横向湍流扩散(通常叠加二次流环流),一般有

$$K_y \ = \ \beta_y u_f H \tag{4-29}$$

式中,u_f 为剪切速度,$u_f = \sqrt{ghI}$,I 为河床水面坡度;在平直河道 $\beta_y = 0.6 \pm 0.3$;在弯曲河流中,K_y 还要增大,增大值为

$$\frac{K_y}{u_f H} \ = \ 25 \left(\frac{\bar{u}}{u_f} \right)^2 \left(\frac{H}{R} \right)^2 \tag{4-30}$$

式中,R 是曲率半径。

图 4 –5(a)表示的横向高斯浓度分布标准偏差为

$$\sigma_y \ = \ \sqrt{2 K_y x / \bar{u}} \tag{4-31}$$

当初始源不是点源,或羽柱边缘已接触河岸,则用下式给出

$$C(x,y) = \frac{Q_i C_i}{Q_r} \exp\left(-\frac{\lambda x}{U}\right) \left\{ 1 + 2\sum_{n=1}^{\infty} \exp\left(-\frac{n^2 \pi^2 K_y x H}{Q_r W}\right) \times \right.$$
$$\left. \frac{2W}{n\pi(y_2-y_1)} \sin\left(\frac{n\pi}{2}\frac{y_2-y_1}{W}\right) \cos\left(\frac{n\pi}{2}\frac{y_1+y_2}{W}\right) \cos\left(\frac{n\pi y}{W}\right) \right\} \tag{4-32}$$

式中, $Q_r = UHW$ 为河流的流量。计算时,一般只需取 2~3 项即可。初始源宽和位置 (y_1, y_2), 可以由扩散器的位置或由表面排放(此时 $y_1 = 0$)的近场宽度给出(即式(4-4)或式(4-11))。

对于一般形状的河道,可用水管模式(做变量置换)[8]: $q = \int_0^y uh\,\mathrm{d}y$ 和 $D = \frac{1}{Q}\int_0^Q K_y uh^2 \mathrm{d}q = \overline{K_y U h^2}$。

2. 纵向平流和弥散

对于事故排放,当流出物流经一段距离后达到横向均匀分布,进一步的混合即为纵向混合。这时速度剪切造成的纵向扩展与湍流扩展共同起作用,此时的浓度分布为

$$C = \frac{M}{(4\pi k_x t)^{1/2} A} \exp\left[-\frac{(x-\bar{u}t)^2}{4K_x t} - \lambda t\right] \cdot$$
$$\left[1 + 2\sum_{n=1}^{\infty} \exp\left(-\frac{n^2\pi^2 K_y t}{W^2}\right) \cdot \cos n\pi \frac{y_s}{W} \cos n\pi \frac{y}{W}\right] \tag{4-33}$$

式中 M——污染物排放总量;

      A——河床截面面积;

      t——释放以后的时间。

对于拖长一段时间的排放,下游浓度 $C(x,y)$ 可由式(4-33)的积分得出,即

$$C = \int_0^t \frac{Mf(\tau)}{(4\pi K_x)^{1/2} A(t-\tau)^{1/2}} \exp\left\{-\frac{[x-u(t-\tau)]^2}{4K_x(t-\tau)} - \lambda(t-\tau)\right\} \cdot$$
$$\left\{1 + 2\sum_{n=1}^{\infty} \exp\left[-\frac{n^2\pi^2 K_y(t-\tau)}{W^2}\right] \cos n\pi \frac{y_s}{W} \cos n\pi \frac{y}{W}\right\} \mathrm{d}\tau \tag{4-34}$$

式中, $Mf(\tau)$ 是排放率。

一般来说,剪切流作用相当突出, K_x 比 K_y 大几个数量级,Fischer 给出的有用近似式[9]为

$$K_x = 0.011 U^2 W^2 / (HU_f) \tag{4-35}$$

4.3.3 河口输运与稀释

河口是河流与近海汇合的地方,又称三角洲、海湾(半封闭海区,一侧与公海相连,一侧汇入河水)。

在河口段由于有明显的潮汐流及由盐度差引起的重力环流,而且其形状多呈喇叭状(即面积在变化),因而有风成流,故污染物在河口段的迁移与弥散不同于河流。这种差别引起的一个严重后果是污染物从河口中的排放点向上游迁移,最大的向上游渗透距离与盐侵区相同。

详细分析污染物在河口段中的分布通常需要做全面的现场调查,包括示踪试验研究,

以确定其水动力特性和混合方式。随着环境科学的发展,已经提出了不同复杂程度的模型,有一维的(定截面和不定截面)和水平二维的(垂向均匀分布),以及近年来发展迅速的三维模型。最简单的分析方法是 Stommel(1953)的盐度法[10],即

$$U_f S = K_T \frac{dS}{dx} \tag{4-36}$$

式中 S——盐度;

   U_f——平均淡水流速(总淡水注入量除以截面面积);

   K_T——潮汐弥散系数(K_T 的典型值为 50 ~300 m^2/s)。

由式(4 -36)求出 $S(x)$,然后由相对盐度差 $\left(\dfrac{S_0 - S_{淡}}{S_0}\right)$ 乘以淡水稀释后的浓度即可,此处 S_0 是海水盐度。

下面介绍几个简单的模型。

1. 一维模型

美国核管会(USNRC)的一维模型,除了在稍下游的区域(此处显然是二维或三维问题)外,可以采用一维简化模型(即在有潮汐影响的河床中)。设河口截面为 $A(x)$,则有

$$\frac{1}{A} \frac{\partial}{\partial t}(AC) + \frac{1}{A} \frac{\partial}{\partial x}(A\bar{U}C) = \frac{1}{A} \frac{\partial}{\partial x}\left(AE \frac{\partial C}{\partial x}\right) - \lambda C \tag{4-37}$$

式中 $E(x)$——截面平均的纵向弥散系数;

   $\bar{U}(x,t)$——截面平均的纵向流速。

对上述方程的求解有简化方法和精细方法。前者是用"潮汐平均"求出 $E,\bar{U}$ 的量,再解 C;而后者则是用"真实时间"模型考虑了平流和潮汐的影响。

(1)简化模型(稳态)

已知恒定截面 A、恒定潮汐和平均截面纵向弥散系数 E_L 及恒定淡水流速 U_f,由此方程(4 -37)简化为

$$E_L \frac{d^2 C}{dx^2} - U_f \frac{dC}{dx} - \lambda C = 0 \tag{4-38}$$

式中,C 是按时间和截面平均的浓度。对于在 $x = 0$ 处的释放源及在 $x = \pm \infty$ 处 $C = 0$ 的边界条件,方程(4 -38)的解是

$$C = \frac{M}{AU_f \sqrt{1 + \dfrac{4\lambda E_L}{U_f^2}}} \exp\left[\frac{U_f}{2E_L}\left(1 \pm \sqrt{1 + \frac{4\lambda E_L}{U_f^2}}\right)x\right] \tag{4-39}$$

指数中的符号:当 x 为正时(位于下游方向)取为负,当 x 为负时(位于上游方向)取为正,在无量纲变化式中,式(4 -39)可写为

$$\Gamma = \Gamma_{max}\exp\left[\left(\frac{N \pm \sqrt{N^2 + 4}}{2}\right)\xi\right] \tag{4-40}$$

式中

$$N = \frac{U_f}{\sqrt{\lambda E_L}};\ \Gamma = \frac{A\sqrt{\lambda E_L}}{\dot{M}}C;\ \Gamma_{max} = \left(\frac{\lambda E_L}{U_f^2 + 4\lambda E_L}\right)^{\frac{1}{2}};\ \xi = \sqrt{\frac{\lambda}{E_L}}x$$

图 4-6 给出了 Γ 和 ξ 的关系[8]。

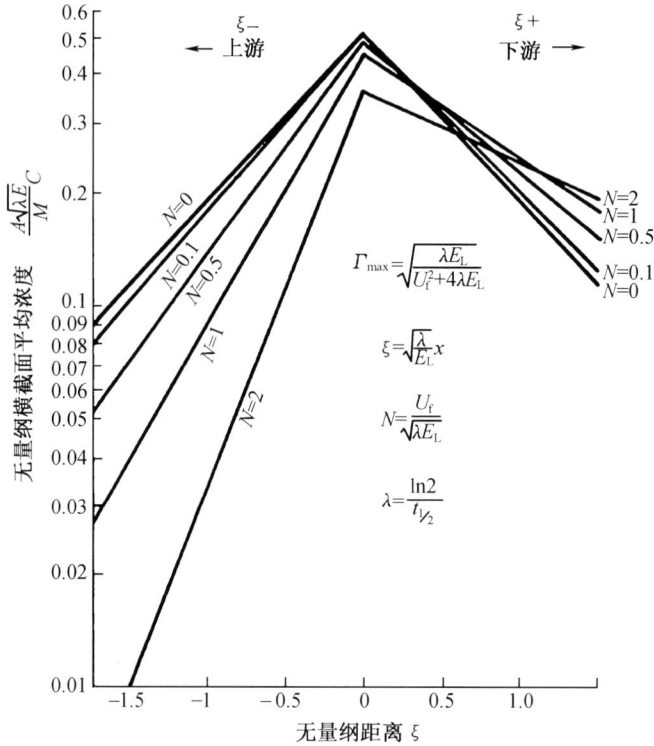

图 4-6 无量纲浓度与距离的关系

由图 4-6 可以看出：

① Γ_{max} 不仅取决于源强和淡水流量，而且还取决于 E_L 和 λ_0；

② 对于 $N=0(U_f=0)$，上游和下游曲线相等，斜率相反，在 $U_f \neq 0$ 时，下游曲线变得缓一些。

（2）短期释放

此时，相对于脉冲投放，其微分方程为

$$\frac{\partial C}{\partial t} + U_f \frac{\partial C}{\partial x} = E_L \frac{\partial^2 C}{\partial x^2} - \lambda C \tag{4-41}$$

其解（脉冲投放）为

$$C = \frac{M}{A\sqrt{4\pi F_L t}}\exp\left[-\frac{(x-U_f t)^2}{4E_L t} - \lambda t\right] \tag{4-42}$$

式中，M 是投入量。

对于时间相关的释放，流出物以速度 $\dfrac{dM}{dt} = \dot{M}f(t)$ 连续排放，则在 $0 < \tau < t$ 内连续排放造成的浓度分布为

$$C = \frac{\dot{M}}{A\sqrt{4\pi E_L}}\int_0^t \frac{f(\tau)}{\sqrt{t-\tau}}\exp\left\{-\frac{[x-U_f(t-\tau)]^2}{4E_L(t-\tau)} - \lambda(t-\tau)\right\}d\tau \tag{4-43}$$

对于矩形脉冲释放（在 $0 \sim t_D$ 内释放速率为 $\dot{M}$）积分结果为

$$C = \frac{\dot{M}}{2A\Omega}\exp\left(\frac{Ux}{2E_\mathrm{L}}\right)g(x,t)\,, \qquad\qquad 当 0 < t \leqslant t_\mathrm{D}$$

$$C = \frac{\dot{M}}{2A\Omega}\exp\left(\frac{Ux}{2E_\mathrm{L}}\right)\left[g(x,t) - g(x,t-t_\mathrm{D})\right]\,, \quad 当 t > t_\mathrm{D} \tag{4-44}$$

式中

$$g(x,t) = \left[\mathrm{erf}\left\{\frac{x+\Omega t}{\sqrt{4E_\mathrm{L}t}}\right\}\pm 1\right]\exp\left(\frac{\Omega x}{2E_\mathrm{L}}\right) - \left[\mathrm{erf}\left\{\frac{x-\Omega t}{\sqrt{4E_\mathrm{L}t}}\right\}\pm 1\right]\exp\left(-\frac{\Omega x}{2E_\mathrm{L}}\right)$$

$$\Omega = \sqrt{U_\mathrm{f}^2 + 4E_\mathrm{L}\lambda}$$

（3）潮汐平均数学模型

该模型比上述简化模型更真实地反映河口状况,包括下述改进:

①能计算可变的截面、汇入、抽水及潮汐平均的纵向弥散。基本上是方程(4-37)的数值求解。但不论是稳定型还是瞬时型都是潮汐平均的参数。如美国 EPA AUTOSS 和 AUTOQD 程序都属于这一类[11]。

②把河口分成几个河段,每段依次与其上、下游段相连,并与外源和渠道相连。选用的边界条件是第一段及最后一段的浓度为已知恒定,这种模型可用于温排水估计,这时在排放近区内用细栅格,远处用疏栅格。当然这种模式可用于有回流的水力输送与弥散。

（4）内潮汐数学模型

这种模型优于前一种,可同时求解流速、水位及污染物浓度,并可按照物理原理确定出纵向弥散系数。该模型是一组守恒方程:

$$b\frac{\partial \xi}{\partial t} + \frac{\partial Q}{\partial x} - 源 = 0 \tag{4-45}$$

$$\frac{\partial Q}{\partial t} + \overline{U}\frac{\partial Q}{\partial x} + Q\frac{\partial \overline{U}}{\partial x} + g\frac{\partial \xi}{\partial x}A + \frac{gQ|Q|}{AC_\mathrm{h}^2 R_\mathrm{h}} = 0 \tag{4-46}$$

$$\frac{1}{A}\frac{\partial}{\partial t}(AC) + \frac{1}{A}\frac{\partial}{\partial x}(A\overline{U}C) = \frac{1}{A}\frac{\partial}{\partial x}\left(AE\frac{\partial C}{\partial x}\right) - \lambda C \tag{4-47}$$

式中　b——河口水表面宽度,m;

　　　Q——流量,m³/s;

　　　C_h——Chezy(谢才)系数,m^{1/2}/s;

　　　R_h——水力学半径,m;

　　　ξ——静止基准面以上的水表面高程,m。

上游边界条件是潮汐顶端处的浓度,下游边界则要按照涨落潮来定,落潮则污染物全部离开,而涨潮时则需确定输入水体的浓度。

2. 多维模型

对于宽喇叭形河口,一维模型的假设条件是不真实的。这时可采用垂直平均的二维模式,而在盐侵区或分层的水体内则要用到三维数学模型。当然计算量和复杂性随维数的增多而剧增。

3. 交换系数

一维模式中的纵向弥散系数 E_L 是分子扩散、湍流扩散以及空间平均带来的离散(后者最大)的综合效应。一维的平流迁移由淡水流速 U_f 决定,扩散输送则包括由时间 – 空间不均匀性引起的涨落影响,以及时间尺度小于潮汐周期的"湍涡"引起的输运。

在内潮汐模型中,潮汐流作为平流来处理,扩散项则包含由浓度场和速度场的不均匀性引起的涨落影响。

在二维内潮汐模型的情况下,可正确地模拟横向流场,而把垂直方向的浓度、速度涨落效应并在弥散项中。

选择弥散系数的方法最好是通过示踪实验来修正模型,以使模型与原型相匹配(即用示踪实验结果在计算机上逼近 E_L,即调整参数求 E_L)。在缺少现场观测数据时,可以用下式来粗略估计 E_L:

$$E_L = 1\ 680 V_{max}^{4/3} \tag{4-48}$$

式中 E_L——截面和潮汐平均的一维纵向弥散系数,in^2/s(1 in = 2.54 cm);
      V_{max}——最大潮汐速度,kn(1 kn = 1 n mile/h = 1.852 km/h)。

对于一维实时模型,可用下式估计弥散系数,

$$E(x,t) = K \left| \frac{d\left(\frac{S}{S_0}\right)}{d\left(\frac{x}{L}\right)} \right| + 77 n U_t R_h^{5/6} \tag{4-49}$$

式中 L——河口长度;
      n——Manning(曼宁)系数;
      R_h——水力学半径;
      S——盐度;
      S_0——河口处的盐度;
      x——距河口的距离;
      U_t——x 处截面的均方根速度($U_t = \left[\overline{(u(y) - \bar{u})^2} \right]^{1/2}$)。
      因子 K 可由下式求得:

$$K = 0.002\ 15 V_{max} L E_D^{-0.25} \tag{4-50}$$

式中,E_D 值被称作"河口数",其式为

$$E_D = \frac{P_T F_D^2}{Q_f T} \tag{4-51}$$

式中 F_D——河口处的密度 Froude 数;
      P_T——潮汐棱柱体(m^3,即最高最低潮位的水体差);
      Q_f——淡水流量,$m^3 \cdot s^{-1}$;
      T——潮汐周期。

4.3.4   滨海近岸水体中的输运

污染物在海洋中弥散的主要特征是范围不受限制,即对净平流和弥散没有约束,这意味着海洋中湍涡尺度谱相当宽。不断扩散的物质团会遇到越来越大的湍涡。各种尺度的湍涡是由风、潮汐、海洋流等形成的,这就导致扩散系数愈来愈大(而河流等有界水体的涡动扩散率是常数),遵守 Richardson 提出的湍流扩散的"4/3 方定律"。

不同条件下试验资料得到的标准差增长的最佳拟合[12]为

$$\sigma_r^2 = 0.011 t^{2.34} \tag{4-52}$$

式中　σ_r——径向浓度分布的标准偏差,它是释放时间的函数,cm;

　　　t——扩散时间,s。

用式(4-52)估算两种特定排放。设水柱平均深度为 H(在浅海区代表水深或混合层深度,混合层下方是斜温层抑制扩散)。

(1)瞬时排放量为 M_0 的污染物(被动污染物),其浓度分布可表示为径向距离的函数:

$$\chi(r) = \frac{M_0}{\pi H \sigma_r^2} \exp\left(-\frac{r^2}{\sigma_r^2}\right) \tag{4-53}$$

(2)连续向稳定均匀横向流 U 排放 $Q_0 C_0$,其浓度分布为

$$\chi(x,y) = \frac{Q_0 C_0}{\sqrt{2\pi} H U \sigma_y} \exp\left(-\frac{y^2}{2\sigma_y^2}\right) \tag{4-54}$$

式中

$$\sigma_y^2 = \frac{1}{2}\sigma_r^2 \tag{4-55}$$

除了上面简单的解析式外,还可以同上节一样用数值方法求解运动方程组和质量方程组。

4.3.5　湖泊中的输运

大湖可引起风生流、湖内污染物浓度分布不均匀,并有大的滞留时间。大湖小湖的划分准则为:①湖面积大于 400 km² 的为大湖;②晴天站在岸边不能看到对岸的为大湖(晴天能见度约 20 km)。当获得详细的湖泊水深和面积等资料后,按照《环境影响评价技术导则——地面水环境》(HJ/T 2.3—93),可进一步划分大湖(库)、中湖(库)和小湖(库)[13]。

大湖易引起风生流、湖内污染物浓度分布不均匀,并有大的滞留时间。大湖的现场研究指出,有周期性往返的沿岸流,其典型速度是 0.1~0.2 m/s,它在几天内朝一个方向持续流动,然后随着风向的改变,沿岸流很快倒转并在相反方向上持续流几天,改变方向的滞留时间很少超过几小时。而每次转向都伴有离岸流(朝湖中央方向旋转),这时污染物羽柱破裂并向湖中央流去。

在沿岸流持续期间,其浓度为

$$\chi = \frac{\dot{M}}{2\pi u \sigma_y \sigma_z} f(\sigma_z, z, z_s, d) f(\sigma_y, y, y_s) \tag{4-56}$$

式中

$$f(\sigma_z, z, z_s, d) = \sum_{m=-\infty}^{\infty}\left\{\exp\left[-\frac{(2md+z_s-z)^2}{2\sigma_z^2}\right] + \exp\left[-\frac{(2md-z_s-z)^2}{2\sigma_z^2}\right]\right\}$$
$$\tag{4-58}$$

$$f(\sigma_y, y, y_s) = \exp\left[-\frac{(y_s-y)^2}{2\sigma_y^2}\right] + \exp\left[-\frac{(y_s+y)^2}{2\sigma_y^2}\right] \tag{4-59}$$

$$\sigma_y = \sqrt{2k_y\frac{x}{\bar{u}}}, \sigma_z = \sqrt{2k_z\frac{x}{\bar{u}}}$$

排放点是 $(0, y_s, z_s)$,x 沿岸方向,y 与岸垂直方向,z 是水深方向;d 是湖深;$\bar{u}$ 是沿岸流速;$\dot{M}$ 是点源强度,单位为 Bq/s;k 是扩散率,m²/s,典型的近岸值 $k_y \approx 0.05~0.1$ m²/s,而 k_z

为 $1\sim30\ \text{cm}^2/\text{s}$,而且观测表明,当流出物羽柱宽度超过 50 m 后,k_y 相当恒定。

对于瞬时线源释放(源点坐标 $x=0$,$y=y_s$),线源沿垂直方向,则下游二维浓度分布为

$$C = \frac{M}{4\pi\sqrt{k_x k_y}\,td}\exp\left\{-\left[\frac{(x-ut)^2}{4k_x t}+\lambda t\right]\right\}\left\{\exp\left[-\frac{(y-y_s)^2}{4k_y t}\right]+\exp\left[-\frac{(y+y_s)^2}{4k_y t}\right]\right\}$$

$$(4-60)$$

对于有复杂几何形状的沿岸区,且流场不恒定时,则需用二维数值模型,例如由运动方程解出速度场,再求出浓度场,Leendrtse 的二维速度场(沿垂直积分后得)方程[14] 为

$$\left.\begin{array}{l}\dfrac{\partial U}{\partial t}+U\dfrac{\partial U}{\partial x}+V\dfrac{\partial U}{\partial y}-fV = -g\dfrac{\partial\xi}{\partial x}+\dfrac{\tau_x}{H}-\dfrac{gU(U^2+V^2)^{1/2}}{C_h^2 H}\\[3mm]\dfrac{\partial v}{\partial t}+U\dfrac{\partial v}{\partial x}+V\dfrac{\partial v}{\partial y}+fU = -g\dfrac{\partial\xi}{\partial y}+\dfrac{\tau_y}{H}-\dfrac{gV(U^2+V^2)^{1/2}}{C_h^2 H}\end{array}\right\}$$

$$(4-61)$$

$$\frac{\partial\xi}{\partial t}+\frac{\partial}{\partial x}(HU)+\frac{\partial}{\partial y}(HV)=0$$

式中　C_h——Chezy 系数;

　　　f——Coriolis(科里奥利斯)参数($f=2\omega\sin\varphi$,ω 是地球转动角速度,φ 是地理纬度);

　　　H——从水面到湖底的深度;

　　　U,V——垂直平均的沿 x,y 方向的分速度;

　　　ξ——未扰动基准面上部的水面高程;

　　　τ_x,τ_y——x 和 y 方向表面张力的分量。

由式(4-61)解出 UV 场后,代入下述垂直平均的质量守恒方程求出浓度场,即

$$\frac{\partial}{\partial t}(HC)+\frac{\partial}{\partial x}(HUC)+\frac{\partial}{\partial x}(HVC)=\frac{\partial}{\partial x}\left(HK_x\frac{\partial C}{\partial x}\right)+\frac{\partial}{\partial y}\left(HK_y\frac{\partial C}{\partial y}\right)-H\lambda C\quad(4-62)$$

4.3.6　小湖和水库

天然和人工储水池代表了有限平流输运的情况。这时,按照水在水池中的驻留时间是否小于放射性核素的半衰期,可以认为放射性核素在整个水池中分布均匀。

图 4-7 模拟了连续排放放射性核素的小湖或水库,其净通过流量为 q,体积为 V,又加上流量为 q_0 的循环水。放射性核素的排放速率为 $q_0 C_0$。若忽略水中的浓度梯度,设浓度为 C,则由守恒方程得出:

$$\frac{\mathrm{d}C}{\mathrm{d}t}=-\frac{(q+\lambda V)C}{V}+\frac{q_0 C_0}{V}\qquad(4-63)$$

设 $t=0$ 时 $C=0$,则方程解为

$$C=\frac{q_0 C_0}{q+\lambda V}\{1-\exp[(-q/V-\lambda)t]\}\qquad(4-64)$$

若放射性核素半衰期远远大于水池置换时间,即 $T_{1/2}\gg V/q$,则

$$C=\frac{q_0 C_0}{q}\left\{1-\exp\left(-\frac{q}{V}t\right)\right\}\qquad(4-65)$$

若时间足够长,水池中放射性核素浓度达到平衡,则

$$C=\frac{q_0 C_0}{q+\lambda V}$$

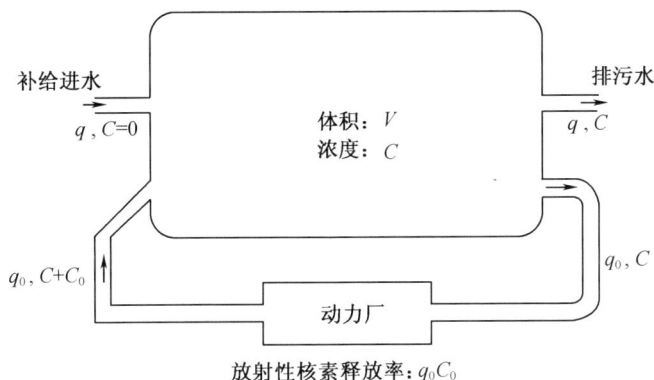

图 4 - 7　连续排放放射性核素的小湖或水库

4.4　放射性核素在地表水体中的沉积

污染物在地表水中的输运机制如前所述,除了输运外,污染物还可以处于易挥发的液态或溶解的气态。气相污染物可经由气 - 水界面逸散到大气中。如果污染物在整个水层 H 中均匀混合,则逸散机制可表示为

$$\left(\frac{\mathrm{d}c}{\mathrm{d}t}\right)_e = K(c - c_s) \tag{4 - 66}$$

式中　c——垂直方向均匀的水中放射性核素气体浓度;

　　　c_s——饱和浓度,在与周围大气中气体的分压平衡时,c_s 可由 Henry 定律决定(通常对放射性核素而言,$c_s = 0$);

　　　K——深度平均的逸散系数,由公式 $K = K_L/H$ 与实际表面传递系数相联系。

从氧交换的实验获得的 K 估计值是 Tsivogliu 等提出的[15]:

$$K = 1\,420Vs \quad (\mathrm{d}^{-1}) \tag{4 - 67}$$

式中　V——河水流流速,m/s;

　　　s——坡度。

对于海洋,Peng 等的实验工作给出的 K_L 值在 1 ~4 m/d 之间。

计算中,常用 $\lambda_k = \lambda + K$ 代替通常的 λ,这样就可把从水相移出的项 K 和衰减项 λ 合并在一起。

另一种从溶液相移出的机制是沉积。水中的悬浮物和水底的沉积物都会吸附放射性核素,而悬浮物的吸附能力是大于底部沉积物的。这种吸附一方面降低了污染物在水相中的浓度,另一方面增大了底部沉积物的浓度。当底部沉积物再悬浮或解吸时,就构成二次污染。

在 20 世纪 60 年代初期,美国橡树岭国家实验室(Oak Ridge National Laboratory)在克林奇河(Clinch River)的现场测量发现,在排放口下游 16 km 内,流出物中的 ^{137}Cs 约有 90% 被河底悬浮沉积物吸附,而在温斯凯尔后处理厂(Windscale Nuclear Fuel Reprocessing Plant),排往爱尔兰海(Irish sea)中的放射性核素,约有 95% 的 Pu,20% 的 Cs 被吸附在海中沉积物上,并保留在爱尔兰海内。

在前面讲的迁移模式中,没有考虑这种吸附—沉积—再悬浮等效应。对于固液态分配

系数大的核素这是不准确的。

4.4.1　吸附和解吸机制

放射性核素的吸附和解吸机制包括:离子交换、生成沉淀矿物质、络合与水解、氧化与还原、组成胶体与聚合物。放射性核素被沉积物吸附的程度通常用其平衡分配系数 K_d 来表示。工程应用时,K_d 被表述为

$$K_d = \frac{\text{吸附在沉积物上的放射性核素量}}{\text{留在溶液中的放射性核素量}}$$

对每一种放射性核素而言,K_d 值与很多参数有关,包括放射性核素形态及浓度,沉积物类型和浓度,地表受纳水体的流场特征、水质,以及接触时间等。

为了满足输运模式的需要,Onishi 等人给出了一些放射性核素的 K_d 值(见表 4 – 2)[16]。由于条件差别很大,所列的 K_d 观测值变化几个数量级。

表 4 – 2　氧化条件下,选定放射性核素的总平均 K_d 值/(mL/g)

元素	淡水		海水(pH≈8.1)	
	范围	中值	范围	中值
Am	$85 \sim 4 \times 10^4$	5×10^3	$97 \sim 6.5 \times 10^5$	1×10^4
Ce	$7.8 \times 10^3 \sim 1.4 \times 10^5$	1×10^4	$9.7 \times 10^3 \sim 1 \times 10^7$	5×10^4
Cr①	$0 \sim 10^3$	低	$0 \sim 10^3$	低
Cs	$50 \sim 8 \times 10^4$	10^3	$17 \sim 10^4$	3×10^2
Co	$1 \times 10^3 \sim 7.1 \times 10^4$	5×10^3	$7 \times 10^3 \sim 3 \times 10^5$	10^4
Cm	$1 \times 10^2 \sim 7 \times 10^4$	5×10^3	—	—
Eu	$2 \times 10^2 \sim 8 \times 10^2$	5×10^2	$5 \times 10^3 \sim 1.3 \times 10^5$	10^4
Fe①	$10^3 \sim 10^4$	5×10^3	$2 \times 10^4 \sim 4.5 \times 10^5$	5×10^4
I①	$0 \sim 75$	10	$0 \sim 100$	10
Mn①	$10^2 \sim 10^4$	10^3	$10^2 \sim 10^4$	10^3
Np①	$0.2 \sim 127$	—	—	—
P		高		高
Pu	$10^2 \sim 10^7$	10^5	$10^2 \sim 10^5$	5×10^4
Pm	$10^3 \sim 10^4$	5×10^3	$10^3 \sim 10^5$	10^4
Ra	$10^2 \sim 10^3$	5×10^2	$10^1 \sim 10^3$	10^2
Ru	化学性质复杂	变化	化学性质复杂	变化
Sr①	$8 \sim 4 \times 10^3$	1×10^3	$6 \sim 4 \times 10^2$	50
Tc①	$0 \sim 10^2$	5	0	0
Th	$10^3 \sim 10^6$	10^4	$10^4 \sim 10^5$	5×10^4
³H	0	0	0	0
U①	16	—	—	—
Zn	$10^2 \sim 10^3$	5×10^2	$10^3 \sim 10^4$	5×10^3
Zr	$10^3 \sim 10^4$	10^3	$10^3 \sim 10^5$	10^4

注:①高度依赖氧化 – 还原条件。

在做环境影响评价时,简单的做法是先按4.2 节、4.3 节描述的方法求出溶解的放射性核素浓度,然后乘以分配系数 K_d,即得颗粒状(沉积的)放射性核素浓度。如果这样得到的结果显示出这种排放可能对环境产生不利的影响,则必须使用包括了沉积物和放射性核素相互作用的模式,这种模式现已有一维、二维、三维的,详见表 4 – 3。

表 4 - 3　放射性核素输运模式举例

Author and/or model	Transport modeled			Mechanisms						Dimensionality			Time dependence		Solution technique		Water body[c]	Field application
	Dissolved radionuclides	Particulate[a] radionuclides	Sediment	Advection	Diffusion/dispersion	Adsorption	Radioactive decay	Hydrodynamics simulation	None or compartment	1D	2D	3D	Steady state	Dynamic	Analytical	Numerical[b]		
Fletcher and Dotson 1971	×	×	×	×			×			×				×		FD	R.L	
Bramati et al. 1973	×	S	×	×						×			×		×		R.L	×
Soldat et al. 1974	×	S		×		×	×			×			×			FD	C.E.R.L	×
Watts 1976	×	S		×		×				×			×		×		R	×
Martin et al. 1976	×			×		×				×				×		FD	R.L	×
Buckner and Hayes 1976	×	B		×	×	×	×			×				×		FD	R	×
Shih and Gloyna 1976	×	B		×	×	×				×				×	×		R	
Armstrong and Gloyna 1968	×	B		×	×	×				×				×		FD	R	
White and Gloyna 1969	×	B		×	×	×				×				×		FD	R	
Shull and Gloyna 1968	×	×		×		×				×			×		×		R	
Onishi et al. 1976,1977, 1978,1979,1981,1982	×			×	×	×	×			×					×			
FETRA	×	×	×	×	×	×	×				×			×		FE	C,E,R	×
SERATRA	×	×	×	×	×	×	×				×			×		FE	R,L	×
TODAM	×	×	×	×	×	×	×			×				×		FE	R,E	×
FLESCOT	×	×	×	×	×	×	×	×				×		×		FD	R,E,C,L	×
Fields 1976(CHNSED)	×	×	×	×		×	×			×						FD	R	
Chapman 1977	×	×			×	×	×			×				×		FD	R	
Smith et al. 1977	×	×		×	×	×	×		×				×			FD	RL	×
Vanderploeg et al. 1976	×	×				×	×		×					×	×		L	×
Booth 1976	×	×				×	×		×					×	×		L	
Falco, Onishi and Arnold	×	×		×		×	×			×				×	×		R	
Churchill, 1976	×	×				×	×			×				×		FD	E	
Eraslan et al. 1977	×	×		×		×	×			×				×				×
RADONE	×	×		×	×		×			×				×		I	E,R	
RADTWO	×	×		×	×		×				×			×		I	C,E,L	
HOTSED		×	×	×		×	×			×				×		I	E,R	
O'Connor and Farley,1978	×	×		×		×	×	×			×			×			E	×
Ditoro et al. 1981	×	×		×	×	×	×	×	×				×			FD	E	×
USNRC River Model,1978	×	×	×	×		×	×			×			×		×		R,E,L	×
USNRC Lake Model,1978	×	×	×	×		×	×							×	×		L	×
USNRC Estuarine Model,1978	×	×		×	×	×	×		×	×				×	×	FD	E	×

[a] S = for shore sediment only, B = for bed sediment only.

[b] FD = finite difference, FE = finite element, I = integration.

[c] C = coastal system and Great Lakes, E = estuarine systems, R = river systems, L = Lakes and impoundments.

4.4.2 河流沉积的混合槽模型

Fletcher – Dotson 非稳态一维模式具体如下。

水中溶解的放射性核素浓度为

$$C_{x,t} = \frac{1}{Q_{x,t}} \Big[Q(x-\Delta x, t-\Delta t) C(x-\Delta x, t-\Delta t) e^{-\lambda \Delta t} + \sum_{i}^{n} Q_i C_i \Big] \qquad (4-68)$$

式中 $C_{x,t}$——在 x 处 t 时刻溶解的放射性核素浓度;

C_i——支流中溶解的放射性核素浓度;

$Q_{x,t}$——在 x 处 t 时刻的流量;

Q_i——支流流量;

λ——放射性核素衰变常数。

水中颗粒物上附着的放射性核素浓度 C_p 为

$$C_p(x,t) = K_d C(x,t) \qquad (4-69)$$

沉积物运输率为

$$S_T = aQ^b \qquad (4-70)$$

一般取 $a = 0.0004, b = 3$。

Onishi 等人(1981)[16] 提出了沉积物输运的混合槽模式(见图 4-8)(与模拟农药在水渠中输运类似),该模式假设:

(1)河段分成节(水槽),每一节沉积物和放射性核素都是完全混合的;

(2)点源和非点源的放射性核素和沉积物贡献当成是侧向注入流,对每一节而言,该注入流沿河段均匀分布;

(3)溶解的和颗粒的放射性核素按分配系数线性相关;

(4)溶解的和颗粒的放射性核素在所选时间内达到平衡状态;

(5)颗粒状的放射性核素不向河底沉降也不再悬浮。

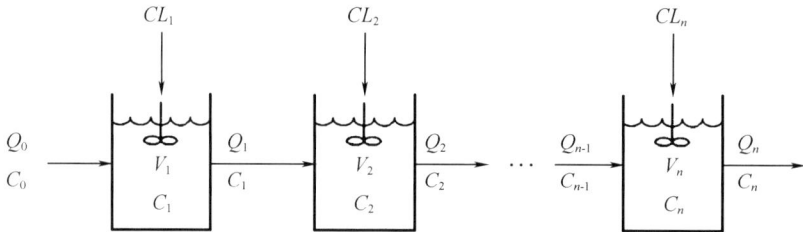

图 4-8 混合槽模型

第 n 个槽中的沉积物的守恒方程为

$$\frac{\partial S_n}{\partial t} = -S_n \Big[\frac{1}{V} \Big(\frac{\partial V}{\partial t} + Q \Big) \Big]_n + \frac{Q_{n-1} S_{n-1} + SL_n}{V_n} \qquad (4-71)$$

式中 Q_n——从第 n 个槽排出的流量;

S_n——第 n 个槽中沉积物的浓度;

SL_n——沉积物侧向注入量;

V_n——第 n 个槽中水的体积；

t——时间。

第 n 个槽中溶解的和颗粒的放射性核素守恒方程为

$$\frac{\partial C_n}{\partial t} = \frac{1}{V_n(1 + S_n K_d)} \Big[(1 + S_{n-1} K_d) Q_{n-1} C_{n-1} + (CL_n + C_p L_n) -$$

$$(1 + S_n K_d) Q_n C_n - \lambda V_n C_n (1 + S_n K_d) - C_n \frac{\partial}{\partial t} \{ V_n (1 + S_n K_d) \} \Big] \tag{4-72}$$

$$C_{pn} = K_d C_n \tag{4-73}$$

式中　C_n——第 n 个槽中溶解的放射性核素浓度；

　　　C_{pn}——第 n 个槽中颗粒状的放射性核素浓度；

　　　CL_n——溶解的放射性核素的侧向注入率；

　　　$C_p L_n$——颗粒状的放射性核素的侧向注入率；

　　　K_d——放射性核素分配系数。

一般情况下式(4-71)~式(4-73)只能用数值求解得出 C_n, S_n, C_{pn}，但在下述特殊情况下可得到解析解，即 $C_0 = 0$ 时，有

①$CL_n = 0$　（对所有 $n, n \neq 1$）

②$C_p L_n = 0$

③$S_n = S_{n-1} = S_i =$ 常数（对时间和所有 n）

④Q_n, V_n 与时间无关（对所有 n）

则向第一个槽排放的放射性核素为

$$M_1 = (CL_1 + C_p L_1) \Delta t$$

因此，对于瞬时排放（例如排放 M_1），则第 n 个河段（水槽）中溶解的放射性核素浓度为

$$C_n = \frac{\dfrac{M_1}{1 + S_n K_d} \prod\limits_{i=1}^{n-1} Q_i}{\prod\limits_{i=1}^{n} V_i} \left[\sum_{j=1}^{n} \frac{(-R_j) \exp(-R_j t)}{\prod\limits_{\substack{k=1 \\ k \neq j}}^{n+1} (R_k - R_j)} \right] \tag{4-74}$$

式中

$$R_j = \frac{Q_j}{V_j} + \lambda, \, R_{n+1} = 0$$

此外有

$$C_{pn} = K_d C_n$$

$$C_{Tn} = C_n + S_n C_{pn} = C_n (1 + S_n K_d) \tag{4-75}$$

式中，C_{Tn} 是水中总放射性浓度。

更复杂的模式还有 SERATRA[17]（Onishi 等人，1982，PNL-4109）。

4.4.3　河口的简化二维模型

河口环境有两个特征：潮汐往复流和咸度。往复流的某段时间内的流速可能比潮汐周期平均流速快得多，因而有可能使一些细沉积物再悬浮之后再沉降，这样就增大了沉积物和水的接触时间。而咸度可引起在某个水深处发生沉积物絮凝，并影响吸附和解吸，所以很难选定单一的 K_d 值。

没有一个简单的迁移模式能模拟变向流和咸度的影响。但是如果把潮流对几个潮循环求平均,则上一节的大多数模式都可以用。

下面介绍美国核管会的河口沉积模式(USNRC,1978)[18]。如图4-9所示,厚度为d_1的水层与厚度为d_2的可移动的沉积物层接触。水层以潮平均净向下游速度U运动,受冲刷的水底以净向下游速度U_b运动,纵向弥散系数分别为D_{dx}和D_{xb},沉积速度为V,溶解的和颗粒的放射性核素处于平衡,并与式(4-69)相关。

描写水相中放射性核素浓度的微分方程为

$$\frac{\partial C}{\partial t} + U' \frac{\partial C}{\partial x} = E'_L \frac{\partial^2 C}{\partial x^2} - \lambda' C \qquad (4-76)$$

式中,U',E'_L分别为流速和弥散系数的加权值,且有

$$U' = \frac{fU + (1-f)U_b K_d}{f + (1-f)K_d}$$

$$E'_L = \frac{fD_{dx} + (1-f)D_{xb}K_d}{f + (1-f)K_d}$$

$$f = \frac{d_1}{d_1 + d_2}, \quad (1-f) = \frac{d_2}{d_1 + d_2}$$

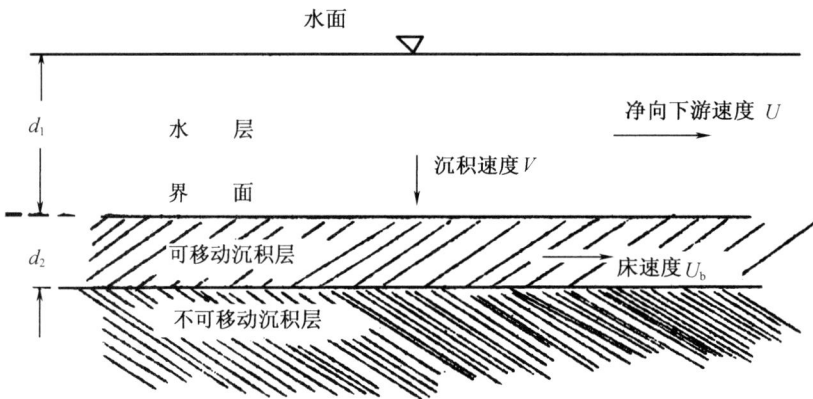

图4-9　NRC 河口模型

在$x=0$处瞬时排放总量为M_1时,方程(4-76)的解为

$$C = \frac{M_1}{aA\sqrt{4\pi E'_L t}} \exp\left\{ -\left[\frac{(x-U't)^2}{4E'_L t} + \lambda' t \right] \right\} \qquad (4-77)$$

式中,$a = f + (1-f)K_d$;A为河口截面面积;且有

$$\lambda' = \lambda + \frac{K_d\left(\dfrac{V}{d_2}\right)(1-f)}{f + (1-f)K_d}$$

更详细的模式可见 NUREG/CR-2423(PNL-4109)[19],可用于预报放射性核素三维分布以及潮、咸度和沉积物的分布,给出了潮流和盐度对分配系数的影响。

4.4.4　海岸水域和海洋

一般情况下,沿海水域中沉积物浓度和分配系数都比较小,所以沉积影响不大,但在有些海域(如爱尔兰海)沉积影响极其显著。

海洋水域的输运,沉积模式至少是二维的,例如 FLESCOT(Onishi et. al. 1982,PNL – 41900)和 FETRA(Onishi et. al. 1981,PNL – 2901)已用于太平洋沿岸和爱尔兰海,模拟在沿海和波浪悬浮起的沉积物的影响下,放射性核素的迁移。

作为一种粗略估算,假设海洋中所有颗粒状放射性核素都处于悬浮状态,则可用式(4 – 60)、式(4 – 64)、式(4 – 65)、式(4 – 69)来估算水中沉积物的放射性核素含量。

4.4.5　湖泊或水库

湖泊的特点是相对较深且范围限定,因而水流速度较缓慢。影响污染物运动的主要因素是:水流状态;湖泊水分层及季节性上下层交换;污染物与沉积物相互作用;污染物与生物群的相互作用。

因为湖水流速低,进入湖泊的沉积物很容易降落到湖底。在降落过程中沉积物可以吸附放射性核素并带至湖底,之后被湖底沉积物吸附或解吸出来。下面介绍一个简单的模式:美国核管会模式(USNRC,NUREG – 0440)[18]。

NRC 的 Codell 提出了两层湖泊模式(见图 4 – 10),把湖泊分成水和底层沉积物两部分,模式假设条件如下:

(1)水注入和流出为恒定;

(2)沉积速率是常数;

(3)沉积物层厚度保持不变(如果发生沉积,则假定原来底层受影响的部分不再起作用,从分析中除去);

(4)溶解的和颗粒的放射性核素处于平衡;

(5)溶解的和颗粒的放射性核素均发生衰变。

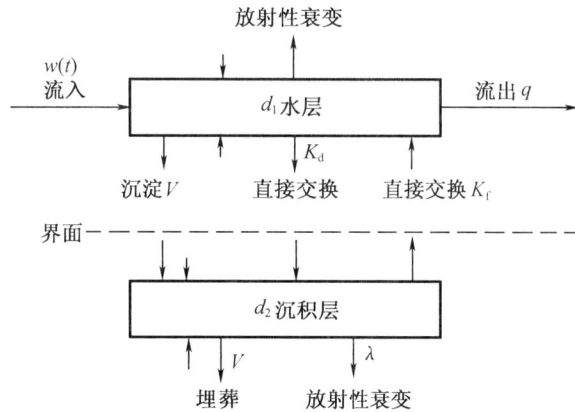

图 4 – 10　NRC 两层湖泊模式

由此得溶解的和颗粒的放射性核素守恒方程为

$$\frac{\mathrm{d}C}{\mathrm{d}t} = \frac{w(t)}{V} + \lambda_1 C_\mathrm{p} - \lambda_2 C \tag{4 – 78}$$

$$\frac{\mathrm{d}C_\mathrm{p}}{\mathrm{d}t} = \lambda_3 C - \lambda_4 C_\mathrm{p} \tag{4 – 79}$$

式中,V 为湖水体积,m^3;$w(t)$ 为放射性物质注入率,$\mathrm{Bq/a}$;且有

$$\lambda_1 = \frac{K_f}{d_1 K_d} \tag{4-80}$$

$$\lambda_2 = \frac{q}{V} + \lambda + \frac{vK_d}{d_1} + \frac{K_f}{d_1} \tag{4-81}$$

$$\lambda_3 = \frac{vK_d}{d_2} + \frac{K_f}{d_2} \tag{4-82}$$

$$\lambda_4 = \lambda + \frac{v}{d_2} + \frac{K_f}{d_2 K_d} \tag{4-83}$$

式中　d_1——水层深度,m;

$\quad\quad d_2$——沉积物层深度,m;

$\quad\quad K_f$——放射性核素直接传递系数,m/a;

$\quad\quad K_d$——放射性核素在沉积物和水体中的分配系数;

$\quad\quad q$——淡水流量,m^3/a;

$\quad\quad V$——沉积速度,m/a;

$\quad\quad \lambda$——放射性核素衰变率(1/a)。

如瞬时排放 M_1 的放射性物质到水层里,则可由式(4-78)和式(4-79)求出相应浓度 C:

$$C = \frac{M_1}{V(s_1 - s_2)} \left[(\lambda_4 + s_1) e^{s_1 t} - (\lambda_4 + s_2) e^{s_2 t} \right] \tag{4-84}$$

$$s_{1,2} = \frac{-(\lambda_2 + \lambda_4) \pm \sqrt{(\lambda_2 + \lambda_4)^2 - 4(\lambda_2 \lambda_4 - \lambda_1 \lambda_3)}}{2}$$

式(4-84)中 s_1 取正号,s_2 取负号。

对于排放率为 $G(t)$ 的连续排放,则可由式(4-84)的卷积求出

$$C(t) = \int_0^t C(t-\tau) G(\tau) d\tau \tag{4-85}$$

式中,$C(t-\tau)$ 即式(4-84)的解。

Smith 等人(1977,EPA-600/7-77-113)提出的 EXAMS 模式还包括化学降解过程。使用上述模式必须给模式提供有关沉积物行为的数据。

4.4.6　潮间带沉积模式

核设施排入环境受纳水体中的放射性核素,其浓度经过水体的输送与弥散而不断下降;同时,某些放射性核素会向水体底部沉积,通过底栖生物的浓集对消费这些生物的公众构成内照射。如果该水体有滩涂带,还将会对停留在滩涂和岸边沉积带的公众构成外照射。因此,在环境辐射影响评价时,需要对底部沉积这一途径进行评估。Nelson J L 对汉福特下游的哥伦比亚河的河床沉积进行了实地测量研究[20]。美国核管会在其发布的管理导则 1.109 中,给出了核素在岸边带沉积量的一个计算公式[21]。但其最后的表示式有疏漏不当之处,NRC 岸滩沉积评价模式中,由水相向沉积物的转移速率常数的取值,虽来自于诸多放射性核素实验测量的结果,但对于不同核素及水体该值存在很大差异。它实际上与放射性核素有关,从沉积的机理分析,影响转移速率常数的因素很多,放射性核素在底部沉积物

中的分配系数、放射性核素沉积特征速度、水体特征尺度和水中悬浮物的浓度等都是重要的影响因素[22]。因而 NRC 管理导则 1.109 不能用来评估放射性核素在水体底部的沉积。至今尚无合适的供辐射环境影响评价用的放射性核素在地表水体中沉积的公式。

　　这里试图用隔室模型分析和实验室模拟实验建立一个计算放射性核素在水体底层沉积物中沉积的近似表达式。结合现场资料的调查可以粗略估算具体厂址的放射性核素的沉积水平。

　　文献[22]用隔室模型来处理放射性核素向地面水体底沉积层中的沉积,如图 4 – 11 所示。设 C_w 表示放射性核素在水相中的浓度,单位为 $Bq \cdot m^{-3}$;水深为 h;$C_d(t)$ 表示放射性核素在底层沉积物中的浓度,单位为 $Bq \cdot kg^{-1}$,沉积相厚度 Δ 值保持不变,则有

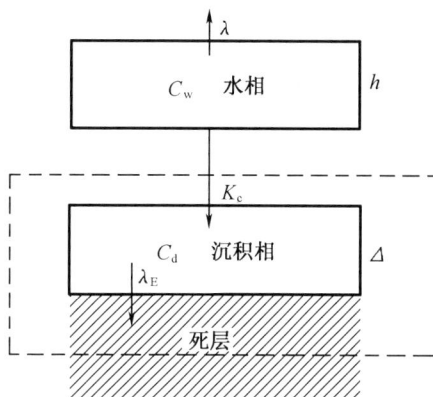

图 4 – 11　滩涂、岸边带的沉积模型

$$\frac{dC_d}{dt} = K_c C_w - \lambda C_d \qquad (4-86)$$

式中,K_c 表示单位时间内放射性核素由水相向沉积物的转移速度,单位为 $m^3 \cdot kg^{-1} \cdot d^{-1}$,在隔室模型的时间尺度中,可视其为与时间无关的常数;$\lambda = \lambda_R + \lambda_E$,此处 λ_R 是放射性核素的衰变常数,单位为 d^{-1},λ_E 是由环境因素造成的(如沉积层被冲刷和沉积物向不活动的下层迁移等)耗减常数,单位为 d^{-1}。

　　式(4-86)的一般解为

$$C_d = \frac{K_c C_w}{\lambda}(1 - e^{-\lambda t}) + C_{d0} e^{-\lambda t} \qquad (4-87)$$

式中,C_{d0} 是 $t=0$ 时刻的原始沉积"本底",单位为 Bq/kg。

　　当 $t=0$,$C_{d0}=0$ 时,有

$$C_d = \frac{K_c C_w}{\lambda}(1 - e^{-\lambda t}) \qquad (4-88)$$

式(4-88)即为美国核管会管理导则 1.109 中给出的表达式[21]。

　　显然,该式中的 K_c 是水体平面场的函数,即 $K_c = K_c(x,y)$。而文献[21]在进一步的推导时将其漏掉,致使其最后得到的沉积量计算公式 $S_d = 100 T C_w (1 - e^{\frac{-0.693}{T}t})$(其中,$S_d$ 是 2.5 cm 厚沉积层中的放射性沉积量,单位是 $Bq \cdot m^{-2}$;T 是放射性核素的半衰期,单位是 d)中存在疏漏不当之处。

　　从沉积的机理分析,影响 K_c 的因素有以下几个:

　　(1)放射性核素在底层沉积物中的分配系数 K_d,单位为 m^3/kg(按定义 $K_d = \dfrac{C_d}{C_w}$);

　　(2)沉积特征速度 U_d,单位为 m/d;

　　(3)水体的特征尺度 L,单位为 m,在浅滩情况下,$L=h$,h 是水体的深度,单位为 m;

　　(4)水中悬浮物的浓度 S,单位为 kg/m^3;

　　(5)悬浮物和沉积物中的化学元素组成及其粒度分布谱;

　　(6)其他影响沉积的因素。

上述诸因素中,除(5)外都与垂直湍流交换系数 K_z(或称为湍流扩散系数)有关。分析这些因素可知前三项是主要因素,故可把 K_c 写成 $K_c = f(K_d, L, U_d)$。由此,从量纲分析可以组成一个无量纲数,即

$$\frac{K_c \cdot L}{K_d \cdot U_d} = A \tag{4-89}$$

式中,A 是待定的无量纲常数,其值可借助于实验室模拟实验估计。

4.5　习　　　题

1. 考虑一排放口流量为 0.5 m^3/s,经由宽为 1 m,流水深度为 0.5 m 的矩形截面水道排放到静止的半无限大水体,初始密度差 $\Delta\rho/\rho = 0.002$,试求近场区域的范围和近场内的总体稀释度。

2. 直径为 0.6 m 的排放管,向不分层湖排放热流出物,采用水平排放方式以期最大混合。排放点处水深 6 m,排放速度为 3 m/s,初始密度差 $\Delta\rho/\rho$ 是 0.003。当浮力使排放物与水面接触时,求中心线稀释度。

3. 考虑一交错扩散器,共有 120 个喷孔,其间距为 0.4 m,每孔直径为 0.15 m,向深度为 6 m 的开阔近海水域排放,排放速率为 10 m^3/s,相对密度差 $\Delta\rho/\rho$ 为 0.002,试估计其稀释度。

4. 考虑一排污扩散器,共有 40 个直径为 5 cm 的喷孔,沿着周围水流方向排放,喷嘴间距 0.3 m,受纳水深 1.5 m,河流比扩散器长得多。总排放速率是 0.3 m^3/s,周围流速是 0.6 m/s,求总体稀释度。

5. 一排放口以 0.8 m^3/s 速率排放含有浓度为 3.7×10^7 Bq/m^3(即 1 mCi/m^3)的 ^{134}Cs 流出物。排放沟槽的横截面是矩形,宽 2 m,深 0.5 m。受纳水体深 10 m,且假定是静水。周围水温为 10 ℃,排放物温度为 17 ℃。试估计近场范围和近场边缘处 ^{134}Cs 的浓度。假定受纳水深是 2.5 m,再解此问题,并求出当有 0.5 m/s 横向流时的近场范围和在过渡距离处 ^{134}Cs 的浓度。

6. 某 700 MW 核电站向沿海水域排放冷凝器冷却水。由于潮变化,排放口附近水深从低潮时 6 m 变化到高潮时 7.5 m。假定海势平坦,冷却水流量是 25 m^3/s,冷凝器使冷却水温升高 15 ℃,携带同位素浓度为 185 Bq/cm^3(即 0.005 $\mu Ci/cm^3$),周围水温为 18 ℃。对于两种极端潮条件,试求近场混合区范围、近场稀释因子以及最终同位素浓度。排放渠道宽 10 m,其深度根据不同潮条件,分别为 1 m 和 2.5 m。

7. 一个向河流排放的排放口,以 0.3 m^3/s 速率排放浓度为 18.5 MBq/m^3(即 0.5 mCi/m^3)的 ^{134}Cs。排放口的设计使排放管在 200 m 宽的河心,河道坡度 $s = 0.0002$,河水流量 $Q_R = 6000$ m^3/s,试估计排放口下游 100 m,500 m 和 1 000 m 处 ^{134}Cs 的浓度廓线(使用式 $h = (nQ_R/wS^{\frac{1}{2}})^{\frac{3}{4}}$ 计算水流深度 h,其中 w 是河宽,n 是 Manning 系数,在本例中取 $n = 0.03$)。在旱年,预计流量 $Q_R = 100$ m^3/s 时,上面计算的浓度廓线会发生怎样的变化? 再解此题,假定排放口不是管道,而是垂直于河轴的 20 m 长的扩散器,两端离河岸 20 m 和 40 m。

8. 向一河流排放放射性废水,河宽 50 m,平均深 1.2 m,河底坡度 0.000 5,流量

20 m^3/s,瞬时排放 4 000 L 废水,含浓度 3.7×10^{10} Bq/L(即 1 Ci/L)的^{212}Pb,其半衰期为 10.6 h。求下游 15 km 取水处的最大浓度值和发生时刻。

9. 有 74 MBq(即 2 mCi)的^{65}Zn 瞬时向河口排放,半衰期 244 天,分配系数为 5000 mL/g。假定平均水深和起交换作用的底层厚度分别为 5 m 和 5 cm,河口宽 500 m,潮平均速度和沉积速度分别为 0.05 m/s 和 0.001 m/s。水和沉积层的纵向弥散系数分别假定为 100 m^2/s 和 0.1 m^2/s,沉积物浓度是 40 mg/L。试估计排放点下游 50 km 处峰值浓度出现的时间及该时间溶解的和颗粒的^{65}Zn 水平。

10. 有 185 MBq(即 5 mCi)的^{90}Sr 排入湖中,湖水体积为 1 000 000 m^3,向湖流入和流出的流量相同(5 L/s)、水深 20 m,起交换作用的沉积层厚度为 0.05 m,假定该湖内沉积速度为 1 cm/a。又假定水层和沉积物之间放射性核素的直接传递系数为 0.01 m/s,^{90}Sr 的半衰期为 29 a,分配系数为 500 mL/g。计算^{90}Sr 排入湖三年后,溶解的和颗粒的^{90}Sr 在湖中的放射性浓度。

参 考 文 献

[1] Till John E,Meyer H Robert. Radiological Assessment:A Textbook on Environmental Dose Analysis[M]. NUREG/CR – 3332, ORNL – 5968,US Nuclear Regulatory Commission,1983

[2] Jirka G H,Adams E E,Stolzenbach K D. Properties of Buoyant Surface Jets[J]. Hydr. Div. , Am. Soc. Civ. Eng. 1981(107):1467 – 88.

[3] Stolzenbach K D,Harleman D R F. An Analytical and Experimental Investigation of Surface Discharges of Heated Water[R]. Massachusetts Institute Technol. ,Parsons R M Lab. Water Resources and Hydrodynamics,Department Civil Engineering,Cambridge,1971.

[4] Roberts P J W. Dispersion of Buoyant Wastewater Discnarged from Outfall Diffuses of Finite Length[R]. KH – R – 35,Keck W M Lab. Engineering Materials, California Institute Technol. ,Pasadena,1977,3.

[5] Hirst E. Buoyant Jets Discharged to Quiescent Stratified Ambients[J]. Geophys. Res. 1971, 76(30).

[6] Shirazi M A,Davis L R. Workbook of Thermal Plume Prediction[R]. Surface Discharges. EPA – R2 – 72 – 0056, Environmental Protection Technology Series, US Environmental Protection Agency,Corvallis,Oreg. 1974

[7] Jirka G H. Multiport Diffuser for Heat Disposal[J]. Hydr. Div. Am. Soc. Civ. Eng. ,1982, 108,1025 – 1068.

[8] US Nuclear Regulatory Commission. Estimating Aquatic Dispersion of Effluents from Accidental and Routine Reactor Releases for the Purpose of Implementing Appendix Ⅰ[S]. Regulatory Guide 1. 113 ,1977.

[9] Fischer H B,List E J,Koh R CY,Imberger. Mixing in Inland and Coastal Waters[M]. New York:Academic Press,1979.

[10] Stommel H,Farmer H G. Control of Salinity in an Estuary by a Transition[J]. Mar. Res. , 1953,12(1):13 – 20.

［11］ Crim RL, Lovelace N L. Auto-Qual Modeling System［R］. US Environmental Protection Agency. EPA – 440/9 – 73 – 003. Washington D C. 1973, 3.

［12］ Okubo A. Oceanic Diffusion Diagrams［J］. Deep – Sea Res. 1971, 18.

［13］ 中华人民共和国行业标准. 环境影响评价技术导则——地面水环境（HJ/T2. 3—93）［S］. 国家环境保护局, 1993.

［14］ Leendertse J J, Liu S K. A Three-Dimensional Model for Estuaries and Coastal Seas: Volume Ⅱ, Aspects of Computation［R］. R – 1764 – OWRT, RAND Corp. , Santa Monica, Calif. 1975, 6.

［15］ Tsivoglou E C, Wallace J R, Velten R J. Work Reported in the Symposium on Direct Tracer Measurement of the Reaeration Capacity of Streams and Estuaries［J］, 1970, 6: 7 – 8.

［16］ Onishi Y, Serne R J, Arnold E M. Critical Review: Radionuclide Transport, Sediment Transport, and Water Quality Mathematical Modeling; and Radionuclide Adsorption/ Desorption Mechanisms ［R］. NUREG/CR – 1322, PNL – 2901, Pacific Northwest Laboratory, Richland, Wash. 1981.

［17］ Onishi Y, Schreiber D L, Codell R B. Mathematical Simulation of Sediment and Radionuclide Transport in the Clinch River［M］. Tennessee, Contaminants, Sediments, ed. Ann Arbor Science Publishers, Inc. , 1980.

［18］ US Nuclear Regulatory Commission (USNRC). Liquid Pathway Generic Study: Impacts of Accidental Radioactivity Releases to the Hydrosphere From Floating and Land-based Nuclear Power Plant［R］. NUREG – 0040, 1978.

［19］ US Nuclear Regulatory Commission (USNRC). Mathematical Simulation of Sediment and Radionuclide Transport in Estuaries［R］. NUREG/CR – 2423, 1982, 11.

［20］ Nelson J L. Distribution of Sediments and Associated Radionuclides in the Columbia River Below Hanford［J］. BNWL – 36. 1976. 3, 80

［21］ US Nuclear Regulatory Commission (USNRC). Regulatory Guide 1. 109［S］, 1981.

［22］ 张永兴, 郭择德. 放射性核素在地表水体中之沉积模型［J］. 辐射防护, 2000, 20（5）: 257.

第5章 放射性核素在地下水中的输运与转移

5.1 概　　述

核设施的废水排放(常规和事故)以及废物处置可能使某些放射性核素进入地下水。之后被地下水流载带向下游迁移与弥散;同时地下水流沿程的土壤岩石对其吸附(吸收)离子交换以及解吸,这样就总体效应看,某些阳离子核素的迁移滞后于水流。

在评价核废物处置体系(高放废物储存库、处置库、中低放废物浅地层埋藏等)的性能时,估计其地下水流场和输运是非常重要的,因为这是核废物进入生物圈的途径。可以使用示踪剂实验和数学模型来预测这种输运和转移。示踪剂有^{3}H,^{14}C 和其他人工核素(如^{131}I)。直接测量天然铀和钍矿矿体释放出来的放射性核素的迁移,可以模拟人工放射性废物处置场所。

本章将简要地介绍地下水流和输运模式,以及对数据的要求和一些简单的解析式。

5.1.1 中低放固体废物处置模式

1. 评价内容

对于浅地层埋藏这类处置,体系性能分析与对高放废物隔离的分析相类似,但有以下两点不同:

①地下水输运常要考虑非饱和带。

②废物不产生热,分析内容包括研究由废物容器的腐蚀或破坏而产生的源项;确定该废物形态的合适的浸出速率;研究体系的释放过程,并且计算地下水流和放射性核素的输运,以此作为生物圈模式和剂量计算模式的输入[1]。

2. 地下水模式

低放废物埋藏地的评价需要以下三种模式:

①如果渗透水接触了废物,就要有确定辐射源释放份额的模式;

②用可测量的水文学参数表达的迁移—弥散模式;

③从受影响地点的放射性核素的浓度确定受照剂量的模式。

浅地层埋藏的地下水输运计算是很复杂的,主要是低放废物的物理和化学组成非常复杂,因而估算渗出速率就很困难。另外对埋藏地段(处置沟附近)还要考虑废物核素在非饱和层中的迁移。

放射性核素在非饱和带的输运计算,目前常假设水流是一维向下的,由此算出进入地下水水体的放射性核素的速率,并以此作为饱和水层输运的源项。

5.1.2　尾矿坝

采矿、选矿造成的对地下水的水载污染主要是尾矿坝的渗漏。尾矿坝内,废矿渣和液体混在一起各占一半,尾矿坝内的废水酸度通常很高(pH 为 0.5~2),因而首先要中和尾矿。

尾矿坝中废物的特点包括:在酸性尾矿中,大多数放射性废物和其他化学废物都处于溶解状态。中和后可减少污染物的溶解度。但是由于黄铁矿的氧化,废液会慢慢变为酸性。

尾矿坝中所含放射性物质最值得关注的是镭,其化学性质简单,只以二价态存在。铀化合物形态复杂,有几种价态,在用石灰石作中和剂时,铀还可能以可溶的碳酸盐络合物的形式迁移。铀也可以在氧化环境中迁移或者与地下水中的有机物质结合在一起迁移。

尾矿坝的地下水输运模式与低放废物的模式在许多方面类似。它独有的问题是废物复杂的化学特性,尤其是在输运途径上与岩石的相互作用。由于尾矿坝渗漏水中含有的各种化学物质浓度相当高,因此输运过程很复杂。例如沉淀过程属非线性现象,因而不能使用分配系数 K_d 和滞后因子等一些典型的平衡概念。NRC(NUREG – 0511,1979)给出了铀矿的环境影响报告的示例[2]。

5.1.3　深地质处置

1. 高放废物地质隔离的评价

目前,高放废物(HLW)储藏系统的特性实验和证实,还无法在储藏库的运行寿期内实施,因此必须依靠数学模式进行性能评价,即用现时收集到的数据来预测该体系的长期性能,这也是评价其环境影响、比较储藏库设计特点和不同场址优劣的唯一方法。性能评价涉及失效分析和后果评价,又称为概率 – 危险度分析。

储藏库长期性能评价包括从废物中释放放射性核素的分析和这些核素输运到生物圈的分析。常把这些分析区分为近场现象(废物和储藏库占主导地位)和远场现象(自然现象与作用占主导地位)。废物中的热和辐射产生的物理化学作用都局限于近场,此外,还要研究储藏库的设计和结构以及废物包装的综合效果。而远场分析研究的是由自然现象引起的,以及储藏库密封后的人类活动可能引起的事件的影响。远场现象通常都出现在储藏库以外的陆圈和生物圈内。

2. 地下水模式

(1)远场性能

已有多种远场模式,虽然它们的使用和验证还不尽相同,但对于场址评价来说,这些模式都是可以用的。通常采用如图 5 – 1 所示[3]的计算储藏库失效后远场效应的程序。

(2)近场性能

近场性能评价模式包括热的传输、机械压力、化学作用以及辐射诱发的物理化学过程,这些因素都影响着放置废物的环境。

①热传输模式

由于温度梯度是地下水流动的一个驱动力,所以要在储藏库区考虑热传输。建立在梯度输送上的热传输模式成功地描绘了热流动和温度变化,预报值与实测值在 $n\%$ 内吻合[4]。

释放情景 —— 废物和储藏库的相互作用
　　　　　　诱发储藏库失效的天然因素概率与后果
　　　　　　人为因素概率与后果

源　项 —— 固化块、容器、储藏库三道屏障失效
　　　　　基岩、地下水、固化块的化学性质
　　　　　浸溶率

通过陆圈的输运 —— 渗流、裂隙流输运
　　　　　　　　　吸附、解吸
　　　　　　　　　衰变

通过生物圈的输运 —— 进入地表水
　　　　　　　　　　进生物圈
　　　　　　　　　　生物系中的转移

剂量计算 —— 对自然资源的利用
　　　　　　内外照射

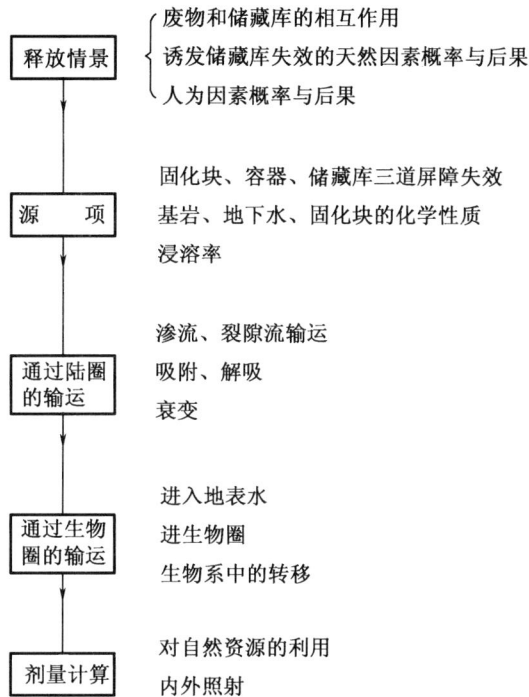

图 5 – 1 远场危险评价的组成框图

②热机械模式

根据物理定律和实验室试验得到的压力与张力之间的函数关系建立了热机械模式。因为储藏库的岩石是非均质的,也许还有破裂,所以对岩石的这种函数规律比其他建材的更难得到。

热机械模式是用来分析岩体的隆起和下沉、结构的稳定性和闭合速率、储藏库的稳定性和闭合速率、缶的运动、柱子的稳定性、对地下水的热机械影响、在岩体关键部位的压力和张力,以及岩体的机械断裂。对于裂隙流来说,这些现象都是重要的。目前研究的重点是渗透率与压力作用下结构形状变化的关系。

③化学模式

为了预报储藏库的近场特性,需要分析放置的固化块与基岩间的相互作用。这些作用可以分成六类:流体在废物容器附近的运动;这些流体对缶子和填料的腐蚀;腐蚀产物进入地下水后对固化块的溶解;岩石和储藏库对放射性核素的吸着;对废物发出的辐射的吸收;缶附近流体、岩石的化学形态和特性的变化。研究上述的相互作用可预报进入地下水的放射性核素的种类、数量及化学形态[5]。

5.2 地下水输运模式

5.2.1 达西定律

地下水动力学的基本理论几乎都是建立在达西定律的基础之上的。达西定律是反映水在岩土孔隙中渗流规律的实验定律。由法国水动力学家达西(Henry Philibert Gaspard Darcy)在 1852—1855 年通过大量实验得出,其表达式为

$$Q = KFh/L$$

式中 Q——单位时间渗流量;

　　　F——过水断面;

　　　h——总水头损失;

　　　L——渗流路径长度;

　　　K——渗透系数。

上述关系式表明,水在单位时间内通过多孔介质的渗流量与渗流路径长度成反比,与过水断面面积和总水头损失成正比。通过某一断面的流量 Q 等于流速 V_x 与过水断面 F 的乘积,即 $Q = FV_x$。据此,达西定律也可以用另一种形式表达:

$$V_x = KJ$$

式中,$J = h/L$ 为水力坡度。

可以看出,渗流速度与水力坡度成正比,说明水力坡度与渗流速度呈线性关系,故又称线性渗流定律。这个定律说明水通过多孔介质的速度同水力梯度的大小及介质的渗透性能成正比。

达西定律适用的上限有两种看法:一种认为达西定律适用于地下水的层流运动;另一种认为并非所有地下水层流运动都能用达西定律来表述,有些地下水层流运动的情况偏离达西定律,达西定律的适应范围比层流范围小。

5.2.2 承压水模式

放射性核素在地下水中的运动可以用两个方程来描述:一个是载流体(水)的运动方程;一个是被溶组分(放射性核素)的质量输运方程。前一个方程可求出流场,代入后一个方程才能求解出组分输运。

地下水流动状态分为多孔介质渗流和岩石中的裂隙流。目前后者的运动规律尚不清楚,下面只讲渗流。

地下水渗流流速慢,临界雷诺数 Re 小,一般遵守达西定律,即

$$\boldsymbol{V} = [K] \cdot \boldsymbol{J} \tag{5-1}$$

式中 $\boldsymbol{V} = \begin{bmatrix} V_x \\ V_y \\ V_z \end{bmatrix}$,是地下水流速;

$$J = \begin{bmatrix} J_x \\ J_y \\ J_z \end{bmatrix}, 是水力坡度；$$

$$[K] = \begin{Bmatrix} K_{xx} & K_{xy} & K_{xz} \\ K_{yx} & K_{yy} & K_{yz} \\ K_{zx} & K_{zy} & K_{zz} \end{Bmatrix}, 是二秩渗透系数张量。$$

当张量主轴和坐标系轴方向一致时，则 $[K]$ 成为对角张量，其形式为

$$\left. \begin{aligned} V_x &= -K_{xx}\frac{\partial h}{\partial x} \\ V_y &= -K_{yy}\frac{\partial h}{\partial y} \\ V_z &= -K_{zz}\frac{\partial h}{\partial z} \end{aligned} \right\} \tag{5-2}$$

为了书写简便，式(5-2)记为

$$V_{xi} = -K_{xi}\frac{\partial h}{\partial x_i} \quad (i = 1,2,3) \tag{5-3}$$

由地下水水流的质量守恒，可得

$$\frac{\partial M}{\partial t} = -\mathrm{div}(\rho \boldsymbol{v})\Delta x \Delta y \Delta z \tag{5-4}$$

或

$$\frac{\partial M}{\partial t} = \frac{\partial}{\partial x_i}\left(K_{xi}\rho\frac{\partial h}{\partial x_i}\right)\Delta x \Delta y \Delta z \tag{5-5}$$

注意：式(5-5)是简便写法，它是

$$\frac{\partial M}{\partial t} = \frac{\partial}{\partial x}\left(K_{xx}\rho\frac{\partial h}{\partial x}\right) + \frac{\partial}{\partial y}\left(K_{yy}\rho\frac{\partial h}{\partial y}\right) + \frac{\partial}{\partial z}\left(K_{zz}\rho\frac{\partial h}{\partial z}\right)\Delta x \Delta y \Delta z \tag{5-6}$$

的简记，式中 ρ 是水的密度。

对于承压水，由

$$\frac{\mathrm{d}\rho}{\rho} = \beta \mathrm{d}p \tag{5-7a}$$

$$\frac{\mathrm{d}n}{1-n} = \alpha \mathrm{d}p \tag{5-7b}$$

得

$$\rho^2 g(\alpha + \beta n)\frac{\partial h}{\partial t} = \frac{\partial}{\partial x_i}\left(Kx_i\rho\frac{\partial h}{\partial x_i}\right) \tag{5-8}$$

令 $S_s = \rho g(\alpha + \beta n)$，称为比储水系数，若密度均匀，则有

$$S_s\frac{\partial h}{\partial t} = \frac{\partial}{\partial x_i}\left(Kx_i\frac{\partial h}{\partial x_i}\right) \tag{5-9}$$

若含水层厚度均匀，设为常数 B，则

$$T_{xx} = BK_{xx}, \quad \mu^* = BS_s$$

$$\mu^*\frac{\partial h}{\partial t} = \frac{\partial}{\partial x_i}\left(T_{xi}\frac{\partial h}{\partial x_i}\right) \tag{5-10}$$

式中　α, β——骨架和水的弹性压缩系数；

　　　p——水压力；

n——孔隙度；

T_{xx}——导水系数；

μ^*——储水系数；

h——水头$\left(h = z + \dfrac{p}{\rho g}\right)$。

若含水层为均质各向同性,则

$$\frac{\partial h}{\partial t} = \frac{T}{\mu^*}\left(\frac{\partial^2 h}{\partial x_i^2}\right) = \frac{T}{\mu^*}\nabla^2 h \qquad (5-11)$$

若承压水含水层地下水流是稳定的,则$\dfrac{\partial h}{\partial t} = 0$,所以式(5-10)成为

$$\frac{\partial}{\partial x_i}\left(T_{xi}\frac{\partial h}{\partial x_i}\right) = 0 \qquad (5-12)$$

5.2.3　自由潜水模式

1. 潜水含水层

对于潜水含水层,假设潜水所受的压力比承压情形少,弹性释放系数远小于潜水面下降而疏干的水量,故可视为零,即 $S_s = 0$,所以潜水含水层区域内的点(x,y,z)其水头$h(x,y,z)$满足：

$$\frac{\partial}{\partial x_i}\left(K_{xi}\frac{\partial h}{\partial x_i}\right) = 0 \qquad (5-13)$$

而潜水面所满足的微分方程为

$$\mu\frac{\partial h}{\partial t} = K_{xx}\left(\frac{\partial h}{\partial x}\right)^2 + K_{yy}\left(\frac{\partial h}{\partial y}\right)^2 + K_{zz}\left(\frac{\partial h}{\partial z}\right)^2 - K_{zz}\frac{\partial h}{\partial z} \qquad (5-14)$$

式中,μ 是潜水给水度。(此式已略去降水入渗)

若：①潜水面比较平缓；

②垂直流速可以忽略不计；

③在同一条垂直线上的水平流速相等；

④含水层的底板是水平的。

以上四条称为 Dupuit-Forchheimer(裘布依－福熙海麦)假定。

由水量平衡可导出

$$\mu\frac{\partial h}{\partial t} = \frac{\partial}{\partial x}\left(Kh\frac{\partial h}{\partial x}\right) + \frac{\partial}{\partial y}\left(Kh\frac{\partial h}{\partial y}\right) \qquad (5-15)$$

若含水层是倾斜的且近似满足以上假定条件,底板方程为 $b = b(x,y)$,则把式(5-15)中 h 换成$(h-b)$,得

$$\frac{\partial}{\partial x}\left[K(h-b)\frac{\partial h}{\partial x}\right] + \frac{\partial}{\partial y}\left[K(h-b)\frac{\partial h}{\partial y}\right] = \mu\frac{\partial h}{\partial t} \qquad (5-16)$$

式(5-15)和式(5-16)称为潜水二维非稳定流方程,由于微分方程中,对未知函数 h 来说是二次的,所以式(5-15)和式(5-16)是非线性的偏微分方程。式中的 K 是渗透系数从上到下的平均值。K 若各向同性,则由式(5-15)得

$$\nabla^2 h^2 \; = \; \frac{2\mu}{K} \frac{\partial h}{\partial t} \tag{5-17}$$

若为稳定流,则为

$$\nabla^2 h^2 \; = \; 0 \tag{5-18}$$

2. 非饱水层(包气带)

用完全类似的方法,只要注意令

$$M = \theta\rho$$

式中,θ 为单位体积的均衡体中水占的体积,称为含水率;M 为单位体积的均衡体中水的质量,则由达西定律和连续性方程得

$$\frac{\partial \theta}{\partial t} \; = \; D_z \frac{\partial \theta}{\partial Z} + \frac{\partial}{\partial x_i} \Big(D_{xi} \frac{\partial \theta}{\partial x_i} \Big) \tag{5-19}$$

式中　$D_{xi} = K_{xi} \dfrac{\mathrm{d}\phi}{\mathrm{d}\theta}$;

$\quad\quad D_z = \dfrac{\mathrm{d}K_{zz}}{\mathrm{d}\theta}$。

$\varphi = p/(\rho g)$,表示非饱和层的压力水头,因为 D_{xi},D_z 均与 θ 有关,所以一般情况下,式(5-19)是一个非线性偏微分方程。

式(5-10)、式(5-11)、式(5-12)、式(5-17)及式(5-18)在简单条件下有解析解,一般需用数值解。

水头场(h,$h = z + p/\rho g$)求出后,由

$$V_{xi} \; = \; -k \frac{\partial h}{\partial x_i} \approx -k \frac{\Delta h}{\Delta x_i} \tag{5-20}$$

可求出流速分量,在潜水层中水流为稳定流时,$V_E = 0$,由式(5-20)求出 V_x,V_y。由于水只在空隙中运动,所以水的实际渗流速度为

$$U \; = \; V_{xi}/n_e \tag{5-21}$$

式中,n_e 为有效孔隙率。

5.2.4　污染物输运模式

不被地下水介质吸附的物质,其输运-弥散方程为

$$\frac{\partial C}{\partial t} + \mathrm{div}\Big(\frac{C\boldsymbol{V}}{n} \Big) = \mathrm{div}\Big[\rho \boldsymbol{D} \cdot \mathrm{grad}\Big(\frac{C}{\rho} \Big) \Big] \tag{5-22}$$

式中　C——不被吸附污染物(例如 T_2O 或 THO)的浓度;

$\quad\quad \boldsymbol{D}$——二秩弥散系数张量。

对于可与介质发生化学反应(例如离子交换等)的污染物,若设污染物转移局地平衡,且假设是一阶化学反应(即化学反应动力学是线性的),则一般的污染物输运方程可写成

$$R_d \theta \frac{\partial C}{\partial t} \; = \; \nabla \cdot (\theta \boldsymbol{D} \cdot \nabla C) + \nabla \cdot (\boldsymbol{V}C) + \Big[R_d \frac{\partial \theta}{\partial t} + \lambda \theta R_d \Big] C = 0 \tag{5-23}$$

式中　C——污染物溶解成分的浓度;

$\quad\quad \boldsymbol{V}$——地下水通量;

λ——污染物消减常数；

R_d——滞后系数。

R_d 的计算式为

$$R_d = \frac{n}{n_e} + \frac{\rho_b}{n_e}K_d \qquad (5-24)$$

式中 n——总的孔隙度；

n_e——有效孔隙度；

ρ_b——容重，g/cm^3；

K_d——分配系数，mL/g。

在偏保守的情况下，假定 $n = n_e$，则 R_d 可化简为

$$R_d = 1 + \frac{\rho_b}{n_e}K_d \qquad (5-25)$$

对于裂隙流，使用上述公式时可以定义一个等效滞后因子，此时用的是裂隙的曝露面积，而不是孔隙率。

若是在饱和潜水层，则式（5-23）成为

$$R_d \frac{\partial C}{\partial t} - \nabla \cdot (\boldsymbol{D} \cdot \nabla C) + \nabla \left(\frac{\boldsymbol{V}C}{n_e}\right) + \lambda R_d C = 0 \qquad (5-26)$$

若介质是均匀各向同性的，且流速平行于 x 轴，则式（5-26）变为

$$R_d \frac{\partial C}{\partial t} - \nabla \cdot (\boldsymbol{D} \cdot \nabla C) + \frac{\boldsymbol{V}}{n} \cdot \nabla C + \lambda R_d C = 0 \qquad (5-27)$$

若设流场只沿 x 方向，则

$$\frac{\partial C}{\partial t} + \frac{U}{R_d}\frac{\partial C}{\partial x} - \frac{\boldsymbol{D}}{R_d}(\nabla^2 C) \cdot \boldsymbol{I} + \lambda C = 0 \qquad (5-28)$$

式中 U——孔隙渗流流速；

D_x, D_y, D_z——x, y, z 轴上的弥散系数；

$\boldsymbol{I}$——单位向量。

式（5-28）表明，放射性核素的输运是没有吸附效应（即水流本身的）的物质输运的 $\frac{1}{R_d}$，即其迁移速度为 U/R_d，其弥散系数为 D_{xi}/R_d。

严格说来，上述方程只适用于各向同性介质（即在所有方向上，渗透系数都相同的介质），但是在现场研究得到了弥散系数后也可用于有轻微的各向异性的介质。

对于锕系和超铀元素，有几代产物都是放射性的。这种物质在水下输运时，关心的是沿水流路径上各个关心地点的各种放射性核素的浓度。在一维流场中，其方程为[6]

$$\left.\begin{aligned} R_{d_1}\frac{\partial C_1}{\partial t} + U\frac{\partial C_1}{\partial x} &= D\frac{\partial^2 C_1}{\partial x^2} - R_{d_1}\lambda_1 C_1 \\ R_{d_2}\frac{\partial C_2}{\partial t} + U\frac{\partial C_2}{\partial x} &= D\frac{\partial^2 C_2}{\partial x^2} - R_{d_2}\lambda_2 C_2 + R_{d_1}\lambda_1 C_1 \\ \vdots \qquad\qquad &\qquad\qquad \vdots \\ R_{d_i}\frac{\partial C_i}{\partial t} + U\frac{\partial C_i}{\partial x} &= D\frac{\partial^2 C_i}{\partial x^2} - R_{d_i}\lambda_i C_i + R_{d_{i-1}}\lambda_{i-1}C_{i-1} \end{aligned}\right\} \qquad (5-29)$$

式中　R_{d_i}——核素 i 的滞后系数；

　　　U——孔隙流速($= V_x/n_e$)；

　　　C_i——核素 i 的浓度；

　　　D——弥散系数；

　　　λ_i——核素 i 的衰变常数。

如果所有子体的吸着性质相同,则式(5 - 29)有一个简单的解析解：

$$C_i = \frac{\lambda_i}{\lambda_1} C_1 \prod_{m=1}^{i-1} \lambda_m \sum_{j=1}^{i} \frac{e^{-\lambda_j t}}{\prod_{k \neq j}^{i} (\lambda_k - \lambda_j)} \tag{5-30}$$

如果吸着作用不同,解析模式可用于有两代子体的情况,对于多代子体,则需数值解[6]。

5.3　水流方程和输运方程的参数

5.3.1　弥散系数

方程(5 - 22)中的弥散系数 D 实际上是分子扩散和水力弥散的总分散系数。分子扩散系数 D_a 取决于流体的性质,例如温度、黏滞度和温度梯度等,分子扩散服从典型的菲克方程,即

$$\frac{\partial C}{\partial t} = \frac{\partial}{\partial x} \left(D' \frac{\partial C}{\partial x} \right) \tag{5-31}$$

式中,D' 是多孔介质的有效扩散系数,其典型值约为 $10^{-8} \sim 10^{-5} \ cm^2/s$；由于孔隙结构抑制了扩散,所以 D' 小于自由流体的分子扩散系数 D_a'。

弥散是由于流体在多孔介质中通过复杂流动通道而产生的混合,是由流经长度和流速的空间不均匀性产生的纵向和横向扩展。

实验室研究表明,各向同性介质的弥散系数 D_{ij} 可以表示为

$$\theta D_{ij} = \alpha_T V \delta_{ij} + (\alpha_L - \alpha_T) V_i V_j / V \tag{5-32}$$

式中　δ_{ij}——δ 函数, $\delta = \begin{cases} 1 & i = j \\ 0 & i \neq j \end{cases}$；

　　　θ——容积(整体)含水量；

　　　α_T——横向弥散度,cm；

　　　α_L——纵向弥散度,cm；

　　　V——流速的模值,cm/s；

　　　V_i, V_j——流速的分量,cm/s。

弥散与迁移尺度有关,用实验室填充柱通常得到的弥散度大约代表的是中数粒径的填充介质的值,范围从 mm 到 cm。而在野外,随着迁移距离增大,弥散度也会增大。在含水层中,介质的渗透性、裂隙、分层和其他性质的不均匀性等结合在一起产生的弥散,比流体绕砂粒和穿孔隙流动产生的弥散更为重要,这称之为弥散系数的尺度效应,有时称为宏观弥

散效应。

现场研究表明,宏观弥散主要是渗透系数不均匀的结果。弥散度明显地随现场试验尺度的增大而增大。介质均匀性的假设意味着不均匀是随机的,而且不均匀性的尺度比含水层小得多。

在下述情况下,简单的扩散模式可能是不适用的:

①在几个变化很大的渗透系数的介质中;

②渗透系数变化剧烈、不连贯,而且有确定的通路;

③观测值是在小尺度范围内得到的;

④介质渗透系数的变化不遵守随机场的变化特征。

具有上述现象的称为"沟道效应"。

现场弥散系数是用示踪实验求得的。示踪实验距离较短,一般是以单井或双井取样测定的,这种方法的缺点如下:

①观测范围小,往往只能测量整个评价范围很小的一个区域,代表性差;

②地质材料是典型的异质材料,要充分地观测,而观测本身(如打孔)实际上明显地扰乱了流场。

表 5 - 1 和 5 - 2 列出由示踪实验和观测地下水溶质输运的数值模式得到的弥散度[7],这些值描述的是特定场址的情况,将它们外推到其他情形要格外注意。另外,表 5 - 2 的弥散度也可能包括了数值离散的贡献。

表 5 - 1 在地下水溶质输运中,由示踪剂流通曲线测得的弥散度 α_L 和 α_T

位置	α_L/m	α_T/m	$\Delta X^{①}$	$\overline{U}^{②}$/(m/d)	方法
安大略省,Chalk River,冲积含水层	0.034				单井示踪实验
Chalk River,高流速地层	0.034 ~ 0.1				单井
冲积含水层	0.5				双井
冲积、高流速地层	0.1				双井
法国,里昂,冲积含水层	0.1 ~ 0.5				单井
里昂,完整含水层	5				单井
里昂,完整含水层	12.0	3.1 ~ 1.4		7.2	用电阻率进行的单井试验
里昂,完整含水层	8	0.015 ~ 1		9.6	用电阻率进行的单井试验
里昂,完整含水层	5	0.145 ~ 14.5		13	用电阻率进行的单井试验
里昂,完整含水层	7	0.009 ~ 1		9	用电阻率进行的单井试验
法国,Alsace,冲积沉淀物	12	4			环境示踪剂
北墨西哥,Carsbad,裂隙石灰岩	38.1		38.1	0.15	双井示踪

表 5 - 1（续）

位置	α_L/m	α_T/m	ΔX[①]	$\overline{U}$[②]/(m/d)	方法
南卡罗米纳州,Savannah 河,裂隙片床岩	134.1		538	0.4	双井
加利福尼亚州,Barstow,冲积沉淀物	15.2		6.4		双井
苏格兰,Dorest,白垩(破裂的)	3.1		8		双井
(完整的)	1.0		8		双井
加利福尼亚州,Berkeley,砂砾石	2~3		8	311~1 382	多库示踪试验
密西西比州,石灰岩	11.6				单井
NTS,碳酸盐含水层	15				双井示踪
佛罗里达州,Pensacola,石灰岩	10		312	0.6	双井

注①ΔX 为双井试验时,两井间的距离;

②$\overline{U}$ 为地下水的渗流速度。

资料来源:Evenson D E,Dettinger M D. 1980. Dispersive Processes in Models of Regional Radionuclide Migration,University of California,Lawrence Livermore Laboratory,Livermore. ,转引自文献[7]。

表 5 - 2　根据地下水溶质输运数值模拟获得的弥散度 α_L 和 α_T

位置	α_L/m	α_T/m	ΔX[①]/m	$\overline{U}$[②]/(m/d)	方法[③]
落基山兵工厂,冲积沉积物	30.5	30.5	305		Areal (moc)
阿肯色河谷,塌积沉积物	30.5	9.1	660×1 320		Areal (moc)
加利福尼亚州,冲积沉积物	30.5	9.1	305		Areal
长岛,冰河沉积物	21.3	4.3	变量 (50~300)	0.4	Areal (fe)
佐治亚州,Brunswck,石灰岩	61	20	变量		Areal (moc)
爱达荷州,Snake 河,裂隙玄武岩	91	136.5	640		Areal
爱达荷州,裂隙玄武岩	91	91	640		Areal (fe)
华盛顿州,汉福特场址,裂隙玄武岩	30.5	18			Areal (rw)
加利福尼亚州,Barstow,冲积沉淀层	61	18	305		Areal (fe)
北墨西哥,Roswell 盆地,石灰岩	21.3				Areal
爱达河瀑布,Barstow,冲积沉淀物	91	137	变量		Areal
加利福尼亚州,Sarstow,冲积沉淀物	61	0.18	3×152		profle (fe)
法国,Alsace,冲积沉淀物	15	1			profle
佛罗里达州(东南),石灰岩	6.7	0.7	变量		(fe)
加利福尼亚州,Suttet 盆地,冲积沉淀物	80~200	8~20	(2~20 km)		

注:①ΔX 为程序中的网格尺寸;

②$\overline{U}$ 为地下水的渗流速度;

③(fe)表示用有限元模式;(moc)表示特征值方法;(rw)表示随机游走模式。

资料来源:Evenson D E,Dettinger M D. 1980. Dispersive Processes in Models of Regional Radionuclide Migration,University of California,Lawrence Livermore Laboratory,Livermore. ,转引自文献[7]。

5.3.2　孔隙度和有效孔隙度

土壤或岩石的孔隙度是孔隙空间与土壤所占空间的比,即空隙占总体积的百分数。总孔隙度即实际所有孔隙的百分值,而有效孔隙度是总孔隙度中减去土壤毛细含水量(称之为持水率)。毛细含水量是土壤不能再保持受重力作用的那些水时的最大含水量。因此,有效孔隙度是孔隙度中能够使地下水穿过多孔介质流动的那一部分。

沉积矿床的孔隙率主要取决于它的组成粒子的形状和排列、粒子的分散程度、粒子受到的胶结和质密情况、水对矿物质的溶解,以及由节理发育产生的断裂,许多沉积矿床的孔隙率随着其颗粒的不规则棱角状而增大,并随颗粒大小参差不齐而减小。

表5－3给出了一些土壤和岩石孔隙率的数据,在表5－4中给出了有效孔隙率的数据[8]。

表5－3　含水层物质孔隙率的典型值

含水层物质	分析的数目	范围	算术平均值
火成岩			
风化花岗岩	8	0.34～0.57	0.45
风化辉长岩	4	0.42～0.45	0.43
玄武岩	94	0.03－0.35	0.17
沉积物			
砂岩	65	0.14～0.49	0.34
淤砂	7	0.21～0.41	0.35
砂(细)	245	0.25～0.53	0.43
砂(粗)	26	0.31～0.46	0.39
砾石(细)	38	0.25～0.38	0.34
砾石(粗)	15	0.24～0.36	0.28
淤泥	281	0.34～0.51	0.45
黏土	74	0.34～0.57	0.42
石灰岩	74	0.07～0.56	0.30
变质岩			
片岩	18	0.04～0.49	0.38

表5－4　含水层物质有效孔隙率(和比给水量)的典型值

含水层物质	分析的数目	范围	算术平均值
沉积物			
砂岩(细)	47	0.02～0.40	0.21
砂岩(中等)	10	0.12～0.41	0.27
淤砂	13	0.01～0.33	0.12
砂(细)	287	0.01～0.46	0.33
砂(中等)	297	0.16～0.46	0.32
砂(粗)	143	0.18～0.43	0.30
砾石(细)	33	0.13～0.40	0.28
砾石(中等)	13	0.17～0.44	0.24

表 5 – 4(续)

含水层物质	分析的数目	范围	算术平均值
砾石(粗)	9	0.13 ~ 0.25	0.21
淤泥	299	0.01 ~ 0.39	0.20
黏土	27	0.01 ~ 0.18	0.06
石灰岩	32	~ 0 ~ 0.36	0.14
风成物			
黄土	5	0.14 ~ 0.22	0.18
风成砂	14	0.32 ~ 0.47	0.38
凝灰岩	90	0.02 ~ 0.47	0.21
变质岩			
片岩	11	0.22 ~ 0.33	0.26

5.3.3 饱和流的渗透系数

对于各向同性、均匀的饱和介质,渗透系数 K 决定了穿过给定水力梯度的多孔介质的运动速度。渗透系数只是多孔介质所具有的性质,量度渗透系数的是固有渗透率 k,通常以"达西"表示($1 \text{ darc} = 9.87 \times 10^{-9} \text{cm}^2$)。

渗透系数 K 和固有渗透率 k 的关系为

$$K = \frac{kg\rho}{\mu} \tag{5 – 33}$$

式中 g——重力加速度;

      ρ——流体密度;

      μ——流体的黏滞度。

表 5 – 5 给出了普通孔隙物质的渗透系数的一些典型值[8]。

表 5 – 5 孔隙物质渗透系数的典型值

物质	分析的数目	范围/(cm/s)	算术平均值/(cm/s)
火成岩			
风化花岗岩	7	$(3.3 \sim 52) \times 10^{-4}$	1.6×10^{-3}
风化辉长岩	4	$(0.5 \sim 3.8) \times 10^{-8}$	1.89×10^{-4}
玄武岩	93	$(0.2 \sim 4\,250)$	9.45×10^{-6}
沉积物			
砂岩(细)	20	$(0.5 \sim 2\,270) \times 10^{-6}$	3.31×10^{-4}
淤砂	8	$(0.1 \sim 142) \times 10^{-8}$	1.9×10^{-7}
砂(细)	159	$(0.2 \sim 189) \times 10^{-4}$	2.88×10^{-3}
砂(中等)	255	$(0.9 \sim 567) \times 10^{-4}$	1.42×10^{-2}
砂(粗)	158	$(0.3 \sim 6\,610) \times 10^{-4}$	5.20×10^{-2}
砾石	40	$(0.3 \sim 31.2) \times 10^{-1}$	4.03×10^{-1}
淤泥	39	$(0.09 \sim 7\,090) \times 10^{-7}$	2.83×10^{-5}
黏土	19	$(0.1 \sim 47) \times 10^{-8}$	9×10^{-6}
变质岩			
片岩	17	$(0.002 \sim 1\,130) \times 10^{-6}$	1.9×10^{-4}

环境因素有可能影响给定孔隙物质的渗透系数。例如,在泥土和胶体表面的离子交换就会引起矿物体积及孔隙大小和形状的改变。压力的变化可以引起物质致密程度的变化,也可能使气体由溶液中逸出,这都会减小渗透系数。

5.3.4 分配系数与延滞系数

放射性核素被岩石吸着——解吸,使得放射性核素的迁移速度小于地下水本身的流速。吸着作用与水和岩石两者的化学性质有关,由于某些化学反应缓慢,所以它还是时间的函数。

在计算关键核素由源到生物圈的传播时间时,需要知道吸着系数值。通常,用标准的定量混合试验可得到吸着系数。把岩石与地下水接触,并掺混少量放射性核素。用这种方法测得的 K_d,使用时应该了解一些机制,如溶解或沉淀、络合、吸附或解吸、相变化,以及溶解度等。

在放射性核素迁移中可以利用天然模拟体,包括水热矿床、铀矿体、富钍矿床、天然裂变反应堆,以及地下核爆炸。而且,天然放射性核素及其裂变产物在基石地层中的行为,可提供保守的吸着系数。在整个地球化学条件以及预期的输运传播时间内,把这些吸着系数用于模拟是偏保守的。

表5-6和5-7给出了几个重要的放射性核素在一批岩石中的分配系数值[9]。表中所列 K_d 值反映出 K_d 对粒子大小和水相化学性质这一些因素的敏感性。表5-8给出了主要核素在4种主要土壤类型的分配系数平均值[14,15]。实际工作中,需要针对特定场址,对分配系数值展开实测工作。

表5-6 锶和铯的分配系数 K_d 单位:mL/g

	锶	铯
玄武岩32-80目	16~135	792~9 520
玄武岩0.5~4 mm,总溶解固体0.03%	220~1 220	39~280
玄武岩,0.5~4 mm,海水	1.1	6.5
现场测量的断裂玄武岩	3	
砂、石英 pH 7.7	1.7~3.8	22~314
砂	13~43	100
碳酸盐,大于4 mm	0.19	13.5
石灰岩,总溶解固体0.4%	5~14	
花岗岩,大于4 mm	1.7	34.3
花岗闪长岩 100~200目	4~9	8~9
花岗闪长岩 0.5~1 mm	11~23	1 030~1 810
汉福特沉积物	50	300
凝灰岩	45~4 000	800~1 780
土壤	19~282	189~1 053
页状粉砂岩,大于4 mm	8	309
页状粉砂岩,大于4 mm	1.4	102
冲积层	48~2 454	121~3 165
盐碱滩,大于4 mm,饱和盐水	0.19	0.027

表 5 – 7　钍和铀的分配系数 K_d　　　　　　　　　　　单位:mL/g

K_d	条　件	
	钍	
1.6×10^5	淤泥土壤,钙饱和黏土	pH 6.5
4×10^5	蒙脱土,钙饱和黏土	pH 6.5
1.6×10^5	黏性土壤,$Ca(NO_3)_2$	pH 6.5
40 ~ 130	中等砂	pH 8.15
310 ~ 470	黏细砂	pH 8.15
270 ~ 10.000	淤泥/黏土	pH 8.15
8	片岩土	1 g/L 钍, pH 3.2
60	片岩土	0.1 g/L 钍, pH 3.2
120	伊利石	1g/L 钍, pH 3.2
1 000	伊利石	0.1 g/L 钍, pH 3.2
$<1 \times 10^5$	伊利石	0.1g/L 钍, pH >6
	铀	
6.2×10^4	淤泥土壤,U(6)	钙饱和,pH 6.5
4 400	黏性土壤,U(6 价)$Ca(NO_3)_2$	pH 6.5
300	黏性土壤,1×10^{-6} UO^{2+}	pH 5.5
2 000	黏性土壤,1×10^{-6} UO^{2+}	pH 10
270	黏性土壤,1×10^{-6} UO^{2+}	pH 512
4.5	白云石,100 ~ 325 目	盐水, pH 6.9
2.9	石灰石,100 ~ 170 目	盐水, pH 6.9

表 5 – 8　主要核素在 4 种主要土壤类型的分配系数平均值 K_d　　　　单位:mL/g

元素	砂土	亚黏土 (loae)	黏土	有机土
Ac	450	1 500	2 400	5 400
Ag	90 *	120 *	180 *	15 000 *
Am	1 900 *	9 600 *	8 400 *	112 000 *
Be	250	800	1 300	3 000
Bi	100	450	600	1 500
Br	15	50	75	180
C	5 *	20	1	70
Ca	5	30	50	90
Cd	80 *	40 *	560 *	900 *
Ce	500 *	8 100 *	20 000 *	3 300 *
Ca	4 000 *	18 000 *	6 000	6 000 *
Co	60 *	1 300 *	550 *	1 000 *
Cr	70 *	30 *	1 500	270 *

表 5 - 8（续）

元素	砂土	亚黏土 （loae）	黏土	有机土
Cs	280 *	4 600 *	1 900 *	270 *
Fe	220 *	800 *	165 *	600 *
Hf	450	1 500	2 400	5 400
Ho	250	800	1 300	3 000
I	1 *	5 *	1 *	25 *
K	15	55	75	200
Mn	50 *	750 *	180 *	150 *
Mo	10 *	125	90 *	25 *
Nb	160	550	900	2 000
Ni	400 *	300	650 *	1 100 *
Np	5 *	25 *	55 *	1 200 *
P	5	25	35	90
Pa	550	1 800	2 700	6 600
Pb	270 *	16 000 *	550	22 000 *
Pd	55	180	250	670
Po	150 *	400 *	3 000	7 300
Pu	550 *	1 200 *	5 100 *	1 900 *
Ra	500 *	36 000 *	9 100 *	2 400
Rb	55	180	270	670
Re	10	40	60	150
Ru	55 *	1 000 *	800 *	6 600 *
Sb	45 *	150	250	550
Se	150	500	740	1 800
Si	35	110	180	400
Sn	245	800	1 300	3 000
Sn	130	450	670	1 600
Sr	15 *	20 *	110 *	150 *
Ta	220	900	1 200	3 300
Tc	0.1 *	0.1 *	1 *	1 *
Te	125	500	720	1 900
Th	3 200 *	3 300	5 800 *	89 000 *
U	35 *	15 *	1 600 *	410 *
Y	170	720	1 000	2 600
Zn	200 *	1 300 *	2 400 *	1 600 *
Zr	600	2 200	3 300	7 300

* 来自于 Sheppard M I，Thibault D H，1990，Default Soil Solid Liquid Partition Coefficients，K. S for Four Major Soil Type："Aconpendium"，Health Physics 59：471 - 482. 其他值是采用浓度比值来估计的。

5.4 求解地下水输运的方法

有研究模拟地下水污染和输运的模式[4,12,13,16]。一般地下水的模式可以概略地分为数值模式和解析模式。数值模式求解的方法通常使用有限差分和有限元方法直接求解描述水运动和溶质运动的微分方程,所得结果的可靠程度依赖于输入参数的质量和数量。解析模式通常都是对简化了的边值条件的解。

数值解方法有有限差分法、有限元法、特征值方法、随机游走方法和流网方法、平流模式等。一般可以采用已经比较成熟的地下水溶质运移的模拟软件,包括 MOC3D,MT3DMS,RT3D,FEMWATER,TOUGH,HST3D,FRAC3DVS,FEFLOW 等,其中 MT3DMS 是应用比较广泛的三维溶质运移数值模拟软件。

解析模式常常用在简化的情况,对于管理上的需要,这些模式也许常常是合适的,但需要注意适用条件。下面介绍 NRC 的几个简单常用模式[10]。

设微分方程为

$$\frac{\partial c}{\partial t} + \frac{U}{R_d}\frac{\partial c}{\partial x} = \frac{D_x}{R_d}\frac{\partial^2 c}{\partial x^2} + \frac{D_y}{R_d}\frac{\partial^2 c}{\partial y^2} + \frac{R_z}{R_d}\frac{\partial^2 c}{\partial z^2} - \lambda c \qquad (5-34)$$

式中　c——液相中的浓度,Bq/cm^3;

D_i——i 方向上的弥散系数,cm^2/s;

U——地下水孔隙渗流流速在 x 方向上的分量,cm/s;

R_d——滞后系数,而 D_{ij} 可用式(5-32)($\theta D_{ij} = \alpha_T V \delta_{ij} + (\alpha_L - \alpha_T) V_x V_y / V$)来求解。

本题情况下 $V_2 = V_0 = 0$,$V_1 = V$,对于饱和水流,θ 近似等于有效孔隙度 n_e。由于 $U = V/n_e$,所以有

$$\begin{cases} D_x = \alpha_L U \\ D_y = \alpha_T U \\ D_z = \alpha_T U \end{cases} \qquad (5-35)$$

式中,α_L,α_T 分别是纵向、横向弥散系数。

5.4.1 点、线、面源的简单解析公式

1. 点浓度模式

点浓度模式可用来计算释放点下游某个井中的浓度。

式(5-34)的格林函数为

$$C = \frac{1}{n_e R_d} X(x,t) Y(y,t) Z(z,t) \qquad (5-36)$$

式中　C——瞬时释放量为 3.7×10^{10} Bq 时,空间上任一点处的浓度;

n_e——介质的有效孔隙率;

X,Y,Z——分别是 x,y,z 方向上的格林函数。

由几种边界条件和源的形状,对式(5-36)进行研究,具体如下:

（1）如图 5 - 2 所示，在侧向 (x,y) 无限伸展深度为 b 的含水层中，位于 $(0,0,z_s)$ 处的点源情况，有

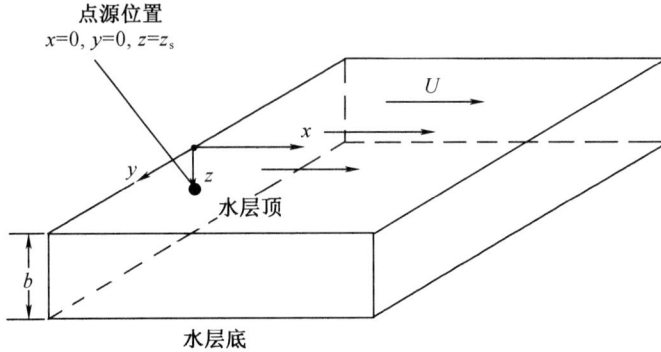

图 5 - 2   点源、点浓度模式的理想的地下水系统

$$C = \frac{1}{n_e R_d} X_1 Y_1 Z_1 \tag{5 - 37}$$

式中

$$X_1 = \frac{1}{(4\pi D_x t/R_d)^{\frac{1}{2}}} \exp\left[-\frac{\left(x - \frac{Ut}{R_d}\right)^2}{4D_x t/R_d} - \lambda t \right] \tag{5 - 38}$$

$$Y_1 = \frac{1}{(4\pi D_y t/R_d)^{\frac{1}{2}}} \exp\left(-\frac{y^2}{4D_y t/R_d} \right) \tag{5 - 39}$$

$$Z_1 = \frac{1}{b}\left\{ 1 + 2\sum_{m=1}^{\infty} \exp\left[-\frac{m^2\pi^2 D_z t}{b^2 R_d} \right] \cos\frac{m\pi z_s}{b} \cos m\pi\,\frac{z}{b} \right\} \tag{5 - 40}$$

（2）在上述情况下，源为长度为 b 的垂直线源，其解为

$$C = \frac{1}{n_e R_d} X_1 Y_1 Z_2 \tag{5 - 41}$$

式中

$$Z_2 = \frac{1}{b} \tag{5 - 42}$$

（3）如图 5 - 3 所示，在长度为 w，中心位于 $(0,0,z_s)$ 的水平线源情况下，有

$$C = \frac{1}{n_e R_d} X_1 Y_2 Z_1 \tag{5 - 43}$$

$$Y_2 = \frac{1}{2w}\left\{ \mathrm{erf}\,\frac{(w/2 + y)}{(4D_y t/R_d)^{\frac{1}{2}}} + \mathrm{erf}\,\frac{(w/2 - y)}{(4D_y t/R_d)^{\frac{1}{2}}} \right\} \tag{5 - 44}$$

式中，$\mathrm{erf}(Z) = \int_0^Z \mathrm{e}^{-t^2}\mathrm{d}t$，称为误差函数。

（4）上例中的垂直平均浓度（等效成宽度为 w、深度为 b 的面源）为

$$C = \frac{1}{n_e R_d} X_1 Y_2 Z_2 \tag{5 - 45}$$

（5）在侧向和深度方向都无限的含水层中，位于 $(0,0,z_s)$ 处的点源产生的浓度场为

$$C = \frac{1}{n_e R_d} X_1 Y_1 Z_3 \tag{5 - 46}$$

式中

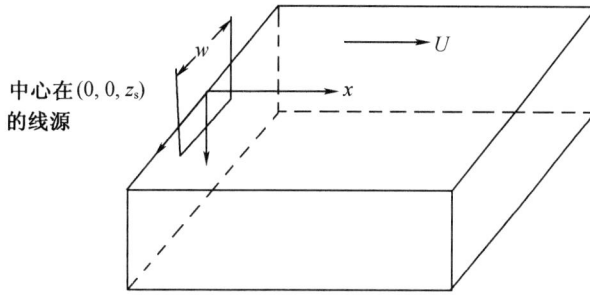

图 5 - 3 水平线源、点浓度模式的理想的地下水系统

$$Z_3 = \frac{1}{(4\pi D_z t/R_d)^{\frac{1}{2}}}\left\{\exp\left[-\frac{(z-z_s)^2}{4D_z t/R_d}\right] + \exp\left[-\frac{(z+z_s)^2}{4D_z t/R_d}\right]\right\} \tag{5-47}$$

(6)在侧向和深度无限的含水层中,中心位于$(0,0,z_s)$,长度为 w 的水平线源的浓度场为

$$C = \frac{1}{n_e R_d} X_1 Y_2 Z_3 \tag{5-48}$$

(7)如图 5 - 4 所示,在恒定深度为 b 的含水层中,中心位于$(0,0,0)$点处有长度为 l、宽度为 w 的水平面源,求其浓度场。

此时,其解为
$$C = \frac{1}{n_e R_d} X_2 Y_2 Z_2 \tag{5-49}$$

$$X_2 = \frac{1}{2l}\left\{\operatorname{erf}\frac{\left(x+\frac{l}{2}\right)-\frac{Ut}{R_d}}{(4D_x t/R_d)^{\frac{1}{2}}} - \operatorname{erf}\frac{\left(x-\frac{l}{2}\right)-\frac{Ut}{R_d}}{(4D_x t/R_d)^{\frac{1}{2}}}\right\}\exp(-\lambda t) \tag{5-50}$$

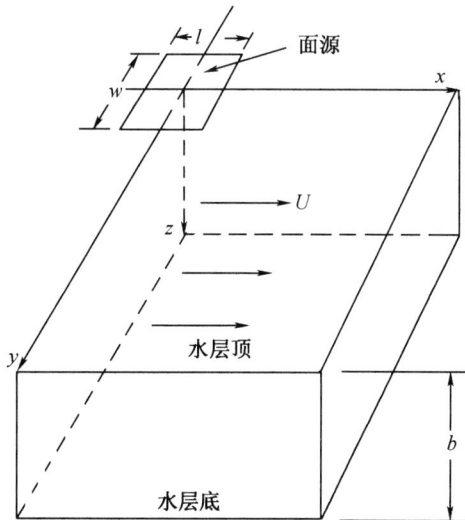

图 5 - 4 垂向平均的地下水弥散模式

2. 瞬时模式的普适化

上述公式都是对瞬时点源释放的情形,若对于任意释放 $f(\tau)$,则其浓度场应为下述卷积分:

$$C_{\text{I}} = \int_0^t C(t - \tau) f(\tau) \, \mathrm{d}\tau \qquad (5-51)$$

5.4.2　通量模式

通量模式是计算放射性核素由地下水补给地面水的速率,该地面水体截断了含有被输运物质的含水层,如图 5-5 所示。假定除了衰变外进入含水层的所有物质都进入地面水体。

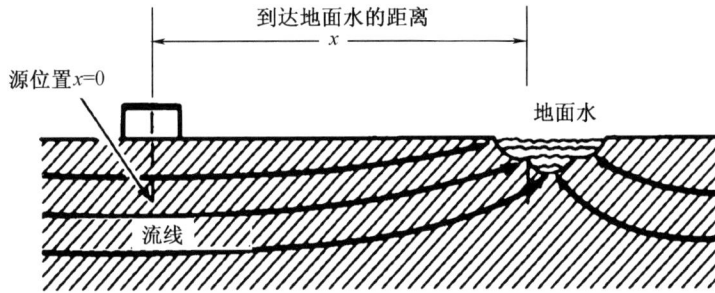

图 5-5　地下水-地面水的交界面,通量模式

在假定的单向补给的情况下,物质穿过垂直于 x 轴的面积 $\mathrm{d}A = \mathrm{d}y\mathrm{d}z$ 的通量 $F(\text{Ci/s}$ 或 Bq/s)可以用下述方法求出:

$$\frac{\mathrm{d}F}{\mathrm{d}A} = \left(UC - D_x \frac{\partial C}{\partial x} \right) n_{\text{e}} \qquad (5-52)$$

穿过的总通量(即补给率)为

$$F = n_{\text{e}} \int_0^b \int_{-\infty}^{\infty} \left(UC - D_x \frac{\partial C}{\partial x} \right) \mathrm{d}y\mathrm{d}z \qquad (5-53)$$

1. 由铅直平面释放的源

设在 $x=0$ 和 $t=0$ 时瞬时释放 3.7×10^{10} Bq(1 Ci)的源,则可用式(5-37)求出在 x 处的浓度,之后代入式(5-53)得

$$F = \frac{\left(x + \dfrac{Ut}{R_{\text{d}}} \right)}{4 \sqrt{D_x \pi t^3 / R_{\text{d}}}} \exp\left[-\frac{\left(x + \dfrac{Ut}{R_{\text{d}}} \right)^2}{4 D_x t / R_{\text{d}}} - \lambda t \right] \qquad (5-54)$$

2. 水平面源

对于方程(5-49)的条件,相应的通量为

$$F = \frac{1}{2l\sqrt{\pi D_x t/R_d}}\left\{\frac{U}{R_d}\sqrt{\pi D_x t/R_d}\left[\text{erf}(z_1) - \text{erf}(z_2)\right] - \right.$$

$$\left.\frac{D_x}{R_d}\left[\exp(-z_1^2) - \exp(-z_2^2)\right]\right\}\exp(-\lambda t) \tag{5-55}$$

式中

$$z_1 = \frac{x - \dfrac{Ut}{R_d} + \dfrac{l}{2}}{\sqrt{4D_x t/R_d}}, \qquad z_2 = \frac{x - \dfrac{Ut}{R_d} - \dfrac{l}{2}}{\sqrt{4D_x t/R_d}}$$

5.4.3　最小稀释倍数的估算

为了计算将体积为 V_T 的污染物瞬时投入含水层中时的最小稀释倍数(即污染物的最大浓度),研究了以下简化公式。

1. 在承压含水层中表面释放的瞬时体源,估计下游井中的稀释倍数

在有界含水层表面释放点下游的某个距离上,可以认为浓度在垂直方向已混合均匀了。靠近释放点,或者在无限含水层,含水层的下边界不会影响垂直弥散。在这两个区域之间,有一个认为浓度混合并不均匀的区域,边界(顶和底)影响着弥散。在厚度不变具有均匀输运特征的有界含水层,垂向混合程度可以用下述因子表征,即

$$\phi = \frac{b^2}{\alpha_T x} \tag{5-56}$$

式中　α_T——垂向(横向)弥散度;

　　　b——含水层厚度;

　　　x——释放点的下游距离。

可以用 ϕ 近似表述上述三个区域含水层的特征:

①若 $\phi < 3.3$,则释放物在含水层的垂向混合均匀程度超过了 90%;

②若 $\phi > 12$,则释放物受含水层垂直边界影响不会超过 10%;

③若 $3.3 < \phi < 12$,则释放物既不完全混合,又受边界影响。

对上述三个区域,有着不同的处理方法。

(1)垂向混合区域($\phi < 3.3$)

对于 $x = 0$ 处的瞬时体源释放,在其下游 x 处的最小稀释倍数是

$$D_L = R_d 4\pi n_e \frac{\sqrt{\alpha_L \alpha_T} xb}{V_T}\exp(\lambda t) \tag{5-57}$$

式中　D_L——最小稀释倍数,$D_L = C_0/C$;

　　　R_d——滞后系数;

　　　n_e——有效孔隙率;

　　　V_T——液体源项的体积,cm^3;

　　　α_L, α_T——分别是纵向与侧向的弥散度,cm;

　　　x——下游的距离,cm;

　　　b——含水层厚度,cm;

t——传播时间（输运时间），a；

λ——衰变常数，$\lambda = \ln 2 / T_{1/2}$，$a^{-1}$。

传播时间 t 可以近似为

$$t = \frac{x}{U} R_d \tag{5-58}$$

式中，U 是孔隙流速。

（2）没有混合的区域（边界影响可忽略的区域）（$\phi > 12$）

对于表面 $x = 0$ 处的瞬时体源释放，在下游 x 处含水层表面的最小稀释倍数是

$$D_L = \frac{n_e R_d (4\pi x)^{3/2} \sqrt{\alpha_L \alpha_T^2}}{2 V_T} \exp(\lambda t) \tag{5-59}$$

（3）中间区域（$3.3 < \phi < 12$）

对于含水层表面 $x = 0$ 处的瞬时体源释放，在下游含水层表面的最小稀释倍数是

$$D_L = \frac{R_d 4\pi n_e \sqrt{\alpha_L \alpha_T} \, xb}{V_T F(\phi)} \exp(\lambda t) \tag{5-60}$$

这里
$$F(\phi) = 1 + 2 \sum_{n=1}^{\infty} \exp\left(-\frac{n^2 \pi^2}{\phi}\right) \tag{5-61}$$

图 5-6 示出 $F(\phi)$ 值，由图可见，ϕ 值小时，F 接近 1.0，这是垂向混合的情况。ϕ 值大时，F 的斜率是 1/2，是没有反射混合的情况。

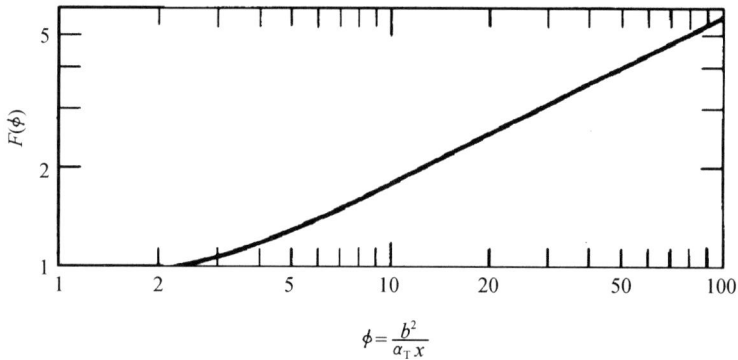

图 5-6 有界含水层的稀释因子

2. 地下水 - 地面水交界面——瞬时源

在 $x = 0$ 处瞬时源释放到地下水中，在拦截河流中的最小稀释倍数为

$$D_L = \frac{2 R_d Q \sqrt{\pi \alpha_L x}}{U V_T} \exp(\lambda t) \tag{5-62}$$

式中 Q——河水流量，cm^3/s；

α_L——含水层的纵向弥散度，cm；

V_T——排放的体积（例如储水池的体积），cm^3；

U——地下水的孔隙流速，cm/s。

5.4.4　集体剂量模式

如果不考虑采用限制用水的方法,那么由污染的地下水产生的集体剂量正比于时间平均浓度,可以用简单的方法计算出地下水或地下水补给的地面水的平均浓度。

1. 地下水补给河水的情况

这时溶解物质进入河道中的总量 M(Ci 或 Bq)是

$$M = \int_0^\infty F \mathrm{d}t \tag{5-63}$$

式中,F 是由式(5-53)算出的瞬时点源或垂直面源的通量,或者是由式(5-55)算出的水平面源的通量。

式(5-63)可以用图解方法或数值方法求积分。在某些情况下,也可能有一个解析解。

如果弥散相当小(例如 $\alpha_x \ll l$,l 是平面源沿 x 轴的距离,见图 5-4,则可以采用下面的近似值:

$$M = M_0 \mathrm{e}^{-\lambda t} \tag{5-64}$$

式中　M_0——源瞬时释放的放射性活度,Ci 或 Bq;

　　　　t——传播时间,a;

　　　　λ——衰变常数,a^{-1}。

如果由源释放出来的物质的释放速率正比于剩余物质的数量(例如,由废物块中的浸出),则有

$$M = M_0 \frac{\lambda'}{\lambda' + \lambda} \mathrm{e}^{-\lambda t} \tag{5-65}$$

式中,λ'是源的释放速率(a^{-1}),例如浸出常数。

2. 地下水的直接使用

为了计算居民由于使用污染了的地下水所造成的放射性物质的摄入,NRC 提出了一个模式(NUREG-0440)[11]。地下水的使用被当成是空间上连续的,而不是分立的水井点。

释放出的放射性核素被居民摄取的总量为

$$I = \int_0^\infty \int_{-\infty}^\infty \int_{-\infty}^\infty C Q_g \mathrm{d}x \mathrm{d}y \mathrm{d}t \tag{5-66}$$

式中　I——从释放物中最终摄取的放射性活度,Bq;

　　　　C——地下水的浓度,Bq/L;

　　　　Q_g——从地下水提取的饮用水量,$\mathrm{m}^3/(\mathrm{d} \cdot \mathrm{km}^2)$。

如果所有的用水都限制在释放点下方距离 l 之外,则式(5-66)为

$$I = \frac{M_0 Q_g}{2 n_e R_d b} \exp\left\{ \frac{Ul}{2D_x} - \left[\frac{R_d l^2 (\lambda + r)}{D_x} \right]^{\frac{1}{2}} \right\} (r + \lambda)^{-\frac{1}{2}} \cdot \left[(\lambda + r)^{\frac{1}{2}} - r^{\frac{1}{2}} \right]^{-1} \tag{5-67}$$

式中　　　　　　　　　　　　　$r = U^2/(4 R_d D_x)$

如果地下水限制在下方两个距离之间(l_1, l_2),那么摄取的总量为

$$I = I(l_1) - I(l_2) \tag{5-68}$$

5.5 习　　题

1. 饱和地下水流：在地下水水力坡度为 0.002 的情况下，确定正常粗砾石的渗透流速。

2. 非饱和流：水平衡资料表明，水以 10 cm/a 的速度渗入地下，补给潜水面。试计算在非饱和带，水向下的平均速度，非饱和带是由细砂组成的。

3. 滞后系数：计算饱和容重为 2.8 g/cm^3，K_d 为 50 mL/g 的正常砂中的滞后系数。

4. 地下水的浓度：计算无限深的含水层中，3.7×10^{10} Bq 活度的瞬时点源释放时，正下方 1 500 m 处的浓度。渗流速是 1 m/d，x,y 和 z 方向上的弥散度分别是 50 m，20 m 和 1 m，有效孔隙率是 0.2，滞后系数是 20，物质的半衰期是 10 a。

5. 地下水中的稀释倍数：在与习题 4 相同的条件下，考虑将 3.7×10^{10} Bq 活度的放射性物质溶解在 1 000 L 的水中，试计算井中最小稀释倍数。

6. 在与习题 4 相同条件下，计算平均流量为 10 m^3/s 的拦截河流里的最小稀释倍数。

7. 在均匀用水情况下的集体剂量：下游用户以 0.1 m^3/(d·km^2) 的速率从地下水中提取饮用水，所有用户位于下游 5 000 m 到 10 000 m 之间。放射性核素和含水层的特性是 $U = 1$ m/d，$\alpha_x = 100$ m，$n_e = 0.2$，$R_d = 3$，$b = 100$ m，$T_{1/2} = 30$ a，试计算释放 3.7×10^{10} Bq 时群体的摄取总量。

参 考 文 献

[1] Aikens A E, Berlin R E, Clancy J. Generic Methodology for Assessment of Radiation Doses from Groundwater Migration of Radionuclides in LWR Wastes in Shallow Land Burial Trenches[C], Atomic Industrial Forum, Washington, D. C. 1979.

[2] US Nuclear Regulatory Commission (USNRC). Draft Generic Environmental Impact Statement on Uranium Milling[K], NUREG – 0511, 1979, 4(1), (2).

[3] Klingsberg C, Duguid J. Status of Technology for Isolating High – Level Radioactive Waste in Geologic Repositories[J]. US Department of Energy, Tech. Inf. Cent. , Oak Ridge, Tenn, 1980.

[4] Science Applications Inc. (SAI). Tabulation of Waste Isolation Computer Models[K]. ONWI – 78, Office Nuclear Waste Isolation, Battelle Memorial Institute, Columbus, Ohio. 1979.

[5] Jenne E A. Chemical Modeling in Aqueous Systems, ACS Symposium Ser. 93[C]. American Chemical Society, Washington, D. C. 1979.

[6] Burkholder H C, Rosinger E L J. A Model for the Transport of Radionuclides and Their Decay Products Through Geologic Media[J]. Nucl. Technol. 1980, 8(49):150 – 58.

[7] Till John E, Meyer H Robert. Radiological Assessment：A Textbook on Environmental Dose Analysis [M]. NUREG/CR – 3332, ORNL – 5968, U. S. Nuclear Regulatory Commission, 1983.

[8] McWhorter D B, Sunada D K. Ground-Water Hydrology and Hydraulics[M]. Water Resour. Publications, Fort Collins, Colo. 1977.

[9] Isherwood D. Geoscience Data Base Handbook for Modeling a Nuclear Waste Repository [K]. NUREG/CR – 0912, U. S. Nuclear Regulatory Commission, 1981:1 – 2.

［10］ Codell R B, Key K T, Whalen G. A Collection of Mathematical Models for Dispersion in Surface and Ground Water ［C］. NUREG － 0868, U. S. Nuclear Regulatory Commission,1982.

［11］ U. S. Nuclear Regulatory Commission（USNRC）Liquid Pathway Generic Study［R］. NUREG － 0440,1978.

［12］ 王洪涛. 多孔介质污染物迁移动力学［M］. 北京:高等教育出版社,2008.

［13］ 陈崇希,李国敏. 地下水溶质运移理论及模型［M］. 武汉:中国地质大学出版社, 1996.

［14］ Sheppard M I, Thibault D H. Default Soil Solid Liquid Partition Coefficients, KdS for Four Major Soil Type: A Compendium［J］. Health Physics, 1990, 59: 471 － 482.

［15］ 中华人民共和国核行业标准. 推导退役后场址土壤中放射性残存物可接受活度浓度的照射情景、计算模式和参数,EJ/T 1191 － 2005［S］,2005.

［16］ 郑春苗,贝聂特（Gordon D. Benneff）. 地下水污染物迁移模拟［M］. 2 版. 北京:高等教育出版社,2009.

第6章 放射性核素在生物链中的转移与累积

6.1 概　　述

这一章涉及生态学影响评价。所谓"生态"是指生物生存的状态。生态学是研究生物及其生存环境之间相互关系的一门科学。现今,世界上的生物繁多,分为动物、植物和微生物。

动物的种类很多,目前已鉴定的有 200 多万种;植物约有 30 多万种;微生物约有 10 多万种。因而,生物与生物互为环境。所以,生态学是研究生物与生物之间和生物与环境之间相互关系的一门科学[1]。

生态学有许多分支,总的来说可以分为纯理生态学和应用生态学两类。

纯理生态学依生物对象的组建水平不同分为个体生态学、种群生态学和群落生态学。按生物种类标准,可分为普通生态学、动物生态学、植物生态学和微生物生态学。按照生物生存的环境,则可分为水域生态学(其中包括海洋生态学、淡水水域生态学、河口生态学等)和陆地生态学(其中包括沙漠生态学、草原生态学、森林生态学等)。此外,还有太空生态学、微生态学等。

应用生态学按应用的范围和对象可分为古生态学、农业生态学、林业生态学、渔业生态学、野生物生态学、自然资源生态学、污染生态学和放射生态学。

生态学研究的对象与核心就是生态系统,1935 年英国生态学家坦斯利(A. G. Tansley)提出生态系统的概念,是生态学发展史上一次理论上的重大突破。生态系统简单来说就是生物与环境的综合体。生态系统作为一个科学概念,其含义可概括为自然界一定空间的生物与环境之间相互作用、相互制约、不断演变、达到动态平衡、相对稳定的统一整体,是自然界中具有一定结构和功能的基本单位。地球上最大的生态系统是生物圈。生物圈是指有正常生命存在的地球部分,它的范围是海面以下约 11 km 至地平面以上约 10 km。

6.1.1　生态系统

生态系统由生物部分和非生物部分组成。生物部分又分为三个机能群,所以说生态系统由四个部分组成。

1. 生产者

主要是绿色植物。指能进行光合作用合成生物组织所必需的复杂的有机化合物的植物。按营养类型,它们被称为自养生物。它们是构成生态系统的基石。辐射到地球上的太阳能约只有 1% 被生产者转变为植物组织。

2. 消费者

主要是动物。消费者自身不能固定太阳能,而是依靠消费生产者合成的有机物来维持生存,所以称之为异养生物。消费者还可划分为一级消费者、二级消费者、三级消费者……

3. 分解者

指各种具有分解能力的微生物。它们破坏、分解来自生产者和消费者的废物及死亡残体,使其变成简单化合物,再供给植物利用。分解者包括一部分细菌和真菌。

4. 非生物部分

指生态系统中的各种无生命的无机物、有机物和各种自然因素,如光、热、水、空气、氧、二氧化碳等。

以上四部分构成一个有机的统一整体,相互间沿着一定的循环途径,不断地进行着物质循环与能量交换,在一定条件下这四部分保持着动态平衡。

关于生态学的数学模式(或称为生态学数学)日益发展,Pielou E. C 所著的《数学生态学引论》扼要地介绍了有关的几个模式[2]。

6.1.2 食物链和食物网

在生态系统中,各种生态往往通过食物关系彼此联系起来。一种生物以另一种生物为食,本身又是第三种生物的食物。以此类推,形成一个由多种生物联系起来的锁链,称为食物链。

按照生物间的相互关系,可把食物链分成以下四类:

(1)捕食性食物链   其构成是植物→小动物→大动物。

(2)碎食性食物链   如湖泊中的树叶碎片及小的藻类→虾(蟹)→鱼→食鱼鸟。

(3)寄生性食物链   从较大的动物开始,至较小的生物。前者为寄生,后者为寄生生物。

(4)腐食性食物链   腐烂的动植物残体被土壤或水中的微生物分解利用。

有时捕食者与食者之间关系错综复杂从而构成食物网。

按照辐射照射途径进行分类,基本的生态系统主要有三类,即陆地生态系统(陆地)、水生态系统(淡水)和海洋生态系统(盐水)。此外,还可以将河口生态系统(咸水)称为第四类生态系统,它兼具水生和海洋生态系统的特点。

6.2 曝露途径概论

按照放射性核素在环境中的浓度与核设施释放该核素速率之间的关系,可以将照射途径划分为三种类型[3]:过渡性曝露途径,集聚性曝露途径,累积的集聚性曝露途径。

6.2.1　过渡性曝露

对于过渡性曝露途径(Transitory Exposure Pathways)，此时放射性核素浓度正比于核素向环境的释放率：

$$C_i(t) = w_i(t,\tau)\dot{Q}_i(t-\tau) \tag{6-1}$$

式中　$C_i(t)$——环境中核素 i 在时刻 t 时的活度浓度；

$\dot{Q}_i(t-\tau)$——核素 i 在时刻 $(t-\tau)$ 时的活度释放速率；

$w_i(t,\tau)$——弥散函数，描述浓度与释放率之间的关系。

对于连续释放，环境浓度也是持续地按照式(6-1)变化。

过渡性曝露途径的实例是短寿命放射性核素的外照射，这时弥散函数即大气弥散因子，为

$$w_i(t,\tau) = \left[\frac{\chi}{\dot{Q}}(r,\theta,t)\right]\exp(-\lambda_i\tau)$$

式中　$\dfrac{\chi}{\dot{Q}}(r,\theta,t)$——在地点 (r,θ) 处时刻 t 时的大气弥散函数值；

$\exp(-\lambda_i\tau)$——迁移期间的放射性衰变校正因子。

气载浓度为

$$C_i(r,\theta,t) = \chi_i(r,\theta,t) = \left[\frac{\chi}{\dot{Q}}(r,\theta,t)\right]\exp(-\lambda_i\tau)\dot{Q}_i(t-\tau)$$

6.2.2　集聚性曝露

对于集聚性曝露途径(Integrating Exposure Pathways)，此时环境中核素浓度随着放射性物质向环境的连续释放而增加，并在释放终止后仍持续存在，核素 i 的浓度可由释放率和表示弥散与累积过程的函数的时间积分求得

$$C_i(t) = \int_0^t au(s,\tau)w(s,\tau)\dot{Q}_i(s-\tau)\mathrm{d}s \tag{6-2}$$

式中，$u(s,\tau)$ 是描述累积过程的转移函数。

例如，放射性核素在小湖或池塘中的累积，若略去初始混合，则弥散函数与湖的体积成反比，即

$$w(s,\tau) = 1/V$$

放射性核素 i 活度浓度的变化率为

$$\frac{\mathrm{d}c_i(t)}{\mathrm{d}t} = \frac{\dot{Q}(t-\tau)}{V} - \left(\lambda_i + \frac{\dot{v}}{V}\right)c_i(t)$$

式中　V——体积；

$\dot{v}$——由湖的流出率，m^3/s。

该方程的解是

$$c_i(t) = c_i(0)\exp[-(\lambda_i + \dot{v}/V)t] + \exp[-(\lambda_i + \dot{v}/V)t]\int_0^t \exp(\lambda_i + \dot{v}/V)s\frac{\dot{Q}_i(s-\tau)}{V}\mathrm{d}s$$

由上式可以看出,转移函数是 $\exp(\lambda_i + \dot{v}/V)s$,对于定常释放,$\dot{Q}_i(s-\tau) = \dot{Q}$,则有

$$c_i(t) = c_i(0)\exp[-(\lambda_i + \dot{v}/V)t] + \frac{\dot{Q}}{V(\lambda_i + \dot{v}/V)}\{1 - \exp[-(\lambda_i + \dot{v}/V)t]\}$$

其平衡值的渐近解为

$$c_i(\infty) = \frac{\overline{Q}}{\lambda_i V + \dot{v}}$$

6.2.3　累积的集聚性曝露

累积的集聚性曝露途径(Cumulative Integrating Exposure Pathway),涉及第二个积分过程。所关注介质中的放射性核素活度浓度可从集聚性曝露途径导出。在第二种介质中的活度浓度为

$$C_{i2}(T_2) = \int_{T_1}^{T_2} v(t)c_i(t)\mathrm{d}t = \int_{T_1}^{T_2} v(t)\int_0^t au(s,\tau)w(s,\tau)\dot{Q}(s-\tau)\mathrm{d}s\mathrm{d}t \qquad (6-3a)$$

此处,$v(t)$ 是集聚函数。

与前例中条件一致,现求湖中鱼的活度浓度增长过程,鱼中活度浓度的变化率为

$$\frac{\mathrm{d}c_{Fi}}{\mathrm{d}t} = \dot{I}_i c_{wi}(t) - (\lambda_i + r)c_{Fi}(t) \qquad (6-3b)$$

式中　$c_{wi}(t)$——放射性核素 i 在水中的活度浓度;

$\quad\quad c_{Fi}(t)$——鱼在 t 时刻的放射性核素活度浓度,Bq/kg;

$\quad\quad \dot{I}_i$——摄入速率,m^3/s;

$\quad\quad r$——生物排除率常数。

由上式得鱼中放射性核素 i 的解为

$$c_{Fi}(T_2) = c_{Fi}(T_1)\mathrm{e}^{-(\lambda_i+r)(T_2-T_1)}\int_{T_1}^{T_2} v(t)c_i(t)\mathrm{d}t + \mathrm{e}^{-(\lambda_i+r)T_2}\int_{T_1}^{T_2} c_{wi}(t)\dot{I}_0\mathrm{e}^{(\lambda_i+r)t}\mathrm{d}t \qquad (6-3c)$$

由上式可以看出

$$w(t) = \dot{I}\,\mathrm{e}^{(\lambda_i+r)t}$$

把式(6-2)代入,求出 $c_w(t)$,且设鱼和水中初始浓度都为零,则其解为

$$c_{Fi}(T_2) = \frac{\dot{Q}_i\dot{I}_i}{v\lambda_i + \dot{v}}\left\{\frac{1 - \mathrm{e}^{(\lambda_i+r)(T_2-T_1)}}{(\lambda_i + r)} - \mathrm{e}^{-(\lambda_i+\dot{v}/v)T_2}\left[\frac{1 - \mathrm{e}^{-(r-\dot{v}/v)(T_2-T_1)}}{(r - \dot{v}/v)}\right]\right\}$$

则鱼中活度浓度平衡值为

$$c_{Fi}(\infty) = \frac{\dot{Q}_i\dot{I}_i}{(v\lambda_i + \dot{v})(\lambda_i + r)}$$

6.3　陆地生态系统的评价方法

6.3.1　确定评价指标

1. 评价指标

评价放射性排入环境的辐射后果的指标是"关键组个人剂量和集体剂量"。因为正如国际放射防护委员会第 29 号出版物（ICRP Pub. 29）所指出的："几乎在所有的情况下，将人所受的剂量限制到某种低水平的要求，将能够保证其他生物所受的剂量不会大到足以引起生态变化的程度"[4]。在国际原子能机构技术报告（IAEA No. 57）中也有类似的见解[5]。因此，按照目前所获得的资料来看，环境影响评价的主要指标是个人剂量（使其不超过相应的限制）和集体剂量（最优化分析的基础量）。

近年来，关于非人类物种辐射影响的方法研究也取得了重大进展。ICRP 建议对人类和非人类物种防护采用共同的防护与评价方法。用防止或减小可能引起动物或植物早期死亡或繁殖率减小，使其对物种保护、生物多样性的保持或自然栖息地或群落状态的影响达到可忽略水平的方法保护环境。这里需要说明的是本节主要阐述用防止发生确定性效应和限制个体的随机效应并使其对群体的影响减到最小的方法保护人类健康这一主题。

2. 评价方法

预示人体最终的剂量，典型的办法是由一组实验数据构成一套数学模式，而当实验数据缺乏时，则可采用一些实际上是保守的假设来构成数学模式。这些假设能够表征拟排放的放射性物质、载带介质、照射途径和食物链的特征，以及人对放射性物质的摄入和新陈代谢方面的特征。通过对这种模式进行适当的运算，可以得到如下两种结果：

（1）预示（预测）有关剂量的量值；

（2）估计这些预示（预测）的剂量值对这些参数的不确定度表现出的坚稳度（Robustness）。

确定食物链或吸入途径模式时，有如下五个主要步骤：

（1）确定制定模式的目的，即最终得出的结果，也就是上面说的评价指标；

（2）绘制该体系的方框图；

（3）鉴定并确定该体系的转移与易位参数；

（4）采用浓集因子的方法或者系统分析的方法来预示该体系的响应；

（5）对关键途径、关键核素，分析这种响应和各参数不确定度造成的影响。

6.3.2　绘制方框图

图 6-1 是气载流出物环境影响评价方法的方框图，它形象地表示出所述的动力学体系。它由隔室（或称库室）——方框，和转移或照射途径——方框间带箭头的连线组成。模

式中的有关变量就是方框图中各隔室的放射性活度浓度。隔室的数目依制定模式的目的而定,要包括所有重要的途径和环节(隔室),并需列入对环境的利用(例如呼吸空气、消费食品、娱乐等)资料(附加隔室和转移连线)。

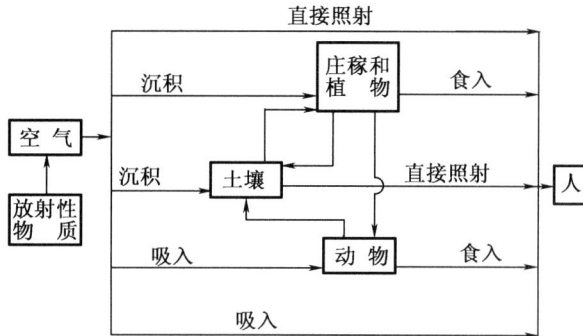

图 6 - 1　气载流出物向人转移的方框图

并不是所有与问题有关的环节都作为隔室和转移列入方框图中,那样会使计算复杂化且参数也相应增多,而是要把一些不重要的隔室删去。例如,对于连续气载排放的 ^{131}I 来说,沉积在土壤上对人的外照射,比起吸入和蔬菜食入及牧草——牛(羊)奶途径就小得可以忽略,因而就可以删去。方框图中需要多少隔室不仅取决于所评价的问题,还与评价者对问题的分析判断有关。基本原则是不漏掉重要的隔室,不多列可以删去的一些隔室。

模式的构成必须符合有关的物理或化学定律,这通常意味着质量、能量和放射性活度必须守恒。这些守恒定律将对模式中各个参数施以某些约束。因此,方框图的结构必须考虑到制定模式的目的、空间相关性、有关的时间尺度等。应当明确定义方框图中每一个参数和变量,且其相互间的连接必须立足于某种现实的转移机制。

6.3.3　鉴别和确定转移参数

由文献调研得到的同一个转移参数值的数值范围可能相当宽,有的可达几个数量级。针对具体问题,可以收集的参数中,挑选或估算出一个拟用值,然后由实验室实验或野外观测进一步修正这些数值。如果一时没有条件进行实验,则可以从收集到的数据谱中挑选一个虚定值,挑选方法如下:

①验证这些数据的来源,如果可以分成几组,则选出与所研究问题条件相近的一组参数;

②验证选出这些数据的分布形式(正态分布、对数正态分布、其他分布);

③如果问题需做偏保守的估计,则选出 95% 或 99% 置信限的值,如果做合理的现实估计,则选用平均值(正态分布选用算术平均值,对数正态分布则选用几何平均数)。

欲有效地确定某些模式的转移参数,需要有多方面的才能:熟知待模拟的体系和体系方程式的数学特性,判定该体系参数的测量值是依赖于平衡分析方法,还是动态分析方法。对于平衡分析方法(用浓集因子方法,CF)所求的转移参数叫作浓集因子,是相连的两个隔室的稳态活度浓度之比。对于动态分析方法(称为系统分析方法,SA)所求的转移参数是每一个隔室的损失率和相连两个隔室之间的转移率。SA 方法的参数更通用一些,因为由它可以求出 CF 的浓集因子来,但是逆计算却不行。

有了方框图后,要对各个参数的量级有个粗略的估计,这要依靠对所评价的问题的了解。转移参数有如下几条限制:

①隔室的活度浓度值不能是负的;

②当一种元素的稳定同位素和放射性同位素的物理化学状态相同时,它们的生物地球化学循环也常常相同。

转移常常决定于化学过程(如元素在土壤中的阻滞)、质量转移(如牛吃草)、生物循环(如一头牛一天挤两次奶)、外部因素(如大气中气载物向地面的沉降),或者在某种环境介质中的输送(如放射性在上游某点排出后向下游移动)。

在寻找参数的数值时,不要简单地把隔室相互连接就与现有数据匹配,这样拟合出来的数据常常不是拟建模式中的参数,正确的做法是先拟定一个模式,用来外推或预示被模拟体系的行为。这种模式的隔室之间的连接和参数值,有着物理和生理学意义,并且服从一些以待模拟体系的知识为基础的约束。

参数的测定可以用静力学方法也可以用动力学方法。用静力学方法时,令隔室中量值对时间的导数等于零。把这个静力学解和隔室中每一种稳定同位素测得的平衡浓度相比较,从而求得联系各参数的非线性代数方程式。若令隔室质量对时间的导数取正值,则可模拟出生物生长的状况。

动力学方法常常涉及这样一些实验:使某个隔室的输入的活度浓度持续达到便于测量的水平,然后将输入切去,浓度将以某一常数速率呈指数下降,这个速率常数就是总的损失率。还有一种方法是将待模拟体系对瞬时脉冲输入的响应(测量值)与模式方程式的响应相比较,用计算机调参(用最小二乘法拟合)。

6.3.4　预测体系的响应——浓集因子法和系统分析法

预示体系响应的方法有两种:平衡态的浓集因子方法(CF)和非平衡态的系统分析方法(SA)。

1. 浓集因子方法

本法适用于长期排放的情况,这种方法至少能鉴别出关键核素和关键途径。这时假设在排放率和环境中放射性物质的活度浓度之间存在着平衡关系,因而体系的响应就可以用简单的代数方程来描述。方框图中的每个隔室都要和一个活度浓度值联系起来,每个箭头都要和一个浓集因子联系起来。然后将每一个施主隔室的浓度乘以对应的浓集因子,并对所有这些对承受隔室有贡献的施主隔室求和,即可计算出每个隔室的活度浓度。最终的活度浓度值可以把公众中的成员对物质的摄入率,以及公众曝露于该介质或物质的时间结合起来,从而估计出放射性物质的年摄入量,或者受放射物质的照射而接受的年剂量。

在排放率不均匀的场合下,可对不均匀排放规定一个求平均的期限,在这段时间内依据均匀排放所做的计算仍然是可靠的。

短期排放的剂量预测,这时也可以采用连续排放的公式,但算出的却是一次排放条件下的剂量负担。即相同环境条件下,连续排放一年总量为 Q 所造成的剂量负担,与一次排放 Q 所造成的剂量负担相同。

2. 系统分析方法

这种方法是用一组相连的隔室来模拟放射性核素在特定环境中的动力学行为,放射性核素在这些隔室中的变化可以用微分方程式来描述。严格地说,SA 方法是真实体系动力学概念上的近似。所有转移基本上都是由线性系统组成的。实际情况下,即使这些动力学事实上都是一阶的,但在时间上仍可能连续地变化,即其动力学行为既随天气条件的变化而呈现短期的和季节性的变化,也随生物的生长和衰退而变化,因而最现实的数学模式应当是偏微分方程式体系,其系数是时间和地点的函数。

解决上述矛盾的方法是把空间和时间离散化,这样就可以用线性近似了。在空间上,可以把评价区域划分为多个子区,假设每个子区内都有均匀的转移参数;在时间上,可以分成一周或一月的时间间隔,在每个间隔内,连续变化的输入和转移率可由它们在该间隔内的时间平均值来代替,从而可以把一些区段横向连接起来。这样,对任一时间间隔来说,在一级近似情况下,整个模式的动力学可以用相连隔室的一种常系数线性常微分方程组来描述。最后,再把假想动力学不变的上述一系列公式组按时间间隔依次衔接起来,以描述季节性变化。

在最简单的一阶动力学表示式中,每一项收入或损失都表示为某一速率常数乘以施主隔室中物质的量或活度浓度,与之相应的一阶线性微分方程组的解析解可以表示成指数级数的形式,这个级数包含了所得到的速率常数矩阵的本征值和本征向量。但是随着单个转移的表示式更接近于现实,例如速率常数由一个与时间有关的函数或与活度浓度有关的函数替代时,一般不存在解析解,此时就必须求助于数值解来模拟时间行为。

由方框图写出体系方程式。每个隔室中放射性含量的变化率,在形式上等于该隔室的输入率减去输出损耗率。输入率包括由驱动项规定了的瞬时外部输入(如 $\Delta_1 VX_0$ 等),加上来自其他隔室的输入转移,输出损耗率包括由于放射性衰变的损失与输出转移到其他隔室和转移到渗沟而造成的损失。

普遍来说,一个体系有 m 个隔室,放射性核素能在这些隔室间相互转移,此外,放射性衰变和转移到渗沟也会造成放射性的损失。这一体系可以用 m 维联立微分方程组来描述。每一个方程式由驱动项和 m 个转移率系数组成,这 $m \times m$ 个转移系数的集合可以排成矩阵,各隔室的损失率是这个矩阵的对角线元素。当然,每个隔室和所有其他隔室之间的转移途径不一定都是客观存在的,只有那些对应着在方框图中画出来的那些转移,其系数才不是零。

6.3.5　分析模式的响应——参数灵敏度和模式坚稳度

不管采用什么模式和什么方法,算出预计结果并没完,还至少要对模式进行下述两方面的评价。

1. 参数的灵敏度

可以选出关键途径和关键参数,然后从理论上确定真实系统中哪些特定途径需要优先进行的实验研究。

参数灵敏度 $S(F_{ij})$ 的定义是

$$S(F_{ij}) = \frac{F_{ij}\partial D}{D\partial F_{ij}} \tag{6-4}$$

即参数 F_{ij} 变化 1% 时,最终剂量 D 的变化百分数。对于一个具体途径,显然有

$$S(F_{ij}) = \sum_k D_k(F_{ij})/D \tag{6-5}$$

即对模式方框图中所有与 F_{ij} 参数有关的途径造成的剂量求和,再与总剂量相除,所得的商即为参数 F_{ij} 的灵敏度。

式(6-4)对应于 CF 方法,对于 SA 方法,相应地有

$$S(\tau_{ij}) = \left(\frac{\tau_{ij}\partial D}{D\partial \tau_{ij}}\right)_{t=T} \tag{6-6}$$

2. 剂量预报的不确定度——模式的坚稳度

剂量预报的不确定度用模式的坚稳度表示,模式的坚稳度是探求定量地说明剂量预报对所有参数的离散和不精确造成最终结果的离散性——或不确定度的。常用模式的坚稳度描述为

$$R(k) = \min[\overline{D},D(k)]/\max[\overline{D},D(k)] \tag{6-7}$$

式中 $R(k)$——第 k 次随机抽取的一组参数得到的坚稳度;

$\overline{D}$——用平均参数值(对于正态分布取算术平均,对于对数正态分布取几何平均)算得的剂量;

$D(k)$——第 k 次参数组算得的剂量。

显然 $R(k)$ 的区间为 $[0,1]$。

由 $R(k)$ 系列可以组成一个分布,其中有意义的量为 $R(k)$ 的平均值 $\overline{R}$ 和 $R_{0.1}$,$R_{0.2}$ 等值,即 R 分布中,低于 $R_{0.1}$ 和 $R_{0.2}$ 的概率不超过 10% 和 20%,即 R 分布中出现低于 10%,20% 的 R 值。显然 R 值的倒数可用来作为不确定度的一种量度,$1/\overline{R}$ 是概率 50% 时的不确定度,$1/R_{0.1}$ 是置信度为 0.9 时的不确定度。

6.3.6 陆地生态模式的应用

例 6-1 假设在某一假想的陆地环境里向大气连续排放 ^{131}I,评价其环境影响。

解 环境影响评价的范围一般定为 80 km。以排放点为圆心,以 0.5 km,1 km,2 km,3 km,5 km,7 km,10 km,20 km,30 km,50 km,60 km,80 km 为半径画圆,再过原点分成 16 个罗盘方位(N 方位为 ±11.25°)。把整个评价区分为 16×12 = 192 个子区(实践中,子区数可按具体情况来划分)。

先用大气输送公式算出每个子区的年平均空气浓度 χ_0。下面计算生物链转移。

1. 用浓集因子方法(CF)

转移隔室见图 6-2(外照射计算详见第 7 章,本章中暂不介绍)。

(1)参数的确定

CF 方法的参数全是平衡条件下的值,其定义为

$$F_{ij} = \overline{\chi}_{i,\text{equib}} / \overline{\chi}_{j,\text{equib}} \tag{6-8}$$

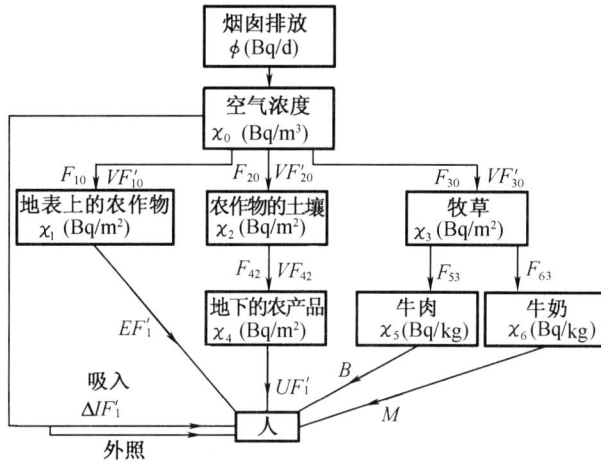

图 6 - 2　^{131}I 转移隔室图（CF 方法）

参数分以下几种情况：

①由大气向植物叶面的沉积滞留

设 χ_0 是大气中的核素活度浓度，Bq/m^3；V_g 是沉积速度，单位为 m/d；χ_1 是地表植物中的核素活度浓度，单位为 Bq/m^2。则有

$$\frac{d\chi_1}{dt} = F\chi_0 V_g - (\lambda_r + \lambda_w)\chi_1 \tag{6-9}$$

因为

$$\chi_1 = \frac{F\chi_0 V_g}{\lambda_r + \lambda_w}(1 - e^{-(\lambda_r + \lambda_w)t}) \tag{6-10}$$

达到平衡时

$$\chi_1 \rightarrow \frac{F\chi_0 V_g}{\lambda_r + \lambda_w} \tag{6-11}$$

所以

$$F_{10} = \frac{\chi_1}{\chi_0} = \frac{FV_g}{\lambda_r + \lambda_w} \tag{6-12}$$

与图 6 - 2 比较可知 $V = V_g$，$F'_{10} = \dfrac{F}{\lambda_r + \lambda_w}$；$F$ 是沉积后降落并滞留在叶面上的份额，对 ^{131}I 取

$F = 0.2$；λ_w 是风化速率常数，$\lambda_w = \dfrac{0.69}{T_w}$，一般取 $T_w = 14\ d$。由此可确定出 $F_{10} = VF'_{10}$。

同样方法可确定出 F'_{20}，F'_{30}，只是滞留份额和风化半排期按实验取值（牧草与叶菜、水果等略有差别）。

②由土壤向农作物的转移

同前述可得

$$\chi'_4 = \frac{\chi'_2 B_{iv}\left[1 - e^{-(\lambda_b + \lambda_r)t_b}\right]}{P} \cdot \frac{1}{\lambda_b + \lambda_r} \tag{6-13}$$

式中　$\lambda_b + \lambda_r = \lambda_e$——放射性核素（本例中是 ^{131}I）在土壤中的有效清除速率常数；

　　　t_b——核素在土壤中的累积时间（核设施运行后的时间）；

　　　χ'_2——土壤中放射性核素的沉积速率（$=\chi_0 V_g$），$Bq/(m^2 \cdot d)$；

　　　P——土壤耕作层的质量（按土壤密度除以耕作层深度估算），耕作层深度一般取

$15\ \mathrm{cm}$，所以 $P = 240\ \mathrm{kg/m^2}$；

B_{iv}——元素由土壤向植物的转移份额；

χ_4'——植物中的核素活度浓度，$\mathrm{Bq/kg}$。

引入单位面积的作物产量 Y，$\chi_2 = \chi_0 V_g F_{20}' = \chi_2' F_{20}'$，由此得图 6-2 中的

$F_{42} = \dfrac{\overline{\chi_4}}{\overline{\chi_2}} = \dfrac{(\chi_4' Y)_{\mathrm{equib}}}{\chi_{2\mathrm{equib}}} = \dfrac{Y B_{iv}}{F_{20}' P \lambda_e}(1 - e^{-\lambda_e t_b})$。所以平衡时就有

$$F_{42} = \frac{Y B_{iv}}{F_{20}' P \lambda_e} \tag{6-14}$$

其中，λ_e 是核素在植物中的有效清除速率常数，单位为 $1/\mathrm{d}$。

③由牧草向动物产品的转移

$$\chi_{5\mathrm{or}6} = F_{5\mathrm{or}6}\left[\chi_3' f_p f_s + \chi_3''(1 - f_p) + \chi_3''(1 - f_s)f_p\right]Q_F \tag{6-15}$$

式中　$F_{5\mathrm{or}6}$——核素由动物食入后转移到肉（F_5）或牛奶（F_6）中的份额；

$\chi_{5\mathrm{or}6}$——动物食品中肉（χ_5）或牛奶（χ_6）的核素活度浓度；

χ_3'（$\chi_3 = \chi_3' \cdot Y_V$，$\mathrm{Bq/m^2}$）——新鲜牧草中核素活度浓度；

f_p——动物在新鲜牧场上放牧的时间份额；

χ_3''——储存饲料中核素活度浓度，$\mathrm{Bq/kg}$；

f_s——放牧期间，吃鲜草占总饲料的份额；

Q_F——动物每日消费食物量。

引入牧草产量 Y_V，则 $U = \dfrac{Q_F}{Y_V}$ 为放牧动物每天吃掉的牧草面积。

在平衡条件下，略去干饲料等，有

$$F_{53} = \frac{\overline{\chi_5}}{\overline{\chi_3}} = \frac{F_5 U}{\lambda_e} = \frac{F_b U}{\lambda_e} \tag{6-16}$$

$$F_{63} = \frac{\overline{\chi_6}}{\overline{\chi_3}} = \frac{F_6 U}{\lambda_e} = \frac{F_m U}{\lambda_e} \tag{6-17}$$

式中　F_b——动物摄入后向肉的转移份额；

F_m——动物摄入后向奶的转移份额；

U——动物每天吃掉的牧草面积；

λ_e——核素在牧草上的有效清除速率常数。

表 6-1 列出了图 6-2 中的各项参数值，表 6-2 列出图 6-2 中的摄入参数值（这些参数只作为举例用的，许多数据，尤其是消费参数与我国情况差别较大）。

表 6-1　CF 模式中的参数值（对 $^{131}\mathrm{I}$）

参数	标称值	观测值的范围
V	$1.0\ \mathrm{cm/s}$	$(0.1 \sim 5)\ \mathrm{cm/s}$
F_{10}'	$1.4\ \mathrm{d}$	$(0.11 \sim 1.9)\ \mathrm{d}$
F_{20}'	$9.9\ \mathrm{d}$	$(4 \sim 55)\ \mathrm{d}$
F_{30}'	$1.3\ \mathrm{d}$	$(0.11 \sim 3.0)\ \mathrm{d}$
F_{42}'	1.5×10^{-8}	$(1.2 \sim 2.1) \times 10^{-8}$
F_{53}'	$0.10\ \mathrm{m^2/kg}$	$(0.034 \sim 0.21)\ \mathrm{m^2/kg}$
F_{63}'	$0.38\ \mathrm{m^2/L}$	$(0.12 \sim 2.1)\ \mathrm{m^2/L}$

表 6 - 2　CF 模式中消费和代谢参数

参数	年龄	标称值	观测值范围
Δ	儿童,成人	0.63	
I	儿童	5.7 m³/d	(2.9 ~ 11) m³/d
I	成人	23 m³/d	(12 ~ 46) m³/d
E	儿童	0.03 kg/d②	(0 ~ 0.04)1) kg/d②
E	成人	0.1 kg/d②	(0.05 ~ 0.16)1) kg/d②
U	儿童	0.032③ kg/d④	(0 ~ 0.064) kg/d
U	成人	0.19 kg/d	(0.1 ~ 0.38) kg/d
B	儿童	0.090 kg/d①	(0 ~ 0.18) kg/d
B	成人	0.28 kg/d	(0.14 ~ 0.56) kg/d
M	儿童	0.82 L/Ld	(0.41 ~ 1.6) L/d
M	成人	0.36 L/d	(0.18 ~ 0.72) L/d

注:①鲜重;

②欲转换成(m²/d)则须乘以 0.7,欲转换成干重,则须乘以 0.07;

③干重;

④欲转换成 m²/d,则乘以 10。

由此可算得公众的个人食入放射性核素活度为

$$\chi = \left[E_a F_1' F_{10}' + U_a F_1' F_{42} F_{20}' + (B F_{53} + M F_{63}) F_{30}' \right] V \chi_0$$

公众个人吸入的放射性核素活度为

$$\chi_{吸入} = \Delta I F_2' \chi_0 = \Delta I \chi_0$$

结果列于表 6 - 3 中。

表 6 - 3　计算结果(^{131}I 大气排放,$\chi_0 = 10$ mBq/m³)

	成年人	儿童
食入	0.8 + 162.5 + 0.3 + 1.5 = 165.2 Bq/d	0.3 + 27.4 + 0.1 + 3.5 = 312.2 Bq/d
吸入	145 mBq/d	40 mBq/d

(2)参数灵敏度(关键途径分析)

$$S(F_{ij}) = \frac{F_{ij}}{D} \frac{\partial D}{\partial F_{ij}} = \frac{\sum_k D(k)}{D}$$

由此算得的参数灵敏度因子列于表 6 - 4 中。

表 6 - 4　陆地环境^{131}I 排放摄入量对转移参数变化的灵敏度

参数	灵敏度	
	S(成年人)	S(儿童)
I	0.004 9	0.008 7
V	0.95	0.99
F_{10}, E	0.29	0.063
F_{20}, F_{42}, U	8.6×10^{-8}	1.0×10^{-7}
F_{30}	0.66	0.93
F_{53}, B	0.11	0.026
F_{63}, M	0.55	0.90

（3）坚稳度因子

$$R(k) = \min[\overline{D}, D(k)] / \max[\overline{D}, D(k)]$$

结果见表 6 - 5（按 250 个随机取样计算的）。

表 6 - 5　模式不确定性分析（亦称对参数涨落的坚稳度）（^{131}I 连续释放）

统计学指标	成年人	儿童
$\overline{R}$	0.32	0.29
不确定度 $U_{0.5}$	3.1	3.4
$R(0.25)$	0.13	0.096
不确定度 U_{75}	7.7	10.4

表 6 - 5 说明，参数的涨落造成预示摄入量的误差平均来说为 3 倍，只在少数情况下（概率为 25%），可以差到 10 倍。这说明参数取值的重要性，必须取适合于当地情况的参数。

坚稳度只是模式参数体系的"精密度"的一种度量，而不是"准确度"的度量。在环境影响评价中，还求不出实测剂量，因而只能测量介质浓度值，所以可求出预示隔室浓度值的准确度。

2. 系统分析方法（SA）

本方法可以给出平衡前随时间的变化情况，其隔室图如图 6 - 3 所示。

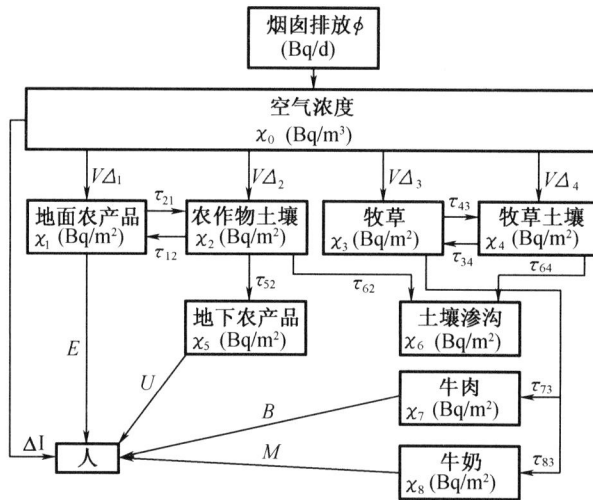

图 6 - 3　SA 方法，陆地体系隔室化模型

由图 6 - 3 可写出描述放射性核素在食物链中的动力学行为的微分方程组：

$$\frac{\mathrm{d}\chi_1}{\mathrm{d}t} = \Delta_1 V \chi_0 + \tau_{12}\chi_2 - \left(\lambda_r + \tau_{21} + \frac{V_h}{A_e D_e}\right)\chi_1 \tag{6 - 18}$$

$$\frac{\mathrm{d}\chi_2}{\mathrm{d}t} = \Delta_2 V \chi_0 + \tau_{21} \chi_1 - (\lambda_r + \tau_{12} + \tau_{52} + \tau_{62}) \chi_2 \qquad (6-19)$$

$$\frac{\mathrm{d}\chi_3}{\mathrm{d}t} = \Delta_3 V \chi_0 + \tau_{34} \chi_4 - \left(\lambda_r + \tau_{42} + \frac{V_c}{A_g D_g}\right) \chi_3 \qquad (6-20)$$

$$\frac{\mathrm{d}\chi_4}{\mathrm{d}t} = \Delta_4 V \chi_0 + \tau_{43} \chi_3 - (\lambda_r + \tau_{34} + \tau_{64}) \chi_4 \qquad (6-21)$$

$$\frac{\mathrm{d}\chi_5}{\mathrm{d}\chi} = \tau_{52} \chi_2 - \left(\lambda_r + \frac{V_h}{A_e D_e}\right) \chi_5 \qquad (6-22)$$

$$\frac{\mathrm{d}\chi_6}{\mathrm{d}t} = \tau_{62} \chi_2 + \tau_{64} \chi_4 - \lambda_r \chi_6 \qquad (6-23)$$

$$\frac{\mathrm{d}\chi_7}{\mathrm{d}t} = \tau_{73} \chi_3 - (\lambda_r + \tau_b) \chi_7 \qquad (6-24)$$

$$\tau_{73} = (f_b/M_b)(V_c/D_g)$$

$$\frac{\mathrm{d}\chi_8}{\mathrm{d}t} = \tau_{83} \chi_3 - (\lambda_r + \tau_m) \chi_8 \qquad (6-25)$$

$$\tau_{83} = (f_L/L)(V_c/D_g)$$

式中　Δ_i——沉降物分布份额，$i = 1,2,3,4$；

V——干沉积速度，m/s 或 m/d；

τ_{ij}——从隔室 j 向隔室 i 的转移系数，d^{-1}；

λ_r——放射性核素衰变常数，d^{-1}；

V_h——所有人群组对水果和蔬菜的平均消费率，kg/d；

A_e——供应一个人消费水果和蔬菜所需要的平均种植面积，m^2；

A_g——饲养一头奶牛（或肉牛、猪等）所需要的平均面积，m^2；

D_e——人食用的农产品的种植密度，kg/m^2；

D_g——牧草的种植密度，kg/m^2；

f_b/M_b——菜牛（肥猪）吸收的元素转移到每千克肉中的份额；

f_L/L——奶牛（羊）吸收的元素转移到每升奶中的份额；

V_c——为生产肉或奶，所有牛（猪）平均的牧草消费率，kg/d；

τ_b——核素从肉中的排除常数，d^{-1}；

τ_m——核素从奶中的排除常数，d^{-1}。

作为参数，表 6-6 给出了上例中各参数值，图 6-4 示出食物中活度浓度的变化情况。

表 6-6　SA 方法采用的 ^{131}I 的转移参数

参数	标称值	观测值范围
τ_{12}	$6 \times 10^{-9}/d[0]$ ①	$(8 \times 10^{-11} \sim 5 \times 10^{-7})/d$
τ_{52}	$6 \times 10^{-9}/d[0]$	$(8 \times 10^{-11} \sim 5 \times 10^{-7})/d$
τ_{63}	$10^{-4}/d$	$(0 \sim 10^{-4})/d$
V_h/D_e	$1.25 \ m^2/d$	$(0.15 \sim 4) \ m^2/d$
V_c/D_g	$100 \ m^2/d$	$(50 \sim 160) \ m^2/d$

表 6－6(续)

参数	标称值	观测值范围
f_L/L	$0.8 \times 10^{-2}/L$	$(0.4 \times 10^{-2} \sim 2.2 \times 10^{-2})/L$
$\tau_{3.4}$	$8 \times 10^{-5}/d[0]$	$(2 \times 10^{-5} \sim 8 \times 10^{-1})/d$
$\tau_{6.4}$	$10^{-4}/d$	$(0 \sim 10^{-4})/d$
Δ_1	$0.90[0]$	$(0.1 \sim 1)$
Δ_2	$0.10[1]$	$(0 \sim 0.9)$
Δ_3	$0.90[0]$	$(0.1 \sim 1)$
Δ_4	$0.10[1]$	$(0 \sim 0.9)$
A_e	$10^3 \ m^2$	
A_g	$10^4 \ m^2$	
τ_b	$0.003 \ 81/d$	
τ_m	$2.0/d$	
f_b/M_b	$9 \times 10^{-5}/kg$	$(0.1 \times 10^{-5} \sim 12 \times 10^{-5})/kg$
τ_{21}	$0.14/d[0]$	$(0.087 \sim 0.23)/d$
τ_{43}	$0.14/d[0]$	$(0.087 \sim 0.23)/d$
V	$1 \times 10^{-2} \ m/s$	$(0.1 \sim 5) \times 10^{-2} \ m/s$
λ_r	$8.57 \times 10^{-2}/d$	

注:①括号中值是指休止季节的值。

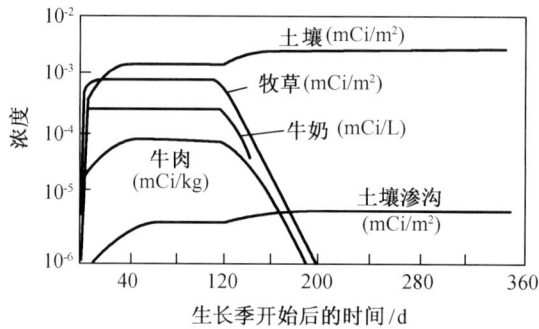

图 6－4　不同介质中的核素活度浓度的变化

(设 ^{131}I 连续向大气排放 $3.7 \times 10^{10} Bq/a$)

3. 预计的食物链浓度

限于篇幅,此处不再列举对 SA 方法的参数求法和参数灵敏度、坚稳度的例子,实际上所采用的方法前面都已做了描述。

6.4　水生态系统的评价方法

6.4.1　影响生化过程的机制

水生生态系统按其生活环境可分为三种体系,即淡水(河流、湖泊)、盐水(海洋)和咸水(河口带)。而最后一种体系是前两种的"桥梁"。

水生生态转移较陆地生态转移更为复杂。在水生态转移中生物积聚因子比陆地生态的大,其值依赖于放射性核素的生化形态。

陆地生态的食物链,一般经由 2~3 个营养级就可到达人,如蔬菜→人,牧草→牛、猪→人,而水生生态可能需要更多的营养级,如浮游植物→浮游动物→虾→小鱼→大鱼→人,而且这种食物链往往是个食物网。

水生生态的食物链,有些环节游动性大,如鳗鱼在淡水产卵、海水育肥,再回到淡水产卵,这种洄游习性使得放射性核素的摄入取决于其年龄与洄游路线。

放射性核素的生化形态较陆地生态变化大,影响放射性核素迁移的生化形态是生成胶体、共沉淀和在沉淀物与悬浮颗粒上的吸附与解吸过程。

1. 胶状体生成

胶体通常是很微细的不溶物粒子悬浮体。这些小粒子(0.005~0.2 μm)的作用就像一个电荷一样阻碍着沉淀,各种重元素包括稀土元素(La、Ce 等)或过渡元素(如 Co、Fe 等)易于生成胶体。这些胶体粒子可以穿透普通滤纸但不能穿透各种薄膜。对于那些能形成胶体的放射性核素,生成胶体这一机制是把它们从溶解相中再浓集的重要步骤。形成粒子的大小恰是许多水生物消费的粒子大小范围,从而进入食物链。对河口的研究表明,^{65}Zn、^{59}Fe 和 ^{60}Co 吸附在细粒子上,并为牡蛎摄取。淡水研究表明,锆水解产物形成胶体。锆和镍易生成氢氧化物并(在海水中)很易成为胶体。

2. 共沉淀

水中放射性核素浓度很低,但都能与水中高浓度的其他元素一起沉淀下来。放射性核素与沉淀物反应生成一种类似于常量元素的晶格,或者放射性核素与沉淀物生成不可溶的沉淀(Paneth-Fajans 定律),这种沉淀过程应加以重视。镭与硫酸钡共沉淀是典型的例子。$Fe(OH)_3$ 在各种自然状态下可以沉淀,是放射性核素沉淀的重要载体,Windscale 后处理厂的经验表明,^{90}Sr、^{134}Cs 和 ^{137}Cs 主要是溶解态,而 ^{106}Ru、^{144}Ce、$^{95}Zr-^{95}Nb$ 则是络化后共沉淀或吸附在其他物质上。它们恰好处于钓鱼、捕鱼的深度,所以这些沉淀物构成了照射人的途径。

3. 在悬浮物和沉淀物上的吸附与解吸

悬浮物包括悬浮的沉淀物,对放射性核素在河流中的输运以及与生物圈的作用中起着重要作用。Friend 等人在 Clinch 河研究结果表明[6],在核素进入水体 4 天内,约有 92% 的

^{60}Co、96% 的 ^{65}Zn 和 95% 的 ^{137}Cs 从水相移走,大量转移到悬浮颗粒上,在 ORNL 附近的 Clinch 河约有 90% 的 ^{137}Cs 呈悬浮物态,而 80% ~ 90% 的 ^{90}Sr,^{106}Ru 和 ^{60}Co 保留在溶解水中,只有 3% 的排放活度积聚在河床上。

悬浮的颗粒可以输送相当远的距离,一些沉淀物在低流速区沉下来,但在潮汐段盐侵区可以在很远处沉淀下来。沉淀物和悬浮物都累积在水库或湖中。

河水中的碱土元素、钙、锶和镁,较海水含量少。当河水—海水在河口处混合时,正是由于河水使这些元素含量降低。与此相反,过渡元素如铁、锰、铜、锆、锌和镍等,海水含量更低。因而在河口处就使电解质浓度和 pH 值升高,这时胶状黏土粒子凝聚和沉积,而胶状铁、锰、钒、铝和硅形成胶絮状氢氧化物。

氢氧化铁沉淀可使 ^{95}Zr – ^{95}Nb,^{106}Ru – ^{106}Rh,^{144}Ce – ^{144}Pr 和过渡元素共沉淀,使得海水中浓度降低,也反映出海生生物为什么对这些元素的浓集因子高。

在河口环境,磷很快被沉淀物吸附,并且与氢氧化铁共沉淀,因此 ^{32}P 大多在海口的底泥中。

在海洋中,锶、铯、锌、铜主要呈离子态。其他元素主要呈粒子态(包括 Fe,Mn,Co,稀土,Ru,Zr,Nb,Y 和 Th)。90% 的铁在海洋上层 100 m 内,是粒子态,而钴和铯粒子态份额较少[7]。

放射性核素在水、悬浮粒和沉淀物上的分布受铁浓度的影响。铁是放射性核素吸附在后两种物质上的竞争者,因此分配系数依赖于铁的浓度或盐度。表 6 – 7 列出河口、海洋中的分配系数 K_d[8]。还发现 ^{137}Cs 在深水沉淀物上的 K_d 为 3 400 ~ 18 000,在水中由于钠、钾离子浓度高(0.5 mol),所以 Cs 在沉淀物上的 K_d 降到 1 300。

表 6 – 7　河口与海洋系统中沉淀物对放射性核素的滞留性能比较

体系	分配系数(K_d)		
	中等砂	细砂	黏土
Cl $^-$ 14 g/L		河口	
^{144}Ce	700	1 000	10 000
^{91}Y	250	700	1 500
Cl $^-$ 19 g/L		海水	
^{144}Ce	450	500	5 000
^{91}Y	140	0	350

这种高离子浓度水的 K_d 低,可使放射性核素在水、沉淀物上的分配发生变化,在河口处原来吸附在河水沉淀物上的核素可能被浸取出来,进入海洋后又进一步被浸取,而在潮汐段正逆过程会交替发生。

6.4.2　浓集因子的方法

1. 浓集因子

水生生物摄入元素的过程可由式(6 – 26)表示(此处可能是 2 ~ 4 个隔室的模型,现代之以一个隔室）：

$$\frac{dc}{dt} = \frac{\dot{I}_w}{m}C_w - \lambda_b c \qquad (6-26)$$

式中　c——水生物中的浓度；

　　　C_w——水中浓度；

　　　$\dot{I}_w$——该生物摄取水的速率（对于多隔室，此处 $\dot{I}_w$ 可写成 $\dot{I}_w = \dot{I}'_w + I_i \dfrac{C_i}{C_w}$，$\dot{I}'_w$ 是水摄

　　　　　入率；I_i 对第 i 级生物的摄入速率）；

　　　m——该生物组织的质量；

　　　λ_b——该生物对这种元素的生物排除率。

上述方程的解为

$$c(t) = \frac{\dot{I}_w C_w}{m\lambda_b}(1 - e^{-\lambda_b t}) \qquad (6-27)$$

按照定义，浓集因子是两种介质平衡浓度之比，即 $t \to \infty$ 之比，因此

$$k_{CF} = \frac{C_{equil}}{C_w} = \frac{\dot{I}_w}{m\lambda_b} \qquad (6-28)$$

同样，对于放射性核素，有

$$k_{CF}^* = \frac{\dot{I}_w}{m(\lambda_b + \lambda_r)} \qquad (6-29)$$

放射性核素在生物组织中达到平衡浓度，须 10 个有效半减期 $T_{r_2 eff}\left(T_{r_2 eff} = \dfrac{T_r T_b}{T_r + T_b}\right)$，$T_r$ 是

放射性核素半衰期，T_b 是生物半减期（$T_b = 0.693/\lambda_b$）。

由上述两式可知，同一元素稳定同位素与放射性同位素的浓集因子不同，其比值为

$$\frac{k_{CF}^*}{k_{CF}} = \frac{\lambda_b}{\lambda_b + \lambda_r} = \frac{1}{1 + \lambda_r/\lambda_b} \qquad (6-30)$$

因此

$$k_{CF}^* = \frac{k_{CF}}{1 + T_b/T_r} \qquad (6-31)$$

即放射性核素的浓集因子小于其稳定同位素的浓集因子。

2. 影响放射性核素被水生物吸收的因素

（1）水浓度 c_w

k_{CF} 定义中未说明 c_w，如果有变化时，该如何取值（取初始值，最终值，还是平均值），这在实验室实验过程中是很重要的（因为野外水量大）。如果中间不投示踪剂，则初始浓度与测量时浓度可相差很大，有时差几倍。从科学意义上说，应取 $\overline{C}_w = \dfrac{1}{T}\displaystyle\int_0^T C_w(t)\,dt$。实验时要不断添加示踪剂，保持 C_w 不变。

（2）生物组织体的部位

从环境影响评价角度，浓集因子应是可食部位中的放射性核素活度浓度除以水中核素活度浓度。而有些核素选择性聚集于某些部位，如 Sr 和 Ra 是趋骨性元素，Fe 主要滞留在脾和肾中，Co 在肾中，Zn 在脾和肝中，淡水鱼胃肠道的 Pu 浓度比其他组织的大几倍。所以浓集因子要按可食部位计。

（3）水中稳定元素的浓度

浓集因子方法假定水生物组织中元素的浓度正比于水中的浓度，对于微量成分和痕量元素（如放射性同位素）这是对的，对于其他元素尤其是常量元素，线性吸收的假定往往不成立。比如水中钙浓度很高，生活在其中的鱼对钙的吸收则不是线性地吸收，而是"限额性吸收"。

水生物组织能自己调整其摄入量，使其体内组分含量相对不变。

控制生物体内含量不变的摄入过程可写成

$$(\chi/m)_{\text{equil}} = \frac{\dot{I}C_w}{m\lambda_b} = \xi \tag{6-32}$$

式中　χ——稳定元素在 m（克）的组织中的量；

　　　$\dot{I}$——摄入速率；

　　　C_w——该元素在水中的浓度；

　　　λ_b——生物排除率常数；

　　　ξ——稳定元素库的大小。

这种过程的特点是生物体自调整其各种稳定元素库的大小不变（对于水中高含量时），此时浓集因子为

$$k_{\text{CF}} = \frac{(\chi/m)}{C_w} = \frac{\xi}{C_w} \tag{6-33}$$

以对数坐标表示，式（6-33）为

$$\ln k_{\text{CF}} = \ln \xi - \ln C_w \tag{6-34}$$

这表示 $\ln k_{\text{CF}}$ 与 $\ln C_w$ 是直线关系。回归方程的斜率趋于 -1，截距值是该生物库的大小。

表6-8列出了几种鱼体内钙含量与环境钙含量的关系[3]。

表6-8　鱼体内钙含量与水中钙含量

鱼种	组织	$\ln k_{\text{CF}}$ 与 $\ln C_w$ 的回归参数			体内平均稳定钙与全含量的比值 /（mg/kg）
		回归系数 r	斜率 $\pm \sigma_s$	截距的反对数 /（mg/kg）	
鲈鱼	骨	-0.987	$-0.940 \pm 0.005\ 1$	28 850	35 700
	肉	-1.000	-1.057 ± 0.024	520	430
梭子鱼	骨	-0.980	-0.989 ± 0.064	41 770	44 830
	肉	-1.000	-1.239 ± 0.020	1 170	560
石斑鱼	骨	-0.968	-0.986 ± 0.091	34 200	34 900
	肉	-0.989	-1.067 ± 0.079	920	760
褐鳟	骨	-0.980	-1.00	59 000	60 800
	肉	-0.640	-1.01	138	141

（4）竞争元素的浓集因子

当存在两种化学性质相近（同一族）的元素（A 和 B）时，如 Ca 和 Sr，它们的吸收与滞留是竞争过程：

$$\xi = \frac{\chi_a}{m} + \frac{\chi_b}{m} = \frac{I_{wa}C_{wa}}{m\lambda_a} + \frac{I_{wb}C_{wb}}{m\lambda_b} = \frac{I_{wb}}{m\lambda_b}\big[\,C_{wb} + R_{0w}C_{wa}\,\big] \qquad (6-35)$$

式中，$R_0 = \dfrac{I_{wa}}{I_{wb}} \cdot \dfrac{\lambda_b}{\lambda_a}$，称为观测比值(Observed Ratio)，由此可得 B 元素的浓集因子，为

$$k_{\mathrm{CF}b} = \frac{I_{wb}}{m\lambda_b} = \frac{\xi}{C_{wb} + R_{0w})\,C_{wa}} \qquad (6-36)$$

同理可得 A 元素的浓集因子为

$$k_{\mathrm{CF}a} = \frac{R_{0w}\xi}{C_{wb} + R_{0w}C_{wa}} \qquad (6-37)$$

这个表达式说明，一个非本质要素(元素 A)将平行于化学性质类似元素(元素 B)的吸收，但两者的浓集因子是不同的，由于生物体常常能甄别出非本质要素，所以对非本质的浓集因子常常低于本质元素的浓集因子，图 6-5 示出海鱼对 ^{90}Sr 和 ^{45}Ca 的吸收，^{90}Sr 受到甄别，平均观测比为 0.52。这两种核素的吸收都随其稳定元素浓度的升高而反比下降[9]。

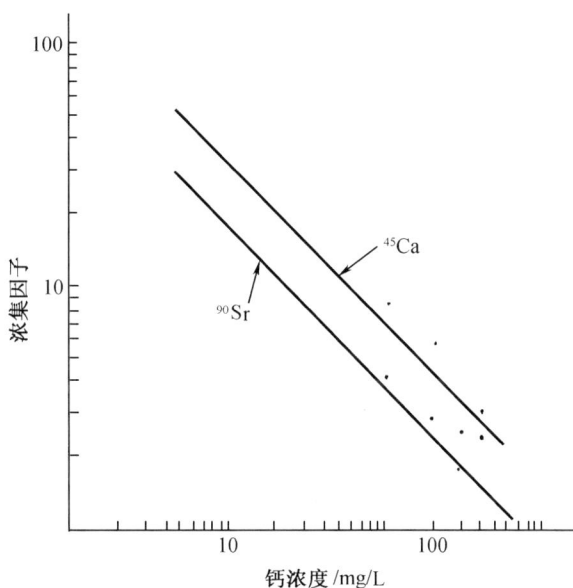

图 6-5　稳定钙浓度对鱼从海水中摄取 ^{45}Ca 和 ^{90}Sr 的影响
(鱼名：Tilapia Mossambica)

　　放射性核素吸收与周围同族稳定元素浓度的反比关系意味着，某些元素的放射性同位素的浓集因子可能随地点不同而变化很大。因此，同一种生物在海水中和河水中的浓集因子可能差别很大。例如 ^{137}Cs 在湖水鱼、河水鱼、海水鱼(同一种鱼)中，浓集因子可相差 100 倍。

　　例 6-2　鱼中 ^{137}Cs 的浓集因子与水中钾浓度的关系为

$$k_{\mathrm{Cs}}^* = 1\,470\,[\,\mathrm{K}\,]^{-0.64},\, r = -0.96 \quad [\,\mathrm{K}\,] = \mathrm{mg/L}$$

由此式估计海水([K] = 380 mg/L)、河口([K] = 17 mg/L)和内陆湖([K] = 0.5 mg/L)中 ^{137}Cs 的浓集因子。

　　解　由上式得

	钾浓度/(mg/L)	浓集因子/(L/kg)
海水	380	33
河水	17	240
内湖	0.5	2 300

（5）生物种不同的影响

不同种生物生活习性不同（食料、栖息等）对放射性核素的摄取也不同。相同种的生物虽也有差异，但相差不大，表 6-9 列出三种鳟鱼（Tront）对^{60}Co，^{137}Cs，^{226}Ra 的浓集因子。

表 6-9　同种鳟鱼对放射性核素吸收的差别

核素	鳟鱼器官	浓集因子/(L/kg)		
		鲭	Chum	银鱼
^{60}Co	肉	9 400	9 280	5 950
	肝	50 000	32 000	40 000
	卵（鱼子）	42 000	60 000	25,550
^{137}Cs	肉	74	44	104
	肝	62	31	24
	卵（鱼子）	37	30	101
^{226}Ra	肉		750	220

各种生物，尤其是底栖生物与表水层生物由于其食料不同，对钴的浓集相差很大，沿底栖食物链的生物有着较高的浓集因子。

（6）营养级效应

生物体获取的生物若来自同一层（生物链中同一环上）和初始生产者（植物）则称为同一级营养级。一般来说，由于生物消化进入食物中放射性核素的效能低（甄别作用），所以较高营养级的动物其浓度较低。

对淡水鱼^{137}Cs 的浓集测量表明，食肉的大鱼比小鱼对铯有更高的浓集能力。而且鱼中铯也随营养级而增加，这种再浓集的机制引起人们的重视，因为最后的食主是人。表 6-10 列出淡水鱼中铯的营养级效应。

表 6-10　淡水鱼中铯的营养级效应

营养级		浓集因子			铯单位
		^{137}Cs	K	$k_{CF}(Cs)/k_{CF}(K)$	pCi/g
Ⅱ－Ⅲ	小鱼	410	285	1.4	1.6
Ⅵ	鲈鱼	750	345	2.2	3.5
Ⅴ	北梭子鱼	3 620	475	7.6	5.4

（7）温度

较高级生物对温度敏感，温度稍增，其生物活性增强，吸收和排泄放射性核素也随之增大。温度增高生物半排期下降,这导致周转增快。生物排除速率(λ_b)的增大,其作用将降低放射性核素的累积。表6-11列出温度对生物半排期影响的实验结果。

表6-11　水温对鱼生物半排期的影响

鱼	鱼龄/a	温度/℃	对^{22}Na的生物半排期/d
鲈鱼	1~2	20±0.2	7
		8±3	15
石斑鱼	1~2	20±0.2	7
		8±3	11
虹鳟	0.5~1	20±0.2	2.2
		14±1	2.5
		7±1	7
鲤鱼		20±0.2	10
		8±3	25

(8)酸度(pH)

水中酸度变化影响放射性核素的吸收,一般随pH减小(酸度增高)吸收下降,实验发现鱼对铯的吸收性在pH约为7时最大。

上述各影响因素中,温度和盐度影响最大。

6.4.3　比活度方法

比活度(Specific Activity)是单位质量元素中放射性同位素的活度,其单位是Bq/kg(但不是对不同元素的)。大多数放射性核素,其自身质量远小于其元素的质量。

由于生化作用不能分辨同位素效应,所以放射性核素与其稳定元素的代谢是一样的。下面描述比活度A在生物链中的变化规律。

令N为某元素的原子数(脚注r指放射性同位素,n为稳定同位素,b表示生物体,e表示水);B为生物质量(g);R表示生物吸收元素的速率(原子/秒);F为生物体内该元素所占比例(质量百分数);K是该元素每克的原子数(Avogadro's Number,6.023×10^{23});λ_b表示生物代谢常数(s^{-1});λ_r表示放射性蜕变常数(s^{-1})。

设某生物生活在水中,水的比活度A_s不变,生物体内各种元素成分不变,则有
对生物体

$$N_{rb} + N_{nb} = BFK \tag{6-38}$$

对水有

$$N_{re}(N_{re} + N_{ne})^{-1} = A_s \tag{6-39}$$

$$N_{ne}(N_{re} + N_{ne})^{-1} = (1 - A_s) \tag{6-40}$$

生物体的代谢为

$$\frac{dN_{rb}}{dt} = RA_s - (\lambda_r + \lambda_b)N_{rb} \tag{6-41}$$

$$\frac{dN_{nb}}{dt} = R(1 - A_s) - \lambda_b N_{nb} \tag{6-42}$$

而

$$R = \lambda_r N_{rb} + \lambda_b BFK + FK\frac{dB}{dt} \tag{6-43}$$

式中,K 是该元素每克的原子数,由式(6-41)~(6-43)可知,若初始 $N_{rb0}=0$,且 $B=B_0 e^{at}$(式中 a 为生长常数[s^{-1}]),则得

$$A_b/A_s = \frac{(\lambda_b + a)}{[(1-A_s)\lambda + (\lambda_b + a)]}\{1 - e^{-[(1-A_s)\lambda_r + \lambda_b + a]t}\} \tag{6-44}$$

若初始 $N_{rb0}/N_{nb0}=A_s$,则

$$A_b/A_s = \frac{1}{\lambda_r + \lambda_b + a}[\lambda_r e^{-(\lambda_r+\lambda_b+a)t} + \lambda_b + a] \tag{6-45}$$

由于比活度 $A_s \ll 1$,因此 $1-A_s \approx 1$,且当生物系统处于平衡状态时(生长期过后,$t\to\infty$,$a=0$),则有

$$A_b/A_s \to \frac{\lambda_b}{\lambda_r + \lambda_b} = \frac{T_r}{T_b + T_r} \tag{6-46}$$

即沿食物链转移过程中比活度将递减,显然上述推导适用于食物链中的任何两个相邻环节。由此可推知,若水中比活度为 A,海洋(水中)食物链中较高层(第 n 级)生物的比活度为 A_n,则有

$$A_n/A_0 = \prod_{i=1}^{n} T_r(T_r + T_{bi})^{-1} \tag{6-47}$$

由式(6-47)可知,若令 $A_n/A_0=1$,并以此来控制生物中的活度限值将是较安全的。

若对某核素的年摄入量限值为 I_{AL},而其稳定元素的年摄入量为 I_i,则比活度限值(Limiting Specific Activity)为

$$L = \frac{(I_{AL})}{I_i} \tag{6-48}$$

以此来控制年摄入量限值,或控制废水排放的浓度。

例 6-3　在一个河口测量食用蚝中 ^{65}Zn 的比活度。观测两年,数据如表6-12所示。

表 6-12　数据表

测量日期	时间	比活度 μCi/g
6 月 14 日	0	0.071
7 月 14 日	30	0.068
9 月 18 日	96	0.050
11 月 30 日	169	0.029
12 月 30 日	199	0.030
2 月 18 日	249	0.026
4 月 14 日	304	0.011
5 月 30 日	350	0.010

假定人摄入锌为 13 mg/d(这意味着 Zn 的摄入主要是由蚌壳动物肉中获得的。蚝肉中平均 Zn 量为 210 mg/g,所以每日摄入 13 mg,需 42 g 干肉或 215 g 鲜肉,年摄入量将为 78.5 kg 鲜

肉)，^{65}Zn 的有效剂量因子为 6.96×10^{-6} mrem/pC$_i$，试计算由食用蚝肉造成的剂量负担。

解　假定 ^{65}Zn 比活度可用单指数函数描述，即

$$S(t) = S_0 \exp(-\lambda_e t)$$

化成线性式为

$$\ln[S(t)] = \ln[S_0] - \lambda_e t = b + mx$$

用最小二乘法使数据与此式拟合得

$$相关系数 \quad r = 0.974$$

$$y 轴截距 = -2.510 = \ln(S_0)$$

因此

$$S_0 = 0.0813 \ \mu Ci/g$$

$$斜率 = -0.005\ 77 = \lambda_e$$

由此可得蚝中 Zn 比活度为

$$S(t) = (0.081\ 3 \ \mu Ci/g) \exp(-0.005\ 77t)$$

此式的积分给出蚝中 ^{65}Zn 的总量。由此剂量负担为

$$\int_0^\infty S(t)\,\mathrm{d}t = \frac{S_0}{\lambda} = \frac{0.081\ 3 \ \mu Ci/g}{0.005\ 77 \ \mathrm{d}^{-1}} = 14 \ \mu Ci \cdot \mathrm{d}/g Zn$$

由此总剂量负担为

$$(14 \ \mu Ci \cdot \mathrm{d})/g \times (13 \times 10^{-3} g/\mathrm{d}) \times (6.96 \times 10^{-6} mrem/pCi) \times (10^6 \ pCi/\mu Ci)$$
$$= 1.3 \ mrem$$

由上例可见，应用比活度法计算水生物途径对人的剂量时，需要下述条件：

(1)稳定元素与其放射性同位素要完全均匀混合且行为相似；

(2)已知其生物半排期；

(3)该生物与其环境处于平衡状态；

(4)已知生物体内稳定元素的浓度；

(5)已知该生物体的生产速率；

(6)放射性原子的输入率是常数。

实际上满足上述条件是不容易的，因此对每一条都要仔细研究，针对具体情况引入修正因子。

6.4.4　影响放射性核素吸收的参数

1. 累积和延迟时间

表 6-13 列出评价时所用的累积时间(假定或测量的，例如对于土壤，假定是核设施服役期的一半)。

表 6-13 中所列生长季节的时间是用来计算直接向植物沉积的。如果有土壤 - 植物转移的运动学模式，也可用以计算土壤中的吸收，大多数情况下，土壤 - 植物的浓集因子 k_{CR} 是对可食部分在收获时刻的值计算的，因此它本身已包括了植物在生产期的累积作用，只需再考虑放射性核素在土壤中的积聚(通常是几年)。

表 6 - 13　假定放射性核素在食物链途径中被消化的时间间隔

途径	积累的时间间隔
土壤中累积	15 a[①]
沉淀物中的累积	15 a[①]
农作物生长期(牧草)	30 d
粮食生长期	60 d
由种植到收获的时间	
大麦	120 d
绿蚕豆	60 d
胡萝卜	75 d
萝卜	45 d
莴苣	80 d
番茄	85 d
苹果(成熟果树)	85 d

注:①这是假定核设施(如核电站)寿期为 30 年,取其中点。

收获后到人(或畜)食用还有一段保存时间,对这段时间需做衰变和风化损失修正。这段延迟时间在评价中常用值见表 6 - 14。

表 6 - 14　由产品到消费的时间

途　径	由产品到消费的转运时间	
	关键居民组(受照最大个人)	群体成员
叶菜	1	14
其他农产品	6	14
鲜饲料	0	0
贮藏饲料	90	90
奶	2	4
肉(屠宰到消费)	20	20
饮水(不包括直接在水源饮水)	0.5	1
鱼和甲鱼(蛙)	1.0	10(商场) 7(打猎)

2. 食品制作中的损失

农产品在加工、烹调过程中会损失一部分放射性核素。这些过程包括洗涤、泡洗、去皮、烤、炒、煮等。损失多少取决于具体工序,很难笼统规定。

我国的学者曾于 1979 年对中国原子能科学院周围环境中植物的 ^{131}I 和 ^{129}I 进行了普查,测量了洗涤、烹调对蔬菜中 ^{131}I 的清除情况,结果表明[10],按照一般居民洗菜的方法洗涤(清水漂洗 4 次),对沉降于白菜上的 ^{131}I 可洗去 20% ~ 30%,扁豆叶可洗去 30% ~ 40%,扁豆角可洗去 15%。对于甜菜外的根类作物,使用上述方法的效果通常损失很小,去皮可能是去除附着在植物表皮的土壤颗粒中含有的放射性核素的有效方法。

　　表6-15 列出对^{131}I 的加工损失,表6-16 列出对其他核素的损失,这些数值只能当作虚定值(即仅当没有适合具体情况的数据时可采用的值)。

表6-15　洗与煮(熬)使^{131}I 从蔬菜表面去掉的效率

蔬菜	去掉的百分数		
	洗(停15 min)[①]	洗(停20 h)[①]	煮(停15 min)[①]
青豆	67(46~90)	33(32~36)	77(65~96)
番茄	77(54~95)	51(47~56)	85(51~92)
莴苣叶	81(65~93)	34(26~49)	
芹菜	47(43~55)	34(32~37)	77(72~86)
菜花	70(48~87)	64(60~69)	88(85~90)
胡椒	56(53~59)		66(66~68)

注:①喷上示踪剂后到开始作业的延迟时间(即放射性碘在蔬菜上停留的时间)。

　　由表6-15 可看出,落在叶子表面上的放射性碘有向植物体内易位的趋向,放射性碘在蔬菜上停留20 h 再洗与停15 min 洗相比,有些蔬菜去污效率差1 倍。而同样停留15 min,经煮沸却大约损失80%。

表6-16　农产品在去壳去皮过程中除掉放射性核素污染的效率

放射性核素	谷物	活度减少的百分数	滞留因子[①]
^{54}Mn	土豆(马铃薯)	(11.6)[②]	(0.88)[②]
^{60}Co	土豆	(30.0)	(0.70)
^{90}Sr	胡萝卜	14.8	(0.85)
	番茄	14.7	(0.85)
^{90}Sr	马铃薯	(5.9±2.7)	(0.94±0.3)
		(41.8)	(0.58)
^{95}Zr	胡萝卜	88.2	(0.12)
^{96}Nb	番茄	42.9	(0.57)
^{106}Ru	胡萝卜	84.7	(0.15)
	番茄	23.8	(0.76)
^{137}Cs	胡萝卜	46.0	(0.54)
	番茄	3.6	(0.96)
	马铃薯	(6)	(0.94)
^{144}Ce	胡萝卜	84.1	(0.16)
	番茄	38.8	(0.61)
^{239}Pu^{240}Pu	甜菜	(98.7)	(0.013)
	马铃薯	(92.5)	(0.075)
^{239}Pu^{240}Pu	菜豆(去壳的)	(54.7)	(0.45)
	大豆(去壳的)	(30.0)	(0.70)

注:①包括在食品制备过程中的损失(例如由鲜重转换到待加工的质量)。这些转换率是:豆类(0.40),甜菜(0.70),胡萝卜(0.82),马铃薯(0.81),大豆(0.53),番茄(0.88)。

②括号内的值系计算值。

李建国等人于 2006 年对食品加工过程中核素的转移资料进行了系统的收集、整理和分析,分别给出了①水果、蔬菜和作物,②奶制品,③鱼和肉等食品的加工保留因子(F_e)和加工效率因子(P_e)[11]。其中,食品加工保留因子(F_e)指加工后保留在食品中的某种放射性核素的活度占加工前总活度的份额,例如煮熟的肉中,放射性核素铯的 F_e 值为 0.4,表明加工前的生肉中存在的放射性核素铯有 40% 保留在肉中,其余的进入了汤水中;食品加工因子(P_e)定义为已加工的产品质量与食品原材料的质量比;食品加工总效率用食品中某种放射性核素的 F_e 值除以该食品的 P_e 值得到,例如山羊奶粉中的放射性核素铯的 F_e 值是 0.61,意味着 39% 的放射性铯在将山羊奶粉加工成乳酪的过程中被清除掉了,又由于乳酪产量占山羊奶粉的 12%(即 $P_e = 0.12$),因此加工总效率为 $F_e/P_e = 0.61/0.12 = 5$。

6.5 习 题

1. 在一海港中溢出放射性废液,放射性核素 $T_{1/2} = 280$ d,在鱼中的 T_b 为 350 d,浓集因子(平衡时)是 150。但放射性核素很快被冲走,离开海港,测得浓度只持续 7 d。如果水中平均浓度是 0.37 Bq/L,求鱼中浓度。

2. 设放射性核素进入肉、奶、蛋的代谢服从单隔室模式

$$\frac{\mathrm{d}c}{\mathrm{d}t} = \frac{IF}{V_m} - (\lambda_b + \lambda)c$$

式中　c——放射性浓度;

　　　λ_b——生物排除速率常数;

　　　I——放射性核素摄入率;

　　　V_m——奶的体积;

　　　F——稳定元素转移到奶中的份额。

平衡时产品(奶)中放射性核素浓度是

$$C(平衡) = IF/(\lambda_b + \lambda) \cdot V_m$$

而转移因子 f_m^* 可以写成

$$f_m^* = \frac{F}{(\lambda_b + \lambda)V_m}$$

(a)对于稳定元素的转移因子是否与上式相同,若不同,如何由稳定元素转移因子推出不稳定的(放射性核素的)转移因子?

(b)当与所列稳定元素的转移因子值相比,要修正 25% 时,必须满足什么条件?

3. 具有 4 岁儿童的农家,位于距离核动力厂 1 km 的地方。该儿童每年消费自家农场产的鲜奶 330 L、新鲜蔬菜 26 kg。试计算 ^{131}I($T_{1/2} = 8.05$ d)年释放限制,以确认甲状腺剂量为 0.15 mSv/a 的设计目标是否被超过,应限定每年 ^{131}I 的释放率是多少?

已知条件如下:

(a)年平均大气弥散因子为 4×10^{-6} s/m³;

(b)放射性核素的沉积速度为 0.01 m/s,牧草和蔬菜的生物半减期为 14 d;

(c)每日摄入的碘向牛奶的转移因子为 6×10^{-3} d/L,奶牛消费牧草为 50 kg/d,而牧草单位面积产量为 0.29 kg/km²,两种食品的滞留因子均为 1;

(d) 儿童呼吸率为 2 700 m³/a,居留因子为 0.5。

(e) ^{131}I 剂量因子为 2.2 × 10^{-8} Sv/Bq(食入),7.4 × 10^{-9} Sv/Bq(吸入),2.10 × 10^{-16} (Sv/s)／(Bq/m²)(地面照射)。

4. 同上,试计算^{131}I 在牧草上沉积与相应空气浓度的平衡比。

参 考 文 献

[1] 苏智先. 生态学概论[M]. 济南:山东大学出版社,1989.

[2] [加拿大] 皮洛 E C. 数学生态学引论[M]. 卢泽愚,译. 北京:科学出版社,1988.

[3] Till John E,Meyer H Robert. Radiological Assessment:A Textbook on Environmental Dose Analysis[C]. NUREG/CR – 3332, ORNL – 5968,US Nuclear Regulatory Commission,1983.

[4] 国际放射防护委员会. 放射性核素释入环境后对人所致剂量的评价[M]. 张永兴,任培薛,译,陈丽姝,校. 北京:原子能出版社,1981.

[5] 国际原子能机构. IAEA 安全丛书第 57 号,适用于评价常规释放时放射性核素在环境中迁移的通用模式和参数(关键组的照射). 施仲齐,刘原中,杜铭海,译,夏益华,施仲齐,张永兴,校. 国外辐射防护规程汇编第八册,环境剂量计算模式(下)[G]. 国务院环境保护委员会办公室,1984.

[6] Jenkins C E,Langford J C,Forster W O. Iron – 55 Concentrations in Columbia River Estuarine and Pacific Ocean Marine Organisms[R]. In Pacific Northwest Laboratory Annual Report for 1968,Physical Sciences,Part 2,Radiological Sciences (J M Nielsen,Manager), USAEC Report BNWL – 1051,1968:69 – 72.

[7] Murray C N,Murray L. Adsorption-Desorption Equilibria of Some Radionuclides in Sediment Fresh Water and Sediment Seawater Systems[J]. MAR – 73,1973:105 – 122.

[8] Townsley S J. The Effect of Environmental Ions on the Concentration of Radiocalcium and Radiostrontium by Eurhaline Teleosts[J]. Schulte V,Klement A W,Radioecology,Reinhold, New York,1973:193 – 198.

[9] 原子能研究所辐射防护环境检测组. 原子能研究所周围植物中^{131}I 和^{129}I 污染的普查和有关参数的测定[C]. 中国核学会辐射防护学会第一次学术交流会论文选编. 北京:原子能出版社,1982:188 – 194.

[10] 李建国,商照荣,杨俊诚. 放射生态学转移参数手册[K]. 北京:原子能出版社, 2006:88 – 100.

第7章 几种特殊核素的评价模式

7.1 概　　述

^{3}H 和 ^{14}C 的元素氢和碳大量存在于自然界内,并且是生命的构成元素,参与生物链转移,这两种核素对人体产生的照射的估算最好采用比活度模式(Specific Activity)[1]。

此外,在核燃料循环中还有两个引起人们关注的核素,即 ^{85}Kr 和 ^{129}I。由于它们的半衰期长,因而可能构成区域性照射,甚至全球性照射。

核设施的环境影响评价范围一般指的是当地几十千米内的影响,最多也只是指区域性的(限于本国的)。对它们在近距离处的照射可以用前几章讲的方法处理;而 ^{3}H, ^{14}C, ^{85}Kr 和 ^{129}I 的传输范围可能超出这个范围,甚至在全球范围内输送,因而构成了低浓度、大范围的照射。对远距离输送,即全球性照射,采用专门的全球模式。

放射性核素氡(^{222}Rn)来源于天然放射性核素铀系中 ^{226}Ra 的衰变。近年来,人为活动导致天然放射性水平不断升高,^{222}Rn 所致的照射成为天然辐射照射的主要来源,因而也得到人们的关注。

本章将介绍这 5 种特殊核素的评价方法。

7.2 比活度模式

7.2.1 定义

通过假设在植物或水中的比活度与给定地点空气中的比活度的份额相等的方法,来估算放射性核素所致剂量的模式,称作比活度模式[2]。这种近似绕过了通常用于放射性核素迁移模式的步骤,但是它主要用于那些在自然界里有丰富稳定载体的放射性核素,比如氚有载体水,^{14}C 有载体二氧化碳。

这种模式的基础就是假设受照成员体内的放射性核素和环境中放射性核素已经达到平衡,这样在环境中和人体内所有包含氚(^{14}C)的分子中,氚(^{14}C)与氢(或碳)之比是相同的。这个假设忽略了由于对污染较少的氢和碳的物质的摄入而造成对体内氚和 ^{14}C 含量的稀释。

可能抵消这个最大保守性的误差来源与下述几点有关:①估算的释放率;②估算的从释放点的物理弥散;③在设想的照射地点,空气和水中稳定氚和碳的浓度;④对氢和碳的受体估算的份额。

7.2.2 比活度沿生物链的转移

假设 ^{3}H 与 ^{14}C 释放后经输送弥散到达某处,其浓度为 χ,设 ^{3}H, ^{14}C 迅速、均匀地与该处的稳定元素 H,C 混合。^{3}H 以 HTO 形式进入人体和生物链转移。^{14}C 固定在植物中,经食入进入人体,与 CO_2 一起参与生物链转移。

在第 5 章中已经证明,以比活度表示的放射性核素与其稳定元素的比值 A 在环境沿生物链转移时,初始介质比活度 A_0 与经 n 级生物链中的比活度 A_n 之比为

$$A_n/A_0 = \prod_{i=1}^{n} T_r (T_r + T_{bi})^{-1} \tag{7-1}$$

式中　T_r——放射性核素的半衰期;

　　　T_{bi}——该元素在第 i 级生物链中的生物代谢半排期。

如果 $T_{bi} \ll T_r$(对于 ^{14}C 和 ^{3}H,近似成立),则

$$A_n/A_0 \approx 1$$

因此,令 $A_n/A_0 = 1$ 来控制食品中的活度限是偏安全的。换句话说,我们用比活度模式来评价 ^{3}H 与 ^{14}C 的环境影响时,是假定环境介质中的比活度与人体中的活度达到平衡(相等)。

比活度方法涉及的参数少,不确定度小,其误差来源主要包括:①释放后到达某处的浓度分布;②到某处后与稳定元素均匀混合。实际上放射性核素要经过一段同化时间才能成为生物的组织成分,而不是迅速均匀混合的。

7.3　^{3}H

^{3}H 的放射防护学参数为 $T_{1/2} = 12.3$ a,纯 β 辐射,每核变化的平均能量为 $\bar{E} = 5.69$ keV。1970 年以前的核武器试验产生的氚总量为 1.7×10^{20} Bq(另一种估计为 3.0×10^{20} Bq)。至今,裂变为 220 Mt $\times 2.6 \times 10^{13}$ Bq/Mt $= 5.7 \times 10^{15}$ Bq;聚变为 330 Mt $\times 7.4 \times 10^{17}$ Bq/Mt $= 2.4 \times 10^{20}$ Bq(1981 年止)。大约 75% 的产量是由同温层输入的。

天然氚是宇宙射线产生的,其总量为 1.3×10^{18} Bq,其中 99% 转化成 HTO(氚化水蒸气)并参与天然水的循环,核爆前地表水的氚浓度为 200~900 Bq/m^3,海洋水约为 100 Bq/m^3。

7.3.1　氚单位(TU)与活度浓度的换算

现在 ^{3}H 用氚单位表示(Tritium Unit,TU),10^{18} 个 H 原子中有 1 个 ^{3}H 原子即为 1 个氚单位。1 个氚单位相当于 3.23 pCi/L 水或 119.5 Bq/m^3 的水(1.2×10^{-4} Bq/g 水)。1 个氚单位的剂量为

$$3.23 \times 10^{-6} \mu Ci/L \times \frac{97 \, mrem/a}{1 \mu Ci/L} = 3.13 \times 10^{-4} \, mrem/a$$

或 ^{3}H 剂量转换因子 $3.1 \times 10^{-3} \mu Sv/(a \cdot TU)$。

现在天然水约为 10~100 TU。

7.3.2　氚对人体的剂量因子,Evans 公式

1969 年 Evans 提出一种模式[1],设人体被均匀地标记(即有机分子与体液均匀地被 ^{3}H

标记),70 kg 重的参考人体内有 7 kg 的 H,体液中有 4.8 kg 的 H,有机分子中有 2.2 kg 的 H[3]。如果被均匀标记,体水浓度为 1 μCi/L 时,参考人体内氚的活度总量为

$$1 \ \mu Ci/L \times \frac{1 \ L \ H_2O}{kg \ H_2O} \times \frac{18kg \ H_2O}{2 \ kg \ H} \times 7.0 \ kg \ H = 63 \ \mu Ci$$

设 β 的品质因素 Q 为 1,则体内剂量为

$$\frac{63 \ \mu Ci}{7 \times 10^4 \ g} \times \frac{3.7 \times 10^4 \ dis/s}{\mu Ci} \times \frac{3.2 \times 10^7 \ s}{a} \times \frac{0.006 \ MeV}{dis} \times \frac{1.6 \times 10^{-6} \ erg}{MeV} \times \frac{10^3 \ mrem}{100 \ erg/g} = 102 \ mrem/a$$

Evans 发现,鹿的有机分子中,标记份额为 0.62 ~1,与器官有关。推算到人,估计其标记份额为 0.85 ~1。设人体有机分子的标记为 0.85,则

$$\frac{4.8 \ kg + 0.85 \times 2.2 \ kg}{7.0 \ kg} \times 63 \ \mu Ci = 60 \ \mu Ci$$

其年剂量为 $\frac{60 \ \mu Ci}{63 \ \mu Ci} \times 102 \ mrem/a = 97 \ mrem/a$

所以 97(mrem/a)/(1 μCi/L) 或 2.8×10^{-2}(μSv/a)/(1 Bq/L) 为 ^{3}H 的剂量换算因子。

用于估算大气所致的剂量时,设大气中 ^{3}H 浓度为 1 pCi/m^3,大气的绝对湿度平均为 6 g H$_2$O/m^3,则年剂量为

$$1 \ pCi/m^3 \times \frac{m^3}{6 \ g \ H_2O} \times \frac{97 \ mrem/a}{1\mu Ci/L} \times \frac{10^3 \ g \ H_2O/L}{10^6 \ pCi/\mu Ci} = 1.6 \times 10^{-2} \ mrem/a$$

即大气的换算因子为 1.6×10^{-2}(mrem/a)/(pCi/m^3) 或当大气环境中氚的活度浓度为 1 Bq/m^3 时,剂量换算因子为 4.3(μSv/a)/(Bq/m^3)。

7.3.3   NCRP 模式

美国国家辐射防护与测量委员会(NCRP)提出的模式[4],设参考人需水量为 3 L/d,则单位浓度 ^{3}H 的年剂量为

$$D = (1.22C_w + 1.27C_{f1} + 0.29C_{f2} + 0.22C_a) \frac{1}{3.0} \times D_{RF}$$

$$= [0.41C_w + 0.52(\sum C_{fn}\delta_n) + 0.07C_a)D_{RF}] \qquad (7-2)$$

式中 D——年剂量,mrem;

      C_w——饮水中氚浓度,pCi/L;

      C_{f1}——食物中水的氚浓度,pCi/L;

      C_{f2}——食物由于消化产生的氧化水中的氚浓度,pCi/L;

      C_a——大气水中氚浓度,pCi/L;

      D_{RF}——剂量转换因子,(mrem/y)/(pCi/L),NCRP 采用的 D_{RF} 为 95×10^{-6}(mrem/a)/ (pCi/L);

      C_{fn}——生长在 n 地的食品浓度;

      δ_n——生长在 n 地的食品份额。

用 NCRP 模式计算,需对 C_w,C_{f1},C_{f2},C_a 值逐一予以规定。例如,若饮水中 ^{3}H 浓度为大气中水氚浓度的 1%,食物中的为大气中的 50%,则当大气 ^{3}H 浓度为 1 pCi/m^3 时(大气绝对湿度为 6 g H$_2$O/m^3),其剂量为

$$[1.22 \times (1.7 \times 10^{-2}) + 1.27 \times (8.5 \times 10^{-2}) + 0.29 \times (8.5 \times 10^{-2}) +$$

$$0.22 \times (1.7 \times 10^{-1})] \times 10^3 \text{ pCi/L} \times \frac{1}{3.0} \times 95 \times 10^{-6} \frac{\text{mrem/a}}{\text{pCi/L}} = 5.5 \times 10^{-3} \text{ mrem/a}$$

7.3.4　有机氚的代谢修正

从核设施释放出来氚的主要形式有:氚化水(HTO)和氚化氢(HT),释放到大气中的 HTO 和 HT(经土壤微生物的作用可转化成 HTO)最后被植物吸收,形成组织自由水氚(TFWT);进入植物体内的 HTO 在光合作用下转化合成到植物的有机物中,形成有机氚(OBT)[5]。

与 HTO 相比,OBT 在植物中有更长的滞留时间,剂量转换因子也是 HTO 的 2 倍多。对于人类,一旦食入被氚污染的食物,OBT 将可能是所受辐射剂量的主要贡献因素。同时,OBT 的含量可用于氚释放后的溯源研究、生物调查、大气污染评价和核电站附近居民的剂量评价。因此,关于植物中 OBT 的研究越来越受到关注。

根据氚与有机分子间化学键的稳定与否,OBT 又可分为两部分:交换性有机氚(E – OBT)和非交换性有机氚(NE – OBT)。通常所指的 OBT 为与生物有机体有机分子结合的所有氚原子的总和。

关于植物中交换性有机氚与非交换性有机氚的比率,目前研究较少,仅对卷心菜、莴苣、土豆、胡萝卜和甜菜进行过一些研究。结果表明,交换性 OBT 所占的比例大于 20%,不同植物间该比例的差异较大,在用无氚污染水灌溉时交换性 OBT 所占的比例为 20% ~ 36%;在用氚污染的水灌溉时 OBT 所占的比例为 30% ~57%[6]。

为定量描述 OBT 的转运,一些研究者用转运指数(TLI)来衡量,其定义为:成熟收获时籽粒燃烧水中 OBT 的浓度占 HTO 释放结束后植物叶片中 TFWT 浓度的百分比。试验证明[7],TLI 随气态氚释放时植物的生长发育阶段而变化:HTO 释放时植物处于幼嫩时期,TLI 的范围为 0.06% ~0.2%;HTO 释放时植物生长处于果实线性生长阶段,TLI 的范围为 0.4% ~0.9%;HTO 释放时植物处于开始成熟期,则 TLI 的范围为 0.04% ~0.2%。

用于衡量生物系统将氚浓缩进有机物中的能力的量是比活度率(SAR)。它是指在植物已给定的库室中 OBT 与 HTO 比活度的比值。该值可用植物中干物质完全燃烧产生的水(水当量)中 OBT 的浓度与植物水中氚浓度的比值来表示。通常用 $C_{\text{OBT}}/C_{\text{HTO}}$ 和 $C_{\text{OBT}}/C_{\text{TFWT}}$ 这种含量比来表示合成进入有机物中氚的量,多种植物的 $C_{\text{OBT}}/C_{\text{HTO}}$ 和 $C_{\text{OBT}}/C_{\text{TFWT}}$ 列于表 7 – 1[7]。

表 7 – 1　多种植物的 $C_{\text{OBT}}/C_{\text{HTO}}$ 和 $C_{\text{OBT}}/C_{\text{TFWT}}$

植物	$C_{\text{OBT}}/C_{\text{HTO}}$	$C_{\text{OBT}}/C_{\text{TFWT}}$
紫花苜蓿	0.78	—
大麦	0.73	—
玉米	0.64	—
草	0.19 ~ 0.31	0.52
莴苣叶子	0.41	0.68
胡萝卜根	0.25	0.46
马铃薯果实	0.43	0.72
饲料作物	0.33 ~ 0.56	—

表 7 − 1(续)

植物	C_{OBT}/C_{HTO}	C_{OBT}/C_{TFWT}
玉米	0.14 ~ 0.39	—
大麦	0.52 ~ 0.57	—
春麦	0.18 ~ 0.25	—
水果类植物	0.32 ~ 0.37	—
松针	—	0.29 ~ 2.1
水果	—	1.3 ~ 2.4
绿色蔬菜	—	1.0 ~ 1.5
精白米	—	0.57 ~ 1.3
水稻	—	0.83
马铃薯新叶子	0.30	0.70
马铃薯老叶子	0.29	0.63
马铃薯新果实	0.27	0.72 ~ 1.92

从表 7 − 1 可以看出,不同的植物,其 C_{OBT}/C_{HTO} 和 C_{OBT}/C_{TFWT} 也不同,这是由于 OBT 的形成受许多因素的影响。

1. 对于长期释放

对于气态氚的长期释放,一般采用比活度模式预测植物中 OBT 的浓度。比活度模型的基本假设是不同环境介质中 ^3H 与 ^1H 浓度的比值相同,目前的研究结果显示,比活度模型是有效的。

气态氚长期释放情况下,假设植物生长呈线性,OBT 的形成也呈线性增长,OBT 一旦形成,就会保持稳定到成熟收获,不会发生转变。据比活度理论,气态氚长期释放后,植物中 OBT 和 TFWT 的浓度相等,但在光合作用过程中 T 和 H 质量差异较大,存在同位素的甄别效应。因此,植物中 OBT 的浓度等于植物水中 TFWT 的浓度乘以甄别因子:

$$C_{OBT} = D_F C_{TFWT} \qquad (7-3)$$

式中　C_{OBT}——植物中干物质完全氧化燃烧产生的水中非交换性 OBT 的浓度,Bq/kg;

　　　D_F——同位素甄别因子;

　　　C_{TFWT}——植物中组织自由水氚的浓度。

关注植物的可食用部分,有

$$C_{P-OBT} = C_{OBT} F_D W_{eq} \qquad (7-4)$$

式中　C_{P-OBT}——植物产品中 OBT 的浓度,Bq/kg;

　　　F_D——植物产品中平均干物质部分的质量分数;

　　　W_{eq}——植物产品中干物质中水的等价因子。

研究结果显示,比活度模型和光合作用模型预测的结果相差无几。

2. 对于短期释放

气态氚短期释放后,由于植物中 OBT 的形成与成熟收获时其浓度呈动态变化过程,利用稳定状态下的比活度模型不能有效预测植物中 OBT 的状态,因此一般利用动态模型进行预测。

考虑到不同植物同位素的甄别因子 D_F 也不同,取值范围为 0. 45 ~0. 55,一般取平均值 0. 5,所以植物中 OBT 的浓度可通过下式估算[7],即

$$P_{OBT} = 0.41 D_F P_C C_{HTO} \qquad\qquad (7-5)$$

式中　P_{OBT}——通过光合作用形成的非交换 OBT 的净同化速率,$Bq/(s\cdot m^2)$;

　　　0. 41——化学计量因子;

　　　P_C——单位时间单位表面积植物中每千克 CO_2 的净同化速率;

　　　C_{HTO}——光合作用后叶片水中 HTO 的浓度,Bq/kg。

因气态氚短期释放后,OBT 随着植物的生长呈现动态变化趋势,光合速率也会变化,最终 OBT 的浓度为一个随时间和植物生长而变化的积分值。因为在植物生长发育和干物质形成过程中,涉及不同生理参数,例如叶面指数、生长发育期、叶面的气孔阻力、净光合速率、植物干物质的量等生理参数,不同的参数处理方法导致不同模型间差异较大,目前,气态氚短期释放后植物中 OBT 浓度的预测模型还在研究中,尚未达成一个共识[5]。

7. 3. 5　^{3}H 的全球循环模式

因为 ^{3}H 以 THO 的形式存在,所以可以造成全球照射。有人估计过,1 Ci/a 的释放率可造成全球的剂量当量负担为 4×10^{-4} 人·rem/a ~2.2×10^{-2} 人·rem/a(其差别在于所用模型不同)。

^{3}H 全球模式的基本假定是 ^{3}H 以 THO 方式参与水圈循环而无甄别作用。最简单的模式是单库模式,把全球可循环水作为一个库室,库室内水中 ^{3}H 浓度是均匀的,混合是瞬间完成的。单库室水量即为地表水(主要是表层海水),也有双库室、三库室的模型。这些隔室中浓度都达到平衡,每个隔室内浓度相同。当然,实际上氚浓度变化相当大,即使在平衡态,在不同水体间仍有较大差别,而且在不断变化,不会恒定不变。

至今最合理的模式是 Easterly and Jacobs(1975)提出的 7 隔室模型[8],如图 7 -1 所示。

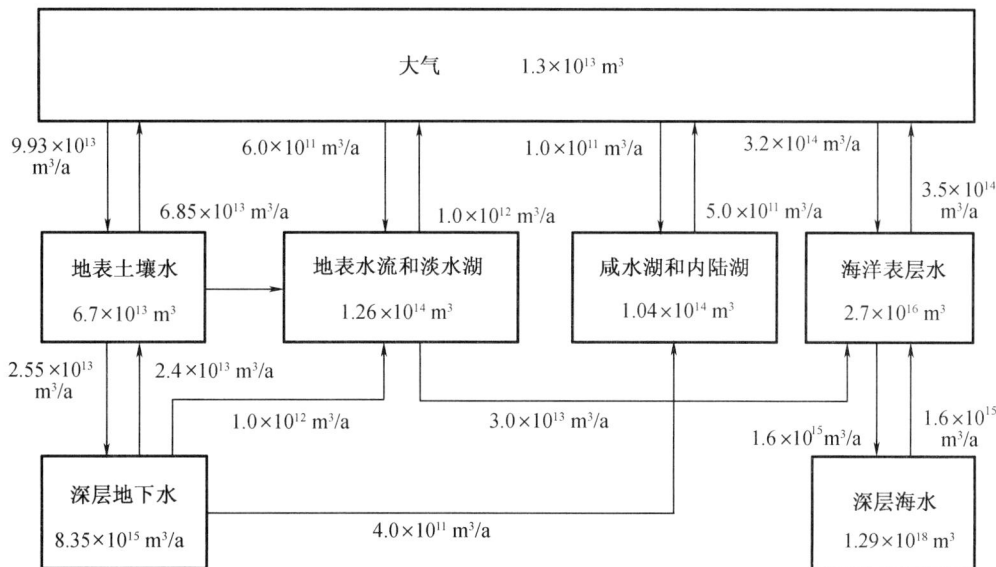

图 7 -1　全球水圈氚循环的 7 隔室模型

假设各隔室内氚浓度是均匀的,水圈水是平衡的,各隔室水收支相等,各隔室之间的输送过程中 THO 无 T 与 H 的甄别作用,在水圈内 T 以其物理半衰期减弱,由此估算 ^{3}H 对全球居民的剂量当量负担。水在各隔室中的平均持留时间($=V/F$)为:大气中 11 d,地表土壤中 200 d,淡水湖中 4.1 a,海洋表层 13.8 a,咸湖 210 a,深层地下水 330 a,深海 810 a。

估算释放到大气中的 ^{3}H 对全球的影响时,用图 7 - 1,以一阶微分方程组求出各隔室中 ^{3}H 浓度增量的变化曲线,由此求出使用各隔室水人类受到的平均剂量当量率,之后对全球人求和并积分到无穷,即

$$H_\infty = \int_{t_0}^{\infty} N(t)\dot{D}(t)\,\mathrm{d}t \qquad (7-6)$$

式中 $N(t)$——全球在 t 时刻的人数;

$\dot{D}(t)$——t 时刻平均个人剂量率,rem/a;

t_0——初始释放时刻,a。

图 7 - 2 示出在北纬 30°~50° 地区,向大气释放 1 MCi 的氚,各水隔室中随后的氚活度浓度分布[4],而

$$\dot{D}(t) = C_\mathrm{m}(t)F_\mathrm{w}D_\mathrm{RF} \qquad (7-7)$$

式中 $C_\mathrm{m}(t)$——t 时刻公众体液中氚的平均浓度,Bq/m^3;

F_w——人体组织中水所占的份额(0.75);

D_RF——剂量转换因子(Sv/a)/(Bq/m^3)。

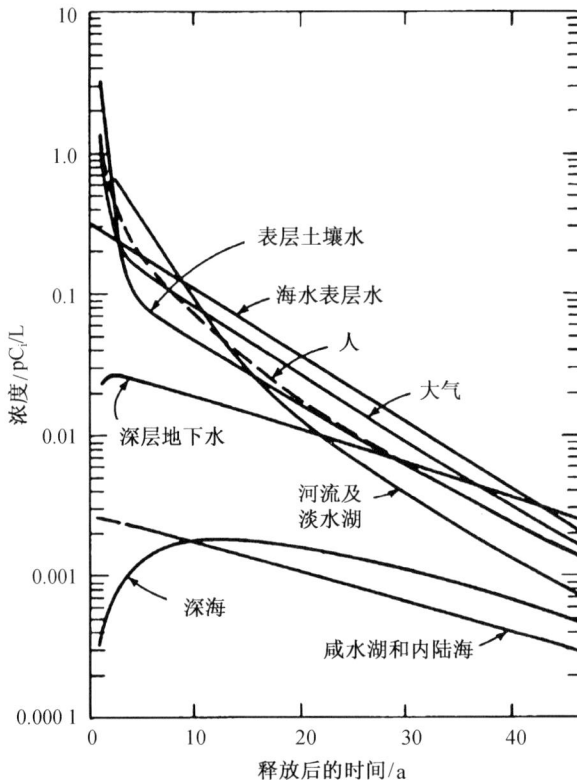

图 7 - 2   用 7 隔室模型计算的向大气释放 1 MCi 的 ^{3}H 时各水隔室中随后的浓度变化

$C_m(t)$ 的估算方法是先估算释放的氚在水循环中各隔室中的活度浓度,之后按人体对各库室水的利用带权求和,即

$$C_m(t) = \frac{0.99}{3.0}C_{air} + \frac{1.99}{3.0}C_{water} + \frac{0.02}{3.0}C_{sea} \qquad (7-8)$$

式中,第 1 项是由呼吸(0.13 L/d),通过皮肤吸收(0.09 L/d)和 50% 由食物水的吸收(0.77 L/d)之和对体液的贡献;第 2 项表示陆地水通过食品中另外 50% 的水和饮用水贡献之和(0.77 和 1.22,L/d);第 3 项是考虑由吃海产品中对体液的贡献。这里假定人每天摄入的水量为 3 L。

用 7 隔室模型计算了核工业和核武器试验及天然产生的氚的剂量负担列于表 7-2 中[9]。

表 7-2　人工和天然 ^3H 的全球剂量负担

照射介质	全球集体剂量负担/(人·rem)		
	核设施(电站 + 其他) 1975—2020 年间释放	核武器试验 1944—1975 年释放	天然 ^3H 1975—2020 年产生的
大气	6.3×10^4	4.8×10^5	9.1×10^4
深层地下水①	1.3×10^3	1.1×10^4	1.9×10^3
深水湖和河②	1.6×10^6	5.2×10^5	9.9×10^4
海洋表层	3.9×10^2	1.1×10^3	2.1×10^2
小计	1.7×10^6	1.0×10^6	1.9×10^5

注:①20% 用于饮用(即饮用水 20% 取自此水);
　　②80% 用于饮用(即饮用水 80% 取自此水)。

7.4　^{14}C

7.4.1　^{14}C 的放射防护学特性

^{14}C 为纯 β 辐射体,其放射防护学特性为

$$\overline{E}_\beta = 49.5 \text{ keV}, \quad T_{1/2} = 5730 \text{ a}$$

核爆炸产生的活化产物 ^{14}C 以 CO_2 形式存在,并参与光合作用。植物光合作用对 ^{14}C 有分馏作用。已知人体内 ^{14}C 的比活度在经过大约 1.4 a 的滞后时间与大气 CO_2 中的 ^{14}C 的比活度达到平衡。由核试验产生的 ^{14}C 总量估计为 220 pBq(1980 年止)。

天然 ^{14}C 是由宇宙射线的慢中子在高层大气中引起的 $^{14}N(n,p)^{14}C$ 反应而产生的。对生长在 19 世纪的树木的木材样品进行测量,得出生物碳中的比活度为 227 ±1 Bq/kg。大气中天然产生的 ^{14}C 的量约为 140 pBq。20 世纪以来,由于人们燃烧矿物燃料,其 CO_2 进入大气起了稀释作用,因而空气中 ^{14}C 的比活度已下降了,这就是所谓的"苏斯效应(Suess Effect)"[10]。天然 ^{14}C 的世界存量约为大气中所发现的 60 倍,即大约为 8 500 pBq,相应于产生率为 1 pBq/a。

在核反应堆中,由 $^{17}O(n,\alpha)^{14}C$,$^{14}N(n,p)^{14}C$ 和三裂变产生 ^{14}C。其产额轻水堆为

$0.22\ \text{TBq(GWa)}^{-1}$，重水堆为 $3\ \text{TBq(GWa)}^{-1}$，慢化剂中 ^{14}C 约有一半进入了大气。

7.4.2 ^{14}C 的比活度模式

经测定，地面大气中 CO_2 的含量约为 0.033%，由此可推知，碳的质量约为 $0.18\ \text{g/m}^3$。对于给定释放率，由大气输运和扩散模式可以估算出在关心点处空气中 ^{14}C 的活度浓度 χ_a，所以 ^{14}C 在空气中的比活度为

$$A_c^{\text{air}} = \chi_a / 0.18 \qquad (7-9)$$

食入 ^{14}C 的剂量为

$$D_{ig} = (D_{RF})_{ig} \sum_{n=1}^{N} (G_n/G) A_n^{\text{air}} \qquad (7-10)$$

式中　D_{ig}——由于食入 ^{14}C 对器官 i 产生的年剂量率，mrem/a；

　　　$(D_{RF})_{ig}$——i 器官对碳的剂量率因子$(\text{mrem/a})/(\text{pCi/g})$；

　　　G_n——从 n 地区的食品中摄入食物碳的年平均值，g/a；

　　　G——食物碳总的年平均摄入量，g/a；

　　　A_n^{air}——n 地区植物生长季节气载碳白天的平均比活度。

7.4.3 线性吸收与比活度模式的比较

按照 ICRP 参考人（男性成人）的生物学资料：碳的摄入量 $G = 300\ \text{g/d}$，也就是 $1.1 \times 10^5\ \text{g/a}$。

^{14}C 的吸入途径所致的剂量很小，其剂量转换因子也仅为食入剂量因子的 1%，但作为一种完整的描述，吸入剂量率可按下式计算，即

$$D_{in} = (D_{RF})_{in} A_n^{\text{air}} \qquad (7-11)$$

式中　D_{in}——吸入 ^{14}C 所致器官 i 的年剂量率，mrem/a；

　　　$(D_{RF})_{in}$——器官 i 的剂量率因子，$(\text{mrem/a})/(\text{pCi/g})$。

作为一个实例，表 7-3 列出了现在环境水平对人体的照射剂量。

表 7-3　^3H 和 ^{14}C 在组织中的浓度和产生的年吸收剂量

器官	元素浓度 /(g/kg)	^3H 的比活度 /(Bq/kg)	年吸收剂量 /(μGy/a)	元素 C 的浓度 /(g/kg)	^{14}C 的比活度 /(Bq/kg)	吸收剂量 /(μGy/a)
性腺	100	0.4	0.01	89	20(0.225)*	50
肺	99	0.4	0.01	100	23(0.23)	5.7
红骨髓	100	0.4	0.01	410	93(0.227)	24
骨表面细胞			0.01			22
甲状腺	100	0.4	0.01	230	52(0.226)	13
其余组织	105	0.4	0.01	230	52(0.226)	13

注：* 括号中值为(Bq/g)，系器官的比活度。

表 7-3 中，水中 ^3H 的浓度为 $400\ \text{Bq/m}^3$，参与组织循环 $400\ \text{Bq/m}^3 = 1.08 \times 10^{-5}\ \mu\text{Ci/L H}_2\text{O}$。它产生的剂量为 $1.05 \times 10^{-3}\ \text{Sv/a}$。$^{14}\text{C}$ 的比活度近似为 $227\ \text{Bq/kg}$。

对于 ^3H 和 ^{14}C 的剂量估算,要记住以下几个数字:

(1) 对 ^3H

① 1 $\mu Ci/L$ 水中的人体剂量约为 97 mrem/a ≈ 1 mGy/a;

　1 TU 的剂量为 3.13×10^{-4} mrem/a ≈ 3.13×10^{-6} mGy/a;

② 地球上水中天然 ^3H 为 400 Bq/m^3(相当于 3.35 TU),其剂量为 1.05×10^{-5} mGy/a。

(2) 对 ^{14}C

① 大气中 CO_2 在 20 世纪 70 年代的平均含量为 0.033%,相当于 12 g/mol × $\dfrac{330 \times 10^{-3} \ L/m^3}{22.4 \ L/mol}$ = 0.177 g/m^3 ≈ 0.18 g/m^3

② 可转移生物体中 ^{14}C 的比活度为 227 Bq/kg,取为人体值,1 Bq/kg = 1 dis/s × 49.5 keV/dis × 10^{-3} MeV/keV × 1.6×10^{-13} J/MeV × 3.15×10^7 s/a = 2.5×10^{-7} Gy/a。而 1 Bq/g 碳的剂量为 0.25 mGy/a,所以 227 Bq/kg 碳对各器官的剂量不一样,这是碳在各器官中分布不均匀造成的,含碳比例小的组织所受剂量小。227 Bq/kg 碳的有效剂量当量为

$$H_{eff} = \sum W_T H_T = 5.0 \times 0.25 + 5.7 \times 0.12 + 24 \times 0.12 + 22 \times 0.03 + $$
$$5.9 \times 0.03 + 13 \times 0.30 + 13 \times 0.15 = 11.5 \ \mu Sv/a \approx 12 \ \mu Sv/a$$

所以 1 Bq/g 碳的有效剂量为

$$H_{eff} = 50.67 (\mu Sv/a)/(Bq/g) \approx 51 (\mu Sv/a)/(Bq/g)$$

而 1 $\mu Ci/g$ 碳的有效剂量为

$$H_{eff} = 1.87 (mrem/a)/(\mu Ci/g)$$

7.4.4　^{14}C 全球循环模式

计算 ^{14}C 全球循环所致的年剂量 $\dot{D}$,可采用比活度模式:

$$\dot{D} = A \times D_{RF} \quad Sv/a \qquad\qquad (7-12)$$

式中　A——照射环境中 ^{14}C 的比活度,Bq/g;

　　　D_{RF}——给定器官的剂量率转换因子,(Sv/a)/(Bq/g)。

比活度 A 定义为

$$A = 4.46[X/(X+Y)] \qquad Ci/g \qquad\qquad (7-13)$$
$$= 165[X/(X+Y)] \qquad GBq/g \qquad\qquad (7-13a)$$

式中　X——释放出 ^{14}C 的(质量),g;

　　　Y——总的非放射性碳的质量,g;

　　　4.46 Ci/g——每克纯 ^{14}C 的比活度。

大气中,X,Y 的含量随着时间变化,需用动力学方程求解,其动力学模式见图 7 - 3,其中,Y = 非放射性碳,为 ^{12}C 和 ^{13}C,g;X 为 ^{14}C 的质量,g;$C = C(z,t)$ 为 t 时刻 Z 深度的碳浓度,g/m^3;K 为扩散系数,m^2/a。

如图 7 - 3 所示,碳循环的主要库室是大气、海洋和陆生物圈,相互间交换碳和 ^{14}C。海洋分成三层,陆生物圈分成快循环和慢循环两种成分,其平均持留时间分别为 2.2 年和 41 年。

对模型的外界输入项是:① 燃烧化石燃料产生的 CO_2 的产生率;② ^{14}C 输入本体系的源项;③ 全球居民总体数的函数(以前和将来)。

表 7 - 4 列出福勒和纳尔逊(Fowler and Nelson)等人用本模型计算的释放到大气 1 Ci

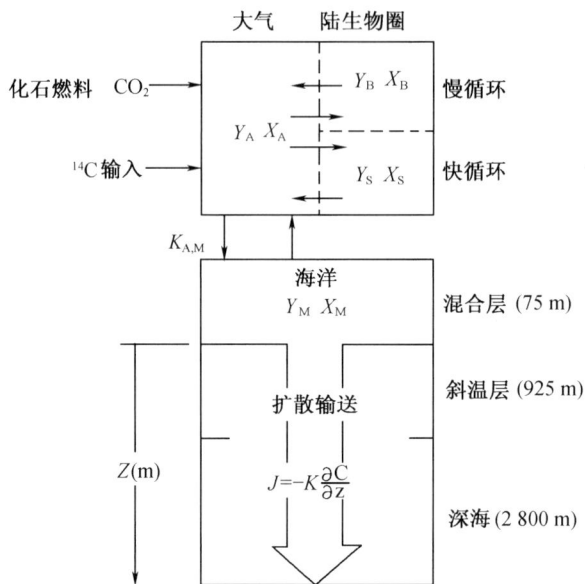

图 7-3　全球碳循环的箱式扩散模型示意图

的 ^{14}C 在 100 年间的剂量负担因子[11]。

表 7-4　^{14}C 100 年的环境剂量负担因子

释放时刻	100 年的环境剂量负担因子/(人·rem/Ci)		释放时刻	100 年的环境剂量负担因子/(人·rem/Ci)	
	全身	性腺		全身	性腺
1976	25.5	9.71	1977	25.7	9.79
1978	25.9	9.87	1979	26.2	9.98
1980	26.4	10.1	1981	26.6	10.1
1982	26.8	10.2	1983	27.1	10.3
1984	27.3	10.4	1985	27.6	10.5
1986	27.8	10.6	1987	28.0	10.7
1988	28.2	10.7	1989	28.4	10.8
1990	28.6	10.9	1991	28.8	11.0
1992	29.0	11.0	1993	29.2	11.1
1994	29.4	11.2	1995	29.5	11.2
1996	29.7	11.3	1997	29.8	11.4
1998	30.0	11.4	1999	30.1	11.5
2000	30.3	11.6			

　　由此,利用本因子和该模型算出核工业、天然源和核试验产生的群体剂量,结果列于表 7-5[12] 中。

表 7 - 5　　^{14}C 造成的全球集体剂量当量负担/人·rem

日期	核工业	核武器试验	1975—2020 年间的天然^{14}C
1975		3.4×10^7	
1990	1.8×10^6	5.3×10^7	2.8×10^6
2005	2.1×10^6	6.9×10^7	9.1×10^6
2025	4.3×10^6	9.2×10^7	2.2×10^7
2075	8.9×10^6	1.5×10^8	4.1×10^7
无限长时间	1.9×10^8	3.2×10^9	8.8×10^8

图 7 - 4 是改进的全球^{14}C 模型[13]，也是目前 UNSCEAR 采用的模型，可供参考。

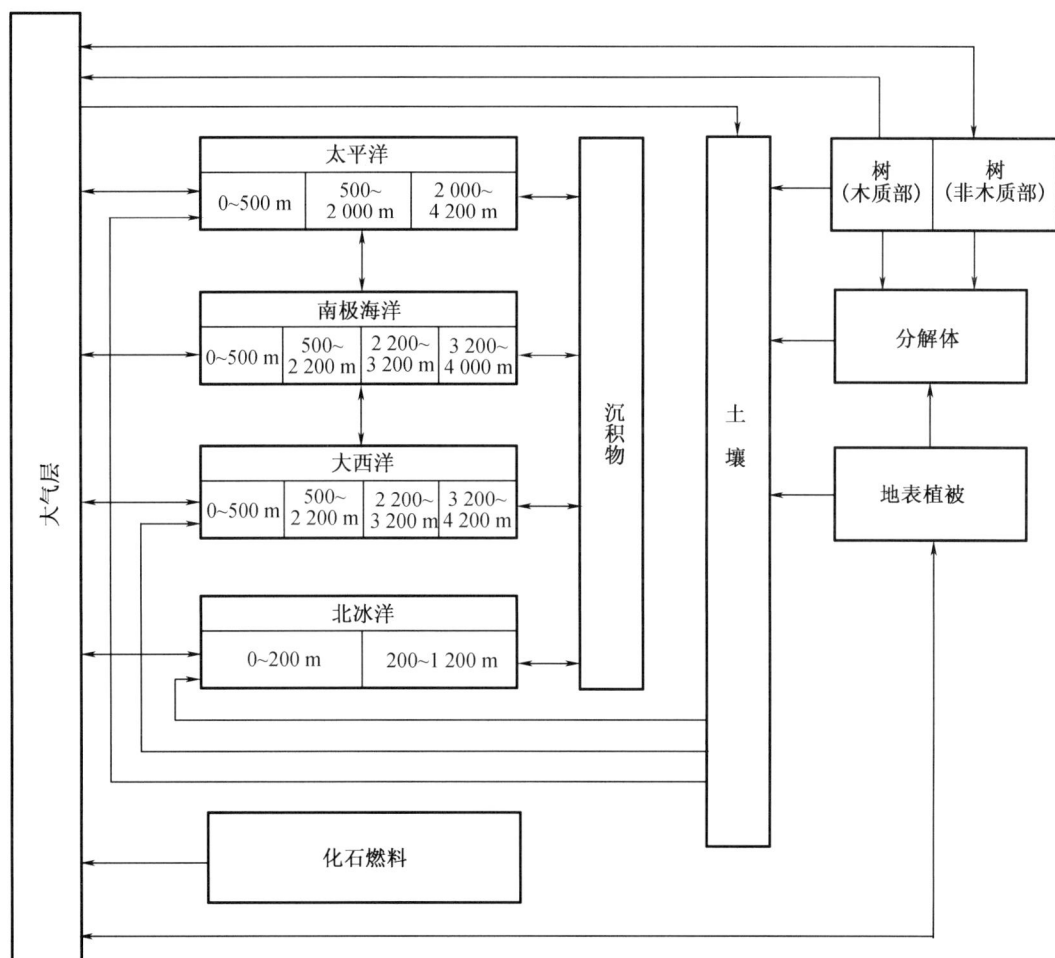

图 7 - 4　全球^{14}C 循环模型

7.5 ^{85}Kr

7.5.1 ^{85}Kr 的放射防护学特性

^{85}Kr 是氪的同位素,其半衰期为 10.756 a,最大 β 衰变能量为 687 keV,分支比为 99.57%,平均能量为 251 keV;另一个分支比为 0.43%,其最大 β 衰变能量为 173 keV,平均能量为 46.75 keV;γ 射线能量为 514 keV(0.434%)。

7.5.2 ^{85}Kr 的全球照射模式

^{85}Kr 的全球循环模式示于图 7－5。该双隔室模式假定只要 ^{85}Kr 释放入大气中北半球或南半球,它们就立即均匀混合。对流层交换速率为 0.5/a。^{85}Kr 进入大气后只按 $T_{1/2}$ 来衰变减弱[14]。

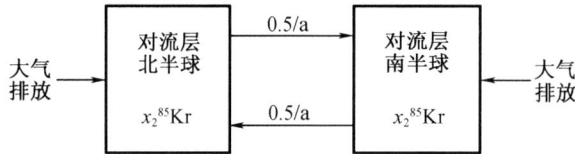

图 7－5 ^{85}Kr 的双隔室全球模式

由 ^{85}Kr 造成的照射是外照射,其剂量计算是对大气中 ^{85}Kr 的浓度积分,然后乘以剂量转换因子

$$\dot{D}_i = (D_{RF})_i (\chi_{\text{N or S}}^{85\text{Kr}}) \qquad (7-14)$$

式中 $\dot{D}$——对 i 器官的剂量率,rem/a;

  $(D_{RF})_i$——对 i 器官的剂量率因子,(rem/a)/(pCi/m^3);

  $\chi_{\text{N or S}}^{85\text{Kr}}$——北半球或南半球大气中 ^{85}Kr 的浓度,pCi/m^3。

用图 7－5 的模型求出 $\chi_{\text{N or S}}^{85\text{Kr}}$(按照释放情景计算),然后计算群体剂量负担:

$$H(t_0, t_1) = \int_{t_0}^{t_1} N(t) \cdot \dot{D}(t) \cdot dt \qquad (7-15)$$

式中 $N(t)$——北半球或南半球人口增长或减弱的情况,人;

  $\dot{D}(t)$——平均每人在时刻 t 的剂量率。

图 7－5 的模式是简化的。实际上可能存在着明显的纬度差别,因为主要排放源是在北纬 35°~45°之间。如果要考虑这种变化,则需进一步增加隔室。

7.6 ^{129}I

7.6.1 ^{129}I的辐射特性与在环境中的转移行为

放射性碘同位素中寿命最长的是^{129}I,半衰期为1.6×10^7 a。因此,像其稳定同位素^{127}I一样,经长时间后^{129}I分布于全球环境。无论释入大气环境还是水环境,^{129}I最终一般在短于半衰期的时期内进入海洋。由于微生物的作用,由海洋进入大气的碘是有机碘形态(绝大多数是甲基碘),阳光把这些有机碘又分解成无机碘化合物,这些有机碘和无机碘通过干、湿沉降过程进入陆生环境。无机碘沉积在植被的速率比有机碘高约两个数量级。

人们主要通过食入和吸入^{129}I途径而受到照射。碘主要蓄积在甲状腺,但^{129}I的比活度较低,约为6.55 mBq/g,因此在甲状腺中^{129}I的活度不会很高。

天然产生的^{129}I量是非常少的,多数是人工产生的。从核设施会释放一些^{129}I进入大气环境,大气层核试验也释放了少量的^{129}I。

7.6.2 ^{129}I的全球照射模式

考切尔(Kocher)于1979年提出了评价^{129}I对全球居民剂量的9隔室模式(见图7 - 6)[15]。

^{129}I在大气中的平均持留时间约为15 d。因此,由点源释放到大气中的^{129}I可能在全球混合前就已转移到陆地或海洋,对于这种局地性的^{129}I的分布进入全球循环可能需要几千年。

在全球循环的放射性核素中,^{129}I是最难模拟的,一方面其半衰期长(1.6×10^7 a),另一方面其比活度低,释放到大气中的源项也低。

因此,想做^{129}I的全球模式推论具有相当的难度。在做代价利益分析时应重点放在区域性(当地区)尺度范围上。

Kocher用他的模型估算了释放1 Ci的^{129}I进入陆地大气后对世界群体造成的剂量。结果示于表7 - 6中。

表 7 - 6 向陆地大气释放 1 Ci 的^{129}I对全球居民甲状腺的剂量

释放后的时刻/d	剂量/(人·rem)	释放后的时刻/d	剂量/(人·rem)
10^1	2.2×10^3	10^2	3.1×10^3
10^3	1.4×10^4	10^4	5.5×10^4
10^5	6.8×10^4	10^6	1.0×10^5
10^7	1.6×10^5	无限长	2.8×10^5

全球模式的使用,有几点要注意:

(1)积分时间选多长,^{3}H与^{14}C都有人选8个$T_{1/2}$(分别取100 a和46 000 a),^{129}I选

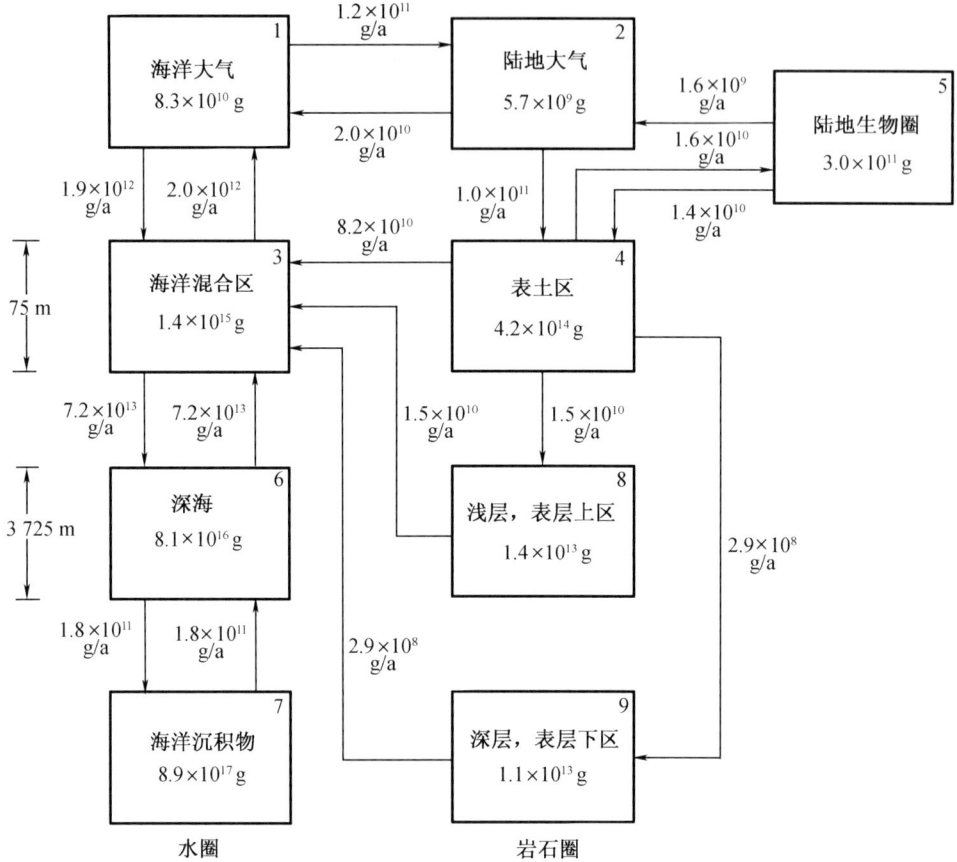

图 7-6 全球^{129}I 循环隔室模型

1 万年。这样计算出的剂量值很大,但授予时间长,与天然照射相比其影响甚小。

（2）估计其全球剂量是现在常用的指标,但如用其年剂量率来比较其危害也是可以考虑的,因为这是现实的危害。

（3）全球模型不确定度大,一方面是由隔室尺度带来的,另一方面源项也有很大的不确定性。

7.7 ^{222}Rn

7.7.1 ^{222}Rn 的放射防护学特征

通常说的氡是指^{222}Rn,它来源于天然放射性核素铀系中^{226}Ra 的衰变。

^{222}Rn 经 α 辐射衰变到^{218}Po,半衰期为 3.824 d；^{214}Po 衰变到^{210}Pb,后者的半衰期为 23.3 a,再衰变到^{210}Po,其半衰期为 138 d；并最终衰变到稳定的^{206}Pb。^{222}Rn 的子体中从^{218}Po 到^{214}Po 半衰期较短,为短寿命子体,其后为长寿命子体。

^{222}Rn 的短寿命衰变产物为^{218}Po(RaA),^{214}Bi(RaC),^{214}Pb(RaB)和^{214}Po(RaC″),具体见图 7 − 7。

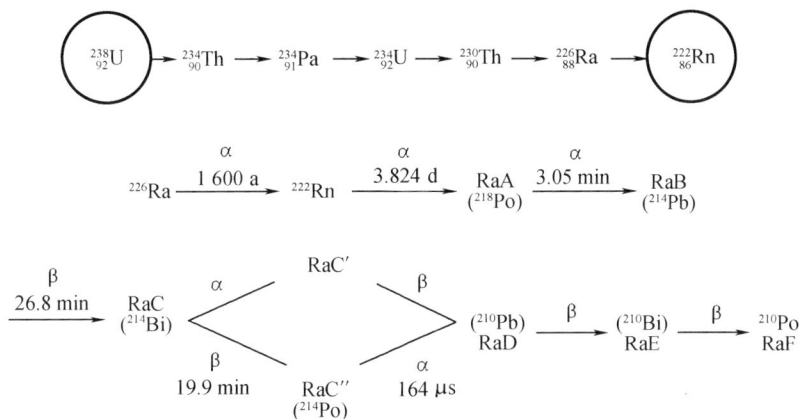

图 7 − 7　^{222}Rn 及其子体产物的衰变链

^{222}Rn 新产生的子体,特别是^{218}Po,最初处于未结合态,很快与空气中气溶胶粒子结合成结合态,而未结合态子体具有更高的沉积效率。

氡是不活泼的惰性气体,由于其母体^{226}Ra 可存在于所有天然物质里,所以氡就从岩石、土壤、水及建筑物表面释放到空气中,经呼吸吸入后分布全身,很快与环境中的氡达到平衡,离开含氡环境后很快经肺排出。

由于氡不活泼,所以吸入的氡在体组织内不发生化学结合,加之氡在体组织内的溶解度很低,因此吸入氡的辐射照射与非气态的放射性核素(^{222}Rn 的短寿命子体)相比相对较小。相反,吸入的氡子体则沉积在呼吸道内,由于它们的放射性半衰期很短,所以吸入含氡气体对人体的风险主要不是来自氡,而是来自氡的短寿命子体对呼吸道的照射。

因此评价 Rn 的危害时采用 Rn 的等效平衡浓度 C_{eq}。下面给出 Rn 评价时使用的一些物理量及单位。

7.7.2　α 潜能

氡子体完全衰变为^{210}Pb(RaD)时所放出的 α 粒子能量的总和,称为 Rn 子体的 α 潜能。大气中氡子体浓度除用 Bq·m^{-3} 表示外,还常用氡子体 α 潜能浓度(Potential Alpha Energy Concentration,PAEC)E_α 表示:

$$E_\alpha \equiv \sum \frac{A_i}{\lambda_i}\overline{E}_i \qquad (7-16)$$

式中　E_α——α 潜能浓度,MeV/L;

　　　A_i——单位体积空气中 i 子体的活度,Bq/L;

　　　λ_i—— i 子体的衰变常数,1/s;

　　　$\overline{E}_i$—— i 子体每次衰变释放的 α 粒子平均能量,MeV。

7.7.3　工作水平

在某些工作场所，α 潜能浓度通常用工作水平(WL)来表示。一个工作水平是每升空气中任意组成的氡短寿命子体衰变时释放出 1.3×10^5 MeV 的 α 潜能值，即

$$1 \text{ WL} = 1.3 \times 10^5 \text{ MeV/L} = 2.1 \times 10^5 \text{ J/m}^3$$

7.7.4　曝露量

曝露量定义为 α 潜能浓度对时间的积分，常用单位称为工作水平月，其简写为 WLM，是氡子体的照射量单位，即

$$1 \text{ WLM} = 3.54 \text{ mJ} \cdot \text{h/m}^3 = 170 \text{ WL} \cdot \text{h}$$

7.7.5　平衡因子

平衡因子 F 表征氡与子体之间的放射平衡关系，即

$$F \equiv \frac{C_{eq}}{C_{Rn}} \tag{7-17}$$

$$C_{eq} = 0.105C_1 + 0.515C_2 + 0.380C_3 \tag{7-18}$$

式中　C_{Rn}——氡浓度；

　　　C_{eq}——氡与子体平衡时的浓度；

　　　F——氡与子体的平衡因子，取值为 0.4；

　　　C_1——RaA 的浓度；

　　　C_2——RaB 的浓度；

　　　C_3——RaC 的浓度。

为便于应用，表 7－7 列出了《电离辐射防护与辐射源安全基本标准》(GB 18871—2002)中氡和氡子体单位的换算系数[16]。

表 7－7　氡和氡子体单位的换算系数

量	单位	值
氡子体转换	$(\text{mJ} \cdot \text{h} \cdot \text{m}^{-3})/\text{WLM}$	3.54
氡子体/氡照射量转换	$(\text{mJ} \cdot \text{h} \cdot \text{m}^{-3})/(\text{Bq} \cdot \text{h} \cdot \text{m}^{-3})$	2.22×10^{-6}
(平衡因子 0.4)	$\text{WLM}/(\text{Bq} \cdot \text{h} \cdot \text{m}^{-3})$	6.28×10^{-7}
单位氡浓度的氡子体年照射量[①]：		
在住宅中	$(\text{mJ} \cdot \text{h} \cdot \text{m}^{-3})/(\text{Bq} \cdot \text{m}^{-3})$	1.56×10^{-2}
在工作场所	$(\text{mJ} \cdot \text{h} \cdot \text{m}^{-3})/(\text{Bq} \cdot \text{m}^{-3})$	4.45×10^{-3}
在住宅中	$\text{WLM}/(\text{Bq} \cdot \text{m}^{-3})$	4.40×10^{-3}
在工作场所	$\text{WLM}/(\text{Bq} \cdot \text{m}^{-3})$	1.26×10^{-3}
剂量转换惯例，单位氡子体照射量的有效剂量：		
在住宅中	$\text{mSv}/(\text{mJ} \cdot \text{h} \cdot \text{m}^{-3})$	1.1

表 7 −7（续）

量	单位	值
氡子体转换	$(mJ \cdot h \cdot m^{-3})/WLM$	3.54
在工作场所	$mSv/(mJ \cdot h \cdot m^{-3})$	1.4
剂量转换惯例，单位氡子体照射量的有效剂量：		
在住宅中	mSv/WLM	4
在工作场所	mSv/WLM	5
氡子体/氡浓度转换：		
平衡因子 $F = 0.4$	$WL/(Bq \cdot m^{-3})$	1.07×10^{-4}
一般情况下	$WL/(Bq \cdot m^{-3})$	2.67×10^{-4}

注：①假设每年在住宅中 7 000 h 或每年在工作场所 2 000 h，平衡因子为 0.4。

7.7.6　剂量限值与危险度评估

在国家标准 GB 18871—2002 中，工作人员年有效剂量为 20 mSv/a（五年平均），任何一年的有效剂量不超过 50 mSv。表 7 − 8 给出了氡子体的摄入量及照射量限值[16]。

表 7 − 8　氡子体的摄入量及照射量限值

量	单位	氡子体值
5 年以上的年平均值		
α 潜能摄入量	J	0.017
α 潜能照射量	$J \cdot h \cdot m^{-3}$	0.014
	WLM	4.0
单年份内的最大值		
α 潜能摄入量	J	0.042
α 潜能照射量	$J \cdot h \cdot m^{-3}$	0.035
	WLM	10.0

对于氡子体的照射，如果利用的转换系数为 1.4 $mSv/(mJ \cdot h \cdot m^{-3})$，则上述标准的剂量限值可解释为：20 mSv 相当于 14 mJ·h/m³（4 个工作水平月）；50 mSv 相当于 35 mJ·h/m³（10 个工作水平月）。

对于氡子体的照射，如果利用表 7 − 8 和表 7 − 7 中所规定的相应限值，则年摄入量可用 α 潜能摄入量来表示，或者用 α 潜能照射量（常用 WLM 表示）来替代。

7.8 习 题

1. 已知氚的气载排放量为 3.7×10^{15} Bq/a,其形态为 ^3HOH,排放点下风向 7 241 m 处的大气弥散因子为 3.1×10^{-8} s/m^3,位于该处的个人从未受污染的水源取饮用水,所有食入产品来自该处周围的农田,该地区湿度约为 10.7 g/m^3。试按 NCRP 修订模式计算该个人所受的年剂量。

2. 同上,估算一个持续 24 h 的短期意外大气排放 3.7×10^{17} Bq(^3H)所致该处个人剂量的上限,并解释为什么这是个剂量上限值,采取什么防护措施可以减少这种情况的照射。

3. 假定某人 25% 的食品是产自本地(空气浓度为 5.92 Bq/m^3),25% 的食品产自空气浓度为 8.51×10^{-2} Bq/m^3 的地区,50% 的食品产自空气浓度为 19.2 Bq/m^3 的地区,上述三个地区的空气湿度(含水量)分别为 3,6 和 12 g/m^3。所有饮用水均来自浓度为 1.3 Bq/mL 的地下水井。试计算该人员长期照射的剂量率。

4. 试计算个人受到连续释放 $^{14}CO_2$ 约为 8.88×10^{10} Bq/a 的剂量率。假定大气弥散因子为 5.3×10^{-7} s/m^3,50% 的食品产自该个人附近,50% 产自大气弥散因子为 1.1×10^{-8} s/m^3 的稍远处。

5. 试解释 ^{14}C 排放全球循化剂量估算中的"苏斯效应"。

6. 为评价特殊核素的全球循环所致的剂量负担,是否需要建立 ^3H,^{14}C,^{85}Kr 和 ^{129}I 排放的国际准则,请解释。

参 考 文 献

[1] Evans A G. New Dose Estimates from Chronic Tritium Exposures[J]. Health Phys. 1969,16:57 – 63.

[2] 美国国家辐射防护与测量委员会. NCRP 第 76 号报告,辐射评价:预估释放到环境中的放射性核素的迁移、生物浓集和人体吸收. 陈竹舟,李传琛,译,王恒德,校. 国外辐射防护规程汇编第八册,环境剂量计算模式(上)[K]. 国务院环境保护委员会办公室,1984.

[3] International Commission on Radiological Protection (ICRP). Report of the Task Group on Reference Man[M]. ICRP Publication 23,Pergamon Press,Oxford,1975.

[4] National Council on Radiation Protection and Measurements (NCRP). Tritium in the Environment[R],NCRP Report No. 62,Washington,D. C. ,1979.

[5] 申慧芳,钱渊,杜林,等. 核设施氚气态释放后植物中有机氚的研究进展[J]. 原子能科学技术,2014,48(10):1766 – 1774.

[6] Kim S B,Korolevych V. Quanlification of Exchangeable and Non-exchangeable Organically Bound Tritium (OBT) in Vegetation[J]. Journal of Environmental Radioactivity,2013,118:9 – 14.

[7] Koyer C,Vichot L,Fromm M. Tritium in Plants:A Review of Current knowledge[J]. Environmental and Experimental Botany,2009,67(1):34 – 51.

[8] Easterly C E, Jacobs D G. Tritium Release Strategy for a Global System[C]. Proceedings of an International Conference on Radiation Effects and Tritium Technology for Fusion Reactors. Wiffen, CONF - 750989, US Energy Research and Development Administration, Washington, D. C. 1975.

[9] Till J E. Tritium—An Analysis of Key Environmental and Dosimetric Questions[R], ORNL/TM - 6990, Oak Ridge National Laboratory, Oak Ridge, Tenn. 1980.

[10] Suess H E. Radiation Concentration in Modern Wood[J]. Science, 1955, 122(3166):414 - 417.

[11] Fowler T W, Nelson C B. Health Impact Assessment of Carbon-14 Emissions from Normal Operations of Uranium Fuel Cycle Facilities [R]. EPA - 520/5 - 80 - 004, U. S. Environmental Protection Agency, Washington, D. C. 1979.

[12] Killough G G, Till J E. Scenarios of ^{14}C Releases from the World Nuclear Power Industry from 1975 to 2020 and Estimated Radiological Impact[J]. Nucl. Saf. 1978, 19(5):602 - 17.

[13] Titley J G, T Cabianca, G Lawson. Improved Global Dispersion Models for Iodine-129 and Carbon-14[J]. EUR 15880 EN, 1995.

[14] Commission of the European Communities. Methodology for Evaluating the Radiological Consequences of Radioactive Effluents Released in Normal Operations[C]. V/3865/79 - EN, FR, Brussels. Reprinted with Permission. 1979.

[15] Kocher D C. A Dynamic Model of the Global Iodine Cycle and Estimation of Dose to the World Population from Releases of Iodine-129 to the Environment[R]. ORNL/NUREG - 59, 1979.

[16] 国家质量监督检验检疫总局. 电离辐射防护与辐射源安全基本标准[S]. GB 18871—2002.

第8章 内照射剂量计算方法

8.1 概　　述

进入人体内的放射性核素对人体的照射称为内照射。内照射剂量通常是测不到的,一般根据核素在人体内的代谢模式来计算。

1951 年,Morgan 提出单室模型,并首先计算了一些核素在体内的最大允许载积量(Maximum Permissible Body Burden,MPBB)和在水和空气中的最大允许浓度(Maximum Permissible Concentration,MPC)。1959 年国际放射防护委员会(ICRP)第 2 号出版物按单室模型计算了 200 种核素空气中的 MPC 和水中的 MPC 以及 MPBB[1]。虽然该报告中反复强调要正确理解这些次级量的意义,但在实践中常常被误用,例如在评价内照射危害时单纯以 MPBB 作为基准。实际上,MPBB 的定义是相应的年剂量率为最大年允许剂量。显然,对于短有效半减期的核素和长有效半减期的核素,当体内载积量都达不到 MPBB 时,它们相应的待积剂量当量(约定剂量当量)是不同的。如对^{239}Pu 和^{131}I,在连续摄入情况下,同是 1 个 MPBB,前者产生的待积剂量当量大约为后者的 1/2,而在单次摄入情况下,前者的待积剂量当量则为后者的 1 000 倍! 因此,MPBB 这个次级量只是为了便于控制与管理而制定的量。同样,这一论证也适用于以 MPBB 为基础而推算出来的 MPC。

1977 年 ICRP 第 26 号出版物问世,提出有效剂量当量的概念。1979—1982 年 ICRP 第 30 号出版物各部分陆续发行,它采用多隔室代谢模型计算了放射性核素的年摄入量限值(Annual Limit of Intake,ALI)和导出空气浓度(Derived Air Concentration,DAC),给出了 736 个核素的相应值[2]。

内照射计算考虑的主要因素包括:①各种核素呈现的化学形态;②核素的相对丰度;③在气溶胶或超细粉末中的核素特征;④气溶胶粒子的动力学行为,包括吸入和在呼吸道各部分的沉积;⑤粒子在呼吸道内以及进入淋巴系统和胃肠道的运动;⑥被吸收的核素进入血液;⑦核素在器官和组织之间的分布;⑧核素在体内的滞留。也必须考虑核素的半衰期、辐射类型和能量。此外,一个器官受到沉积在它上的核素的照射,也会受到邻近器官的 γ 辐射照射,这称之为"交叉照射"(Cross Fire)。这种情景将涉及更复杂的几何问题。

8.2 参　考　人

在辐射防护早期计算中,为了在共同的生物学基础上进行计算,规定了一种假想的成年人模型,其解剖与生理特性具有典型性,这种人称为参考人(Reference Man)。

实际上,在"参考人"这个术语出现之前,已经沿用了 30 多年的概念是"标准人"("Standard Man")。早期的保健物理学家比较分析了来自吸入和食入放射性物质的剂量计算,以及空气、水中最大容许水平的计算,发现辐射防护基本标准的一致性不好,其原因主要在于剂量计算中某些生物学资料采用了不同的值,于是建议采用一个"标准人"。该标准人是个测试性的个人,用于核查各种照射景象的假定和比较所估算的剂量。

第一个标准人是由 NCRP(National Council on Radiation Protection and Measurements)建立的,主要针对成人规定了某些重要器官和组织的质量,空气、水和某些元素的摄入量,以及排泄数据[3]。最完整的标准人的描述已作为 ICRP 第 2 号出版物的一部分[1]。

1963 年 ICRP 第 2 委员会提出建立一个工作组,通过修订和扩展标准人的概念,为评价所有人群组的照射提供一个更恰当的基础。后来,ICRP 建议将"标准人"更名为"参考人"。

1975 年 ICRP 出版了第 23 号出版物——《参考人工作组报告》。该参考人报告由 3 部分组成,规定了参考人解剖学上的值,打破了一般的器官系统(如心血管系统和消化道系统),讨论了组成该系统的单个器官和腺体;给出了参考人的基本内容;描述了生理学数据,包括参考人体内元素的日平衡量。在该报告的附件中给出了计算的光子吸收份额,包括位于 16 个不同器官中的 12 种单能光子源(0.01 ~4.0 MeV)的资料[4]。表 8 – 1 列出了源器官和靶器官的质量。

2002 年,ICRP 发表了第 89 号出版物——《用于放射防护的基本解剖和生理数据:参考值》,该报告继承了原来的 ICRP 第 23 号出版物为剂量学分析和评价的质量支持所作的努力,旨在提供辐射防护剂量计算用的解剖和生理参数参考值,其应用涉及电离辐射内照射或外照射。该报告的一个重要新特色是提供了两性六个年龄(新生儿、1 岁、5 岁、10 岁、15 岁和成人)的参考值[5]。这些参考值便于受照射人口所有成员的剂量计算,也为构建这些年龄的人体数学体模提供了所需的资料。尽管新参考值基本上是依据西欧和北美人的资料,但与一些亚洲国家已有的类似可用资料进行了广泛的比较,从而使该报告获得更大的国际关注和价值。

表 8 – 1　源器官、靶器官及其质量

源器官	质量/g	靶器官	质量/g
肾上腺	14	肾上腺	14
膀胱内容物	200	膀胱壁	45
胃内容物	250	胃壁	150
小肠内容物	400	小肠壁	640
上段大肠内容物	220	上段大肠壁	210
下段大肠内容物	135	下段大肠壁	160
肾	310	肾	310
肝	1 800	肝	1 800
肺	1 000	肺	1 000
肌肉	28 000	肌肉	2 800
卵巢	11	卵巢	11
胰腺	100	胰腺	100
皮质骨	4 000	骨表面	120

表 8 - 1（续）

源器官	质量/g	靶器官	质量/g
小梁骨	1 000	子宫	80
红骨髓	1 500	红骨髓	1 500
皮肤	2 600	皮肤	2 600
脾	180	脾	180
睾丸	35	睾丸	35
甲状腺	20	甲状腺	20
全身	70 000	胸腺	20

从这时起,参考人的概念进一步拓展,定义为用平均参考男人和参考女人的相应剂量计算器官或组织剂量当量的典型人。参考人的剂量当量用于计算有效剂量,参考人剂量当量乘以相应的组织权重因数等于有效剂量(见图 8 - 1)[6]。

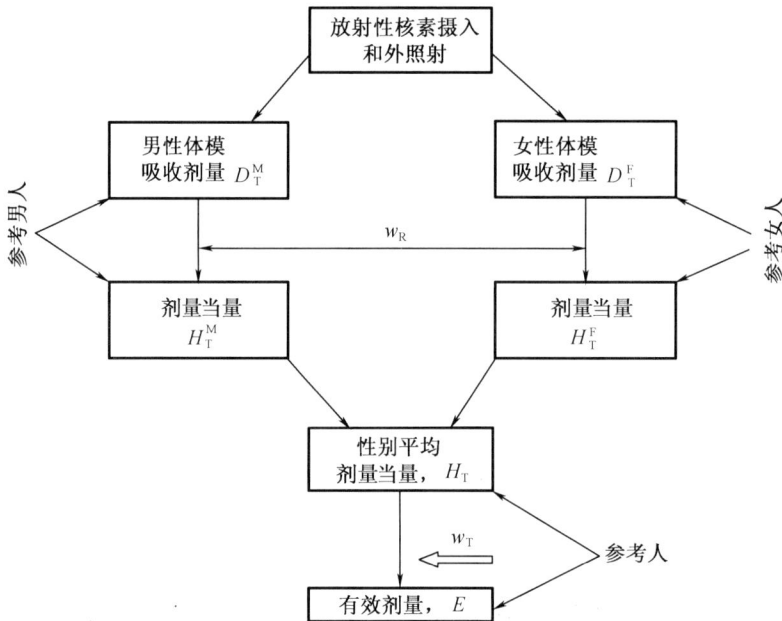

图 8 - 1　针对参考人的有效剂量

8.3　放射性核素进入人体的途径、摄入和代谢

8.3.1　进入人体的途径

放射性核素可以经由吸入、食入或通过皮肤吸收及伤口等途径进入体内。

吸入时沿呼吸道的沉积与放射性气溶胶的化学性质、放射性活度中值空气动力学直径

(Activity Median Aerodynamic Diameter, AMAD)有关。沉积在各个库室的核素, 有的进入体液参与体内循环, 然后转移到其他组织或排出体外。有的进入淋巴结, 难溶性化合物则就地滞留。还有一部分由于黏液 - 纤毛运动而转移至消化道。

食入时, 主要在小肠中被吸收至体液, 若是难溶的, 则大部分通过胃肠道随粪便排出。

通过完好的皮肤进入人体的途径, 只对少数核素, 如液态的 T_2O 或气态的 HTO, 碘气、碘溶液和碘化物溶液。当皮肤破损, 放射性物质可通过伤口穿透到皮下组织, 然后被吸收进入体液。

8.3.2　摄入方式

摄入方式分连续摄入、单次摄入和短期内多次摄入。其中连续摄入又可分为恒定速率摄入和递减速率摄入, 前者对应于平均工作和生活条件, 后者对应于事故(伤口经治疗, 使吸收速率下降)吸收。而单次摄入则是由于事故短期内(几小时)进入体内。这几种摄入方法对应的体内含量如图 8 - 2 所示。

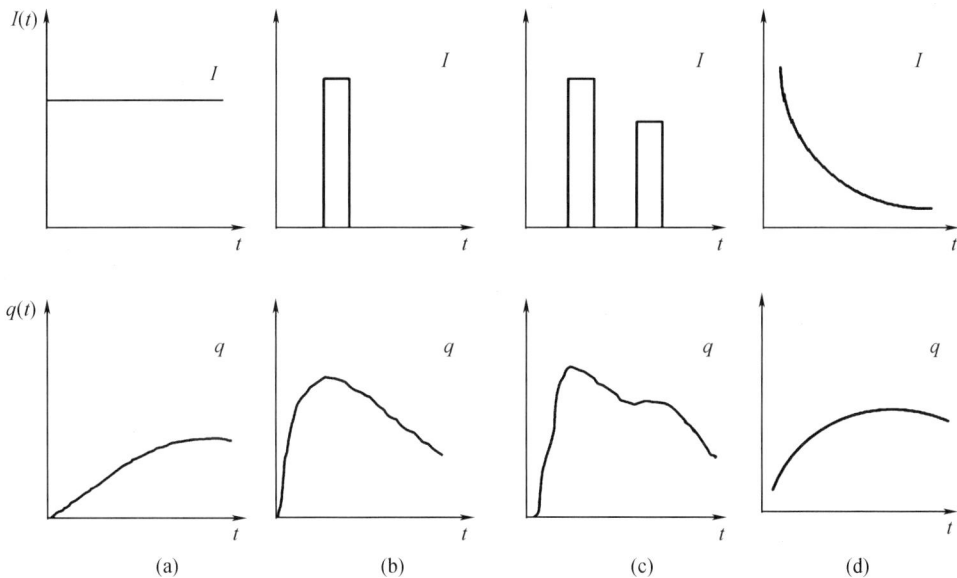

图 8 - 2　各种摄入方式时的器官含量
(a)恒定速率摄入;(b)单次摄入;(c)短期内多次摄入;(d)递减速率摄入

8.3.3　代谢

代谢包括吸收、沉积、转移和排出。大部分核素主要通过尿与粪便排出体外, 因此可以从排泄物中的放射性核素含量来推算其摄入量和体内沉积量, 从而算出内照射剂量。

图 8 - 3 给出体内放射性核素动力学行为的隔室(库室)模型。除碱土元素外, 元素从任何一个隔室中的减少与该隔室的含量成正比(dN/N), 即这种减少服从指数规律。隔室

的划分主要依据放射性核素在隔室中的生物学行为,例如体液就被划分为一个隔室(转移隔室)。

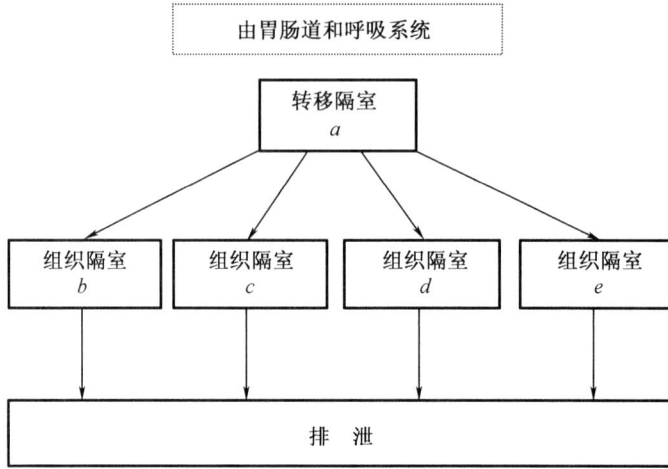

图 8 - 3　描述放射性核素在体内动力学行为的隔室模型

由图 8 - 3 可列出各隔室中放射性核素含量的运动方程:

对转移隔室 a,有

$$\frac{\mathrm{d}}{\mathrm{d}t}q_a(t) = I(t) - \lambda_a q_a(t) - \lambda_r q_a(t)$$

对隔室 b,c 等,有

$$\frac{\mathrm{d}}{\mathrm{d}t}q_i(t) = b_i \lambda_a q_a(t) - \lambda_i q_i(t) - \lambda_r q_i(t)$$

$(8-1)$

式中　b_i——该元素由体液向隔室 i 转移的份数;

　　　λ_i——元素从 i 隔室廓清的速率;

　　　λ_r——放射性衰减常数;

　　　q——隔室中的含量;

　　　I——由吸入或食入放射性核素后 t 时刻进入体液的速率。

8.4　比有效能量、源器官 50 年核变化数 U_c、待积剂量当量 H

8.4.1　比有效能量 SEE

对于任何一种放射性核素 j,源器官 S 中放射性核素的每次核变化在靶器官 T 中沉积的比有效能量 $E_{\mathrm{SE}}(T \leftarrow S)_j$ 由下式给出:

$$E_{\mathrm{SE}}(T \leftarrow S)_j = \sum_i \frac{Y_i E_i A(T \leftarrow S)_i Q_i}{M_T}$$

$(8-2)$

式中　Y_i——放射性核素 j 的每个核变化中发射 j 类型辐射的产额；

　　　E_i——第 i 类型辐射的平均能量，MeV；

　　　$A(T \leftarrow S)_i$——源器官 S 中每发射一次 i 类型辐射被靶器官 T 吸收的能量的份额；

　　　Q_i——i 类型辐射的品质因数；

　　　M_T——靶器官的质量，g。

8.4.2　年期间源器官中的核变化数 U_c

由于待积剂量当量的积分时间间隔为 50 年，所以

$$U_c = \int_0^{50} R(t)\,\mathrm{d}t \tag{8-3}$$

式中，$R(t)$ 为放射性核素在源器官 S 中的滞留方程。

8.4.3　待积剂量当量 H_{50}

人体单次摄入放射性核素后，某一器官在尔后 50 年内将要累积的剂量当量称为待积剂量当量 H_{50}，即

$$H_{50} = \int_{t_0}^{t_0+50} \dot{H}(t)\,\mathrm{d}t \tag{8-4}$$

式中　$\dot{H}(t)$——剂量当量率；

　　　t_0——摄入时刻。

源器官 S 中的放射性核素 j 的第 i 类辐射在靶器官 T 中所产生的待积剂量当量 $H_{50}(T \leftarrow S)_i$ 是以下两个因素的乘积：

①摄入以后的 50 年内，放射性核素 j 在源器官 S 中的核变化数，即 U_s；

②在源器官 S 中，放射性核素 j 的每次变化发出的 i 类型辐射被每克靶组织 T 所吸收并用品质因数适当修正的能量，即比有效能量 E_{SE}。

因此，对于放射性核素 j 的某一辐射类型 i，有

$$H_{50}(T \leftarrow S)_i = 1.6 \times 10^{-13} \times U_s \times E_{SE}(T \leftarrow S)_i \times 10^3 \quad (\mathrm{Sv}) \tag{8-5}$$

式中，1.6×10^{-13} 为 1 MeV 的焦耳数；10^3 是 g^{-1} 到 kg^{-1} 的换算系数。所以

$$H_{50}(T \leftarrow S)_i = 1.6 \times 10^{-10} U_s E_{SE}(T \leftarrow S)_i \quad (\mathrm{Sv}) \tag{8-6}$$

对于放射性核素 j 放的所有类型的辐射，有

$$H_{50}(T \leftarrow S)_j = 1.6 \times 10^{-10} \left[U_s \sum_j E_{SE}(T \leftarrow S)_i \right]_j \tag{8-7}$$

当摄入放射性核素混合物时（包括子体），源器官 S 中的放射性对靶器官 T 产生的 H_{50} 为

$$\sum_j H_{50}(T \leftarrow S)_j = 1.6 \times 10^{-10} \sum_j \left[U_s \sum_i E_{SE}(T \leftarrow S)_i \right]_j \tag{8-8}$$

而任一靶器官 T 受到来自几个不同源器官 S 的辐射所照射，这时靶器官 T 中总的 H_{50} 为

$$H_{50T} = 1.6 \times 10^{-10} \sum_S \sum_j \left[U_s \sum_i E_{SE}(T \leftarrow S)_i \right]_j \quad (\mathrm{Sv}) \tag{8-9}$$

在 ICRP 第 30 号出版物中，给出了吸入或食入任意一种单位核素后的 U_c，$H_{50}(T \leftarrow S)$ 和 H_{50T} 的值，故所求剂量如下：

①对随机性效应

$$H_0 = I \sum_T W_T (H_{50T} / \text{单位摄入量}) \qquad (8-10)$$

式中，W_T 是组织或器官 T 的组织权重因数。

②对非随机性效应

$$H_T = I \cdot H_{50T} / \text{单位摄入量} \qquad (8-11)$$

式中，I 为摄入量。

8.4.4 年摄入量限值 I_{AL}

年摄入量限值（I_{AL}）是参考人在一年时间内摄入体内的某种给定放射性核素的量，其所产生的待积剂量等于相应的限值，用活度的单位表示。

I_{AL} 是次级限值，用以限制因摄入放射性核素而引起的内照射。

ICRP 在第 30 号出版物中给出了各种放射性核素的 I_{AL} 值，但这些值的导出采用的剂量限值为：有效剂量当量为 50 mSv。对眼晶体的待积剂量为 150 mSv，对在任一组织或器官中产生的待积剂量当量为 500 mSv。

按照《电离辐射防护与辐射源安全基本标准》（GB 18871—2002）规定的公众照射和职业照射的剂量限值，以及给定的食入和吸入单位摄入量所致的待积有效剂量，可由下式导出 I_{AL}[7]：

$$I_{ALj} = D_L / e_j \qquad (8-12)$$

式中 D_L——相应的有效剂量的年剂量限值；

e_j——放射性核素 j 的单位摄入量所致的待积有效剂量的相应值。

8.5 呼吸系统的剂量学模型（肺模型）

放射性气溶胶被吸入呼吸道后在不同部位的沉积与气溶胶分散度、粒子密度和化学性质等因素有关。图 8-4 给出 ICRP 的呼吸系统的廓清模型。该模型将呼吸系统分为三个区：鼻咽区（N-P），气管-支气管区（T-B）和肺实质区（P）。吸入物质在上述三个区段的沉积份额分别用 D_{N-P}，D_{T-B} 和 D_P 来描述。

对于直径呈对数正态分布的气溶胶（气溶胶粒度的典型分布），其沉积模型与该气溶胶的活度中值空气动力学直径（d_{AMA}）有关（见图 8-5）[2]。

图 8-5 的模型可用于 AMAD 在 0.2~10 μm 之间几何标准偏差小于 4.5 的气溶胶分布。在 0.2~10 μm 范围以外的粒子，沉积的估计值用虚线表示。对于 AMAD 大于 20 μm 的异常分布，可以假定其完全沉积在 N-P 区。该模型不适用于 AMAD 小于 0.1 μm 的气溶胶。

表 8-2 的数字给出了三类滞留物质的半廓清期和各库室中的份额 F。给出的 D_{N-P}，D_{T-B} 和 D_P 值是 d_{AMA} 为 1 μm 气溶胶在各部位中的沉积份数。图 8-4 给出了呼吸道四个部位 N-P，T-B，P 和 L 中从隔室 a 到 i 的廓清途径。表中 D，W，Y 表示它们在肺中的滞留时间与份额不同。其半衰期 D 类小于 10 d，W 类从 10~100 d，Y 类大于 100 d。

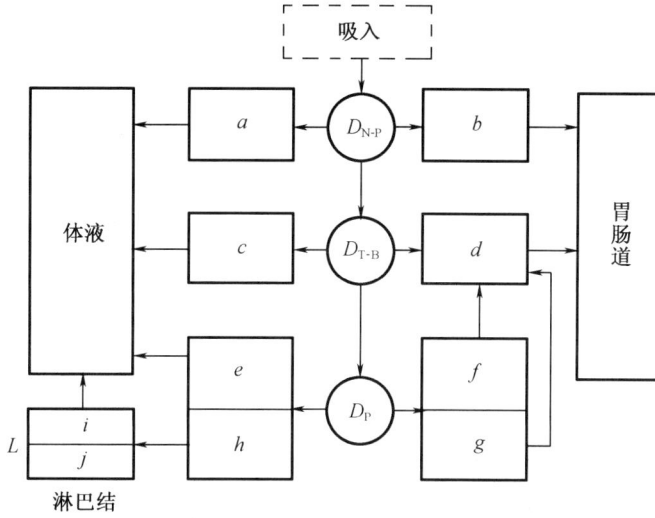

图 8 - 4 呼吸系统廓清模型

（i 中物质可易位到体液，j 中物质永远保留在那里）

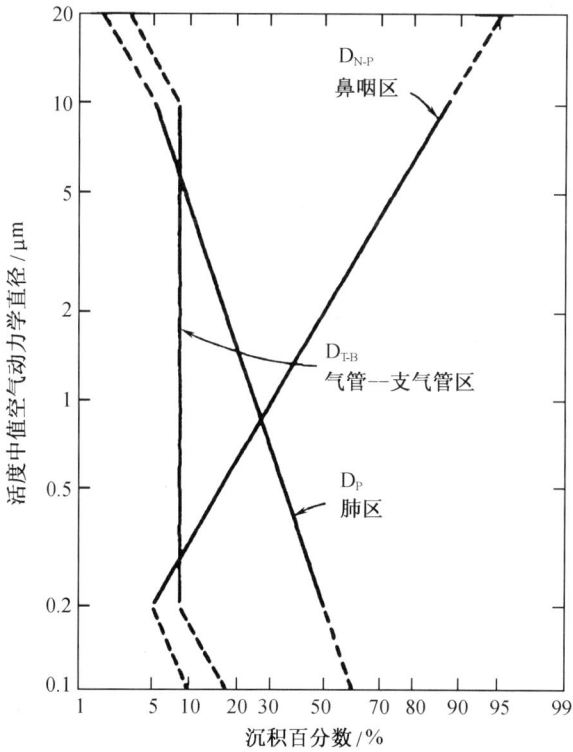

图 8 - 5 气溶胶在呼吸道中的沉积

表 8-2　各隔室的代谢参数

部位	隔室	D		W		Y	
		T/d	F	T/d	F	T/d	F
N-P ($D_{\text{N-P}}=0.3$) 鼻咽	a	0.01	0.5	0.01	0.1	0.01	0.01
	b	0.01	0.5	0.40	0.9	0.40	0.99
T-B ($D_{\text{T-B}}=0.08$) 气管-支气管	c	0.01	0.95	0.01	0.5	0.01	0.01
	d	0.2	0.05	0.2	0.5	0.2	0.99
P ($D_{\text{P}}=0.25$) 肺实质	e	0.5	0.8	50	0.15	500	0.05
	f	不适用	不适用	1.0	0.4	1.0	0.4
	g	不适用	不适用	50	0.4	500	0.4
	h	0.5	0.2	50	0.05	500	0.15
L 肺淋巴结	i	0.5	1.0	50	1.0	1 000	0.9
	j	不适用	不适用	不适用	不适用	∞	0.1

由上述图 8-4 和表 8-2 可以写出吸入物质从肺中的廓清过程为

$$
\left.
\begin{aligned}
\frac{\mathrm{d}q_a(t)}{\mathrm{d}t} &= i(t) \cdot \mathrm{D}_{\text{N-P}} \cdot F_a - \lambda_a q_a(t) - \lambda_{\mathrm{r}} q_a(t) \\[4pt]
\frac{\mathrm{d}q_b(t)}{\mathrm{d}t} &= i(t) \cdot \mathrm{D}_{\text{N-P}} \cdot F_b - \lambda_b q_b(t) - \lambda_{\mathrm{r}} q_b(t) \\[4pt]
\frac{\mathrm{d}q_c(t)}{\mathrm{d}t} &= i(t) \cdot \mathrm{D}_{\text{T-B}} \cdot F_c - \lambda_c q_c(t) - \lambda_{\mathrm{r}} q_c(t) \\[4pt]
\frac{\mathrm{d}q_{\mathrm{d}}(t)}{\mathrm{d}t} &= i(t) \mathrm{D}_{\text{T-B}} F_{\mathrm{d}} + \lambda_f q_f(t) + \lambda_g q_g(t) - \lambda_{\mathrm{d}} q_{\mathrm{d}}(t) - \lambda_{\mathrm{r}} q_{\mathrm{d}}(t) \\[4pt]
\frac{\mathrm{d}q_e(t)}{\mathrm{d}t} &= i(t) \cdot \mathrm{D}_{\text{P}} \cdot F_e - \lambda_e q_e(t) - \lambda_{\mathrm{r}} q_e(t) \\[4pt]
\frac{\mathrm{d}q_f(t)}{\mathrm{d}t} &= i(t) \cdot \mathrm{D}_{\text{P}} \cdot F_F - \lambda_f q_f(t) - \lambda_{\mathrm{r}} q_f(t) \\[4pt]
\frac{\mathrm{d}}{\mathrm{d}t} q_g(t) &= i(t) \cdot \mathrm{D}_{\text{P}} \cdot Fg - \lambda_g q_g(t) - \lambda_{\mathrm{r}} q_g(t) \\[4pt]
\frac{\mathrm{d}}{\mathrm{d}t} q_h(t) &= i(t) \cdot \mathrm{D}_{\text{P}} \cdot F_h - \lambda_h q_h(t) - \lambda_{\mathrm{r}} q_h(t) \\[4pt]
\frac{\mathrm{d}}{\mathrm{d}t} q_i(t) &= F_i \lambda_h q_h(t) - \lambda_i q_i(t) - \lambda_{\mathrm{r}} q_i(t) \\[4pt]
\frac{\mathrm{d}}{\mathrm{d}t} q_j(t) &= F_j \lambda_h q_h(t) - \lambda_{\mathrm{r}} q_j(t)
\end{aligned}
\right\} \tag{8-13}
$$

式中　q_i——i 隔室的活度；

　　　$i(t)$——吸入速率。

对于子体，假设它的代谢与其母体相同(因为附着于粒子上——载带者，故此假设可成立)。

粒子大小不同，其吸收份额也不同(见图 8-5)。后面计算中给出的 ALI 是按 AMAD 是 1 μm 时计算的，若不是 1 μm，则需作滞留系数修正。

8.6 胃肠道的剂量学模型

胃肠道的转移模式如图 8 − 6 所示,描述胃肠道内放射性核素转移的相关参数见表 8 − 3。小肠是从胃肠道到体液的唯一吸收段。胃肠道作为独立的受照器官(靶器),剂量是按壁质量吸收计算的。

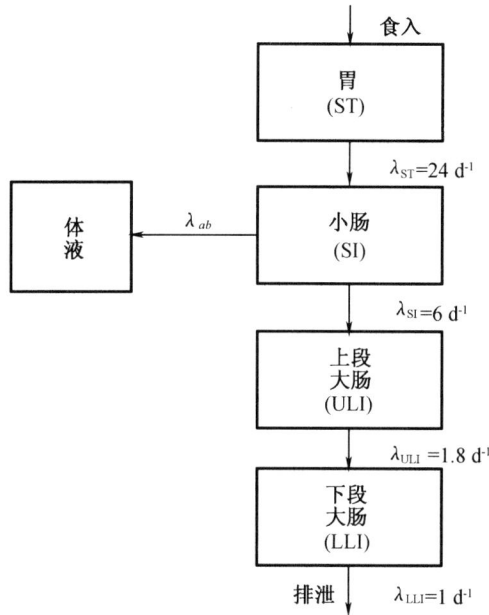

图 8 − 6 描述胃肠道内放射性核素转移的数学模型

表 8 − 3 胃肠道运移模型的相关参数

胃肠道的各段	壁的质量/g	内容物质量/g	平均停留时间/d	λ / d^{-1}
胃(ST)	150	250	1/24	24
小肠(SI)	640	400	4/24	6
上段大肠(ULI)	210	220	13/24	1.8
下段大肠(LLI)	160	135	24/24	1

胃肠道各段中放射性物质的含量可由下列方程描述:

$$
\left.
\begin{aligned}
\frac{d}{dt}q_{ST} &= -\lambda_{ST}q_{ST} - \lambda_r q_{ST} + i \\
\frac{d}{dt}q_{ST} &= -\lambda_{SI}q_{SI} - \lambda_r q_{SI} - \lambda_B q_{SI} + \lambda_{ST}q_{ST} \\
\frac{d}{dt}q_{ULI} &= -\lambda_{ULI}q_{ULI} - \lambda_r q_{ULI} + \lambda_{SI}q_{SI} \\
\frac{d}{dt}q_{LLI} &= -\lambda_{LLI}q_{LLI} - \lambda_{LLI}q_{LLT} + \lambda_{ULI}q_{ULI}
\end{aligned}
\right\}
\qquad (8-14)
$$

式中 i——食入放射性核素的速率;

$\lambda_B q_{SI}$——放射性由小肠向体液转移的速率。

显然有

$$\frac{\lambda_B}{\lambda_{SI} + \lambda_B} = f_1$$

$$\frac{f_1 \lambda_{SI}}{l - f_1} = \lambda_B \qquad (8-15)$$

此处,f_1 是食入稳定性元素后到达体液的份额。若 $f_1 = 1$,则该元素经由小肠全部到体液而不再向下边器官转移。

由图 8-4 可算出,由肺向胃肠道和体液的转移:

由肺→胃肠道

$$G(t) = \lambda_b q_b(t) + \lambda_d q_d(t) \qquad (8-16)$$

由肺→体液

$$F_B(t) = \lambda_a q_a + \lambda_c q_c + \lambda_e q_e + \lambda_i q_i \qquad (8-17)$$

8.7   骨剂量学模型

现已证明,骨骼中致癌危险的细胞是骨髓的造血干细胞,以及成骨细胞中(特别是骨内膜细胞)和邻近骨表面的某些上皮细胞。假定成年人的造血干细胞是不规则地分布在小梁骨内的造血骨髓中,所以这些细胞的剂量当量按完全充满小梁骨腔的组织平均计算。对于骨内膜的成骨组织和骨表面上皮细胞,剂量当量按骨表面下 10 μm 距离以内的组织平均计算。

骨骼分为皮质骨与小梁骨,以此作为核素的转移宿主器官(源器官),而上皮细胞(BS)和活性红骨髓(RM)作为靶器官。源器官 S 中每发射一次 i 类型辐射(α 或 β)被靶器官 T 吸收的能量的份额 $F_A(T \leftarrow S)$ 见表 8-4。

趋骨性元素的代谢模型和剂量计算可参阅 ICRP 第 20 号和第 30 号出版物。

表 8-4   骨剂量学中的吸收份额 $F_A(T \leftarrow S)$

源器官	靶器官	α 发射体		β 发射体		
		体积内均匀分布	骨表面	体积内均匀分布	骨表面	
					$\overline{E}_\beta > 0.2$ MeV	$\overline{E}_\beta < 0.2$ MeV
小梁骨	骨表面	0.025	0.25	0.025	0.025	0.25
皮质骨	骨表面	0.01	0.25	0.015	0.015	0.25
小梁骨	红骨髓	0.05	0.5	0.35	0.5	0.5
皮质骨	红骨髓	0.0	0.0	0.0	0.0	0.0

8.8　内照射剂量换算系数

内照射剂量转换系数,即食入和吸入单位摄入量的待积有效剂量,称为剂量换算因子,单位是 Sv/Bq。

对于职业照射,在 GB 18871—2002[7] 中,表 B3 给出了食入和吸入放射性核素的剂量转换系数;前者是相应于元素的各种化学形态的不同肠道转移因子 f_1(即转移到肠道体液中的摄入份额)给出的;后者是相应于新呼吸道模型中给出的缺省肺吸收类别(F,M 和 S)并引入摄入核素自肺廓清到消化道的合适份额 f_1 给出的。表 B4 给出了 f_1 值。表 B5 给出了元素的各种化学形态的肺吸收类别。对于职业照射,在一定的假设下,可将 $I_{j,L}$ 用作 ALI。

对于公众照射,在 GB 18871—2002[7] 中,表 B6 给出了在不同肠道转移因子(f_1)的情况下公众成员食入放射性核素后的剂量转换系数,计算中所使用的 f_1 值也示于该表;表 B7 相应于各种肺吸收类别(F,M 和 S)给出了公众成员吸入放射性核素的剂量转换系数。

此外,表 B8[7] 列出了上述计算所依据的肺吸收类别和载有生物动力学模型和吸收类别详细资料的 ICRP 出版物的编号。对于其肺吸收情况已知的 31 种元素,给出了与 3 种吸收类别相应剂量转换系数,同时还推荐了仅当放射性核素的化学形态未知时才可使用的缺省值。对其余 60 种附加元素,相应于 F,M 和 S 三种肺吸收类别,给出了其放射性核素的剂量转换系数;计算其放射性核素的剂量时,考虑了体重、几何尺寸和排泄率与年龄相关的改变,但对用于计算全身活度的生物动力学模型未作这种改变。

对于气体和水蒸气,表 B9[7] 给出了婴儿、儿童和成人的剂量转换系数。成人的数值既适用于工作人员也适于公众成员。

上述剂量转换系数,均来自 ICRP 第 68 号和第 72 号出版物,它是根据 ICRP 第 60 号和第 66 号出版物推荐的用于辐射防护的人呼吸道模型及核素新的生物动力学数据计算得到的[8~11]。需要说明的是,在这些出版物中,已将剂量转换系数正式称为剂量系数。

8.9　习　　题

1. 对于一位 18 岁的公众成员,试计算通过食入途径摄入单一放射性核素[131]I 的年摄入量限值。对于工作人员,通过吸入途径摄入的放射性核素[131]I 的年摄入量限值是多少? 其工作场所的空气导出浓度是多少?

2. 请解释"交叉照射",在哪些情况下计算内照射剂量时它是重要的?

3. 纯 β 放射性核素[90]Sr($T_{1/2}$ = 29.12 a,平均能量 0.195 7 MeV)在体内的主要残留区是骨区域,衰变为纯 β 放射性核素[90]Y($T_{1/2}$ = 64.0 h,平均能量为 0.934 8 MeV)。试计算其比有效能量 $E_{SS}(T \leftarrow S)$。

4. 请阐述为什么需要参考人,为什么说有效剂量是针对参考人的,而非针对受照个人?

5. 尽管剂量学模式发生了改变,对有效剂量的计算也存在差异,但 ICRP 并不推荐用新的模式和参数对已有数据重新计算一次,对此你是如何理解的?

参 考 文 献

[1] International Commission on Radiological Protection (ICRP). Permissible Dose for Internal Radiation[M]. ICRP Publication 2, Pergamon Press, Oxford, 1959.

[2] International Commission on Radiological Protection (ICRP). Limits for Intakes of Radionuclides by Workers[M]. ICRP Publication 30 (Index). Ann. ICRP, 1982, 8 (4).

[3] National Council on Radiation Protection and Measurements (NCRP). Chalk River Conference on Permissible Internal Dose[M]. Chalk River, Canada, 1949, 9: 29 - 30.

[4] International Commission on Radiological Protection (ICRP). Report on the Task Group on Reference Man[M]. ICRP Publication 23, Pergamon Press, Oxford, 1975.

[5] International Commission on Radiological Protection (ICRP). Basic Anatomical and Physiological Data for Use in Radiological Protection Reference Values [M]. ICRP Publication 89. Ann. ICRP, 2002, 32: 3 - 4.

[6] International Commission on Radiological Protection (ICRP). The 2007 Recommendations of the International Commission on Radiological Protection[M]. ICRP Publication 103. Ann. ICRP, 2007 37: 2 - 4.

[7] 国家质量监督检验检疫总局. 电离辐射防护与辐射源安全基本标准[S]. GB 18871—2002

[8] International Commission on Radiological Protection (ICRP). Dose Coefficients for Intakes of Radionuclides by Workers[R]. ICRP Publication 68. Ann. ICRP, 1994, 24 (4).

[9] International Commission on Radiological Protection (ICRP). Age dependent Doses to the Members of the Public from Intake of Radionuclides—Part 5 Compilation of Ingestion and Inhalation Coefficients[R]. ICRP Publication 72. Ann. ICRP, 1995, 26 (1).

[10] International Commission on Radiological Protection (ICRP). 1990 Recommendations of the International Commission on Radiological Protection[R]. ICRP Publication 60. Ann. ICRP, 1991, 21 (1 - 3).

[11] International Commission on Radiological Protection (ICRP). Human Respiratory Tract Model for Radiological Protection. ICRP Publication 66[R]. Ann. ICRP, 1994, 24 (1 - 3).

第9章 外照射剂量计算方法

9.1 概　　述

9.1.1 浸没照射、沉积照射

从环境影响评价看,有以下两种外照射需考虑:

(1)放射性烟云对人的外照射,一般称为浸没照射,可用无限烟云法和有限烟云法,计算释放 β 与 γ 射线的放射性烟云的外照剂量。

(2)沉积在地面上和人体裸露皮肤上(仅在反应堆事故情况下后一途径才需要考虑)对人体的外照射,分为由无限烟云造成的无限大均匀沉积(称为无限沉积)和有限烟云造成的沿烟云轨迹呈一定分布的沉积(简称为有限沉积)。这两类源都是分布源,不是集中(点)源。有关空气浓度 $\chi(r,t)$ 和沉积强度 $W(x,y,t)$ 的计算已在第 3 章中讲过,本章将 χ 和 W 作为已知量来考虑。

这两种计算,从原理上讲同样适用于污染水体造成的外照射,只是由于水的密度比空气的大,所有这类计算都可以简化为无限大分布源的计算,因而简化了计算公式。

9.1.2 影响剂量大小的因素

有下述 4 种因素影响外照射剂量:

(1)放射性核素在环境介质(空气或水)中的浓度 $\chi(r,t)$;

(2)放射性核素的放射防护学特性,即放射性核素的衰变图纲, $\sum f_i E_i$ (对分离的单能射线, f_i 是一次衰变释放能量为 E_i 辐射的概率)和 $N(E)\mathrm{d}E$ (对于 β 衰变和 X 轫致辐射);

(3)辐射在源到接受体之间的透射,包括立体角份额,在输送介质中的减弱和反散射等积累效应;

(4)辐射在人体内的透射,按照参考人的几何尺寸和器官大小来研究、计算辐射(有意义的是贯穿辐射,也就是 γ 辐射)透射人体对各器官产生的剂量,通常需要采用 Mante Carlo 方法,这里只引入其结果。

9.1.3 计算人体有效剂量当量的方法要点

在已知介质中放射性核素的活度浓度 $X(r,t)$ 后,计算人体有效剂量当量 $H_{\mathrm{eff}} = \sum_T W_T H_T$ (W_T 是 T 器官的相对危险度权重因子) 的方法与要点如下[1]:

(1)要对照射模式加以说明与规定,例如是浸没照射还是沉积照射,是有限烟云还是无限烟云；

　　（2）放射性核素的辐射类型与衰变图纲；

　　（3）计算出指定位置处（接受体）环境介质中的剂量；

　　（4）设想在指定位置放一小组织片（不扰乱该位置的辐射场分布），求出该组织片（人体成分）的剂量；

　　（5）修正由于人体对辐射场的干扰和人体尺寸的效应，求出人体表面的剂量；

　　（6）由体表面照射计算出对人体各器官的剂量当量 H_T（这一步前面已说明这里只引用结果）。

　　本章只考虑 β，γ 辐射，不考虑中子（而 α 和裂变产物碎片的射程甚短，对于辐射环境影响评价没有外照射意义）。

9.2　外照射计算方程

　　对于单能点源，有

$$\dot{D}(\boldsymbol{r},E,t) = K \cdot A(t) \cdot E \cdot \Phi(\boldsymbol{r},E) \tag{9-1}$$

式中　　$\dot{D}(\boldsymbol{r},E,t)$——离点源 $\boldsymbol{r}$ 处 t 时刻的剂量率，Gy/s；

　　　　$A(t)$——点源的放射性活度，Bq；

　　　　E——点源每次核变化发射的辐射能量，MeV；

　　　　Φ——离各向同性点源 A 的 $\boldsymbol{r}$ 处每克物质吸收辐射能 E 的份额，g^{-1}；

　　　　K——量纲转换参数，其值为 1.6×10^{-10} g·Gy/MeV；

　　　　Φ——比吸收份额（Specific Absorbed Fraction）。

　　显然，对于夹在无限大吸收介质中的点源，由能量守恒有

$$4\pi\rho_a \int_0^\infty \Phi(\boldsymbol{r},E) r^2 \mathrm{d}r = 1 \tag{9-2}$$

这是对 Φ 的约束条件，其中 ρ_a 为吸收介质的密度。

　　对于分布源的照射计算，其几何分布示于图 9-1。

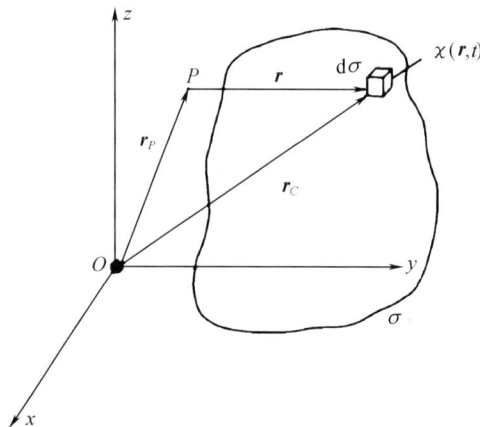

图 9-1　计算任意分布辐射源外照射剂量的坐标系统

图 9 - 1 中 P 点是接受体位置(由 r_p 来确定),小污染元 $d\sigma$ 的坐标为 r_C。而 r 是接受体到污染元 $d\sigma$ 的距离。由图可知

$$r = r_C - r_P$$

为了简化下面公式的书写,把接受体 P 置于原点(坐标原点),即令 $r_P = 0$。但在实际计算时,一般是把污染源(烟囱口,水排出口)作为坐标原点。由上述条件可得,对 γ 射线有

$$\dot{D}_r(t) = K\sum_i f_{ir} E_{ir} \int_\sigma \chi(r_s \cdot t)\Phi(r\cdot E_i)d\sigma \tag{9-3}$$

式中,f_{ir} 是放射性核素每次核变化释放出能量为 $E_{ir}(\mathrm{MeV})$ 光子的概率,因此,$\sum\limits_i f_{ir}E_{if}$ 是每次核变化释放出的 γ 射线能量。

对于电子,放射性蜕变的发射谱包括以下成分:分离的俄歇电子和内转换电子,以及由 β 蜕变产生的连续谱,因此令 f_{ie} 是每次蜕变释放出的第 i 个分离电子数目;E_{ie} 是第 i 个分离电子的能量,MeV;$f_{j\beta}$ 是每次蜕变发射的第 j 个 β 连续跃迁的电子数;$E_{j\beta}^{max}$ 是第 j 个 β 连续跃迁的最大能量,MeV;$N_{j\beta}(E)$ 是第 j 个 β 连续跃迁发射电子的概率密度函数,其含义是发射能量为 E 到 $E + dE$ 之间的 β^+ 或 β^- 粒子的概率。该函数表示的归一化条件为

$$\int_0^{E_{j\beta}^{max}} N_{j\beta}(E)dE = 1 \tag{9-4}$$

由此可得 P 点的电子剂量率为

$$\dot{D} = K\Big[\ \sum_i f_{ie}E_{ie}\int_\sigma \chi(r_s,t)\Phi_\varepsilon(r,E_{ie})d\sigma +$$

$$\sum_j f_{j\beta}\int_0^{E_{j\beta}^{max}} N_{j\beta}(E)E\int_\sigma \chi(r_s,t)\Phi_\varepsilon(r,E)dEd\sigma \tag{9-5}$$

则任一时刻的剂量 D 为

$$D(t) = \int_0^t \dot{D}(t)d\tau \tag{9-6}$$

9.3　无限烟云法

9.3.1　条件

在环境辐射评价中,常常假设在任一点的辐射源分布范围是无限大的或者是半无限大的。对于大气排放,当离源足够远,以使得

$$\sqrt{\sigma_y\sigma_z} \gg \frac{1}{\mu_a} \tag{9-7}$$

则可以认为实际上是无限均匀分布源。此处,σ_y,σ_z 是大气水平和垂直扩散参数,m;μ_a 是 γ 射线在空气中的线性减弱系数,m^{-1}。对于无限均匀分布源,可认为单位体积发射的能量等于它所吸收的能量,因而有

$$\dot{D}(t) = \chi(t)\cdot D_{RF} \tag{9-8}$$

式中,D_{RF} 称为剂量率转换因子。

9.3.2 浸没照射

对于浸没照射,空气中剂量率因子(又称为空气首次碰撞剂量因子)或空气比释动能率因子为

$$D_{RF_r}^{air} = K \frac{1}{\rho_a} \sum f_{ir} E_{ir} = K \frac{\overline{E_r}}{\rho_a} \tag{9-9}$$

和

$$D_{RF_e}^a = K \frac{1}{\rho_a} \Big[\sum f_{ie} E_{ie} + \sum f_{j\beta} \int_0^{E_{j\beta}^{max}} N_{j\beta}(E) E dE \Big]$$

$$= K \frac{1}{\rho_a} \overline{E_e} \tag{9-10}$$

式中 $\overline{E_r}$——蜕变一次发射的 γ 光子总能量,MeV;

$\overline{E_e}$——蜕变一次平均发射的 β 射线和 e 的能量,MeV。

例 9 – 1 ^{85}Kr 发射单能 γ,$E_R = 0.514$ MeV,其概率为 0.434%,若空气密度 $\rho_a = 0.0012$ g/cm^3(在 20 ℃,750 mmHg),求其浸没照射在单位源浓度(1 Bq/m^3)时的空气剂量率转换因子。

解

$$D_{RF_r}^a = (1.6 \times 10^{-10} g \cdot Gy/MeV) \times (dis/s)(3.15 \times 10^7 s/a) \times$$
$$(0.00434)(0.514 MeV/dis)/(0.0012 g/cm^3)$$
$$= 0.0094 (Gy/a)/(Bq/cm^3)$$

9.3.3 空气中组织片的剂量率因子

因浸没在空气中的组织片很小,可以略去它对该点辐射场的扰动,因而单位质量组织片中吸收的 γ 射线能量与单位质量空气中吸收的能量(同一位置处)成正比,其因子为

$$R_{i\gamma} = \overline{(\mu_{en}/\rho)_t} / \overline{(\mu_{en}/\rho)_a} \tag{9-11}$$

式中,(μ_{en}/ρ) 是 γ 射线质量能量吸收系数(cm^2/g),下标 t 表示组织,下标 a 表示空气,量上面的"——"表示对能谱的平均。

由于是计算 P 点的吸收剂量,因而应是该点的"入射谱",而不是其发射谱。发射谱是单能分离型光子,而入射谱则是均匀无限大污染大气发出的单能光子经输运(透射与散射)到 P 点的谱,它是一个连续谱,图 9 – 2 示出 $E_{r0} = 0.5$ MeV,空气浓度为 1 μCi/g 的慢化平衡谱。

图 9 – 3 示出按发射谱和慢化谱计算的组织吸收剂量与空气吸收剂量的比值 $\Big(即 R_r = \dfrac{\overline{(\mu_{en}/\rho)_t}}{(\mu_{en}/\rho)_a} = \dfrac{D_t^r}{D_a^r} \Big)^{[1]}$。

例 9 – 2 按例 9 – 1 条件,计算 ^{85}Kr 的无限烟云对组织的剂量率转换因子。

解 由例 9 – 1 得到 ^{85}Kr 在空气中的剂量率因子为 0.0094 (Gy/a)/(Bq/m^3),从图 9 – 3 得到散射谱 0.514 MeV 的组织剂量与空气剂量比为 1.09,据此可求得对组织的剂量转换因子为

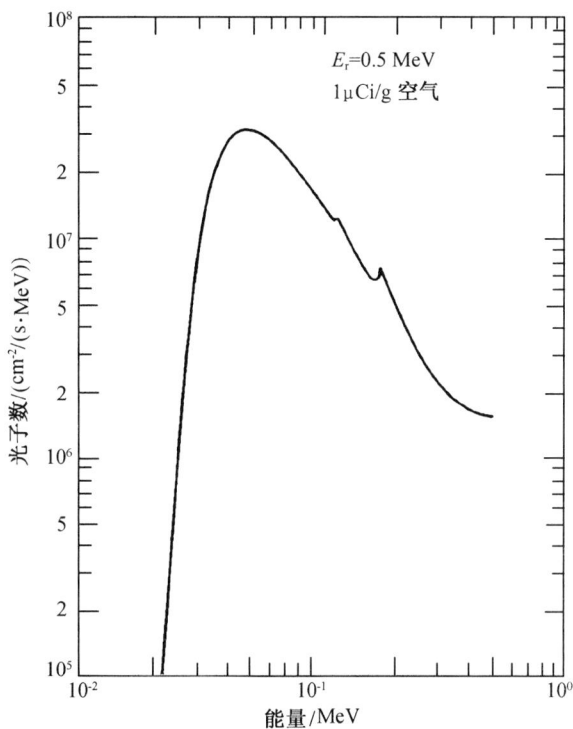

图 9 – 2　单能 γ 在无限大均匀污染大气中的慢化谱[1]

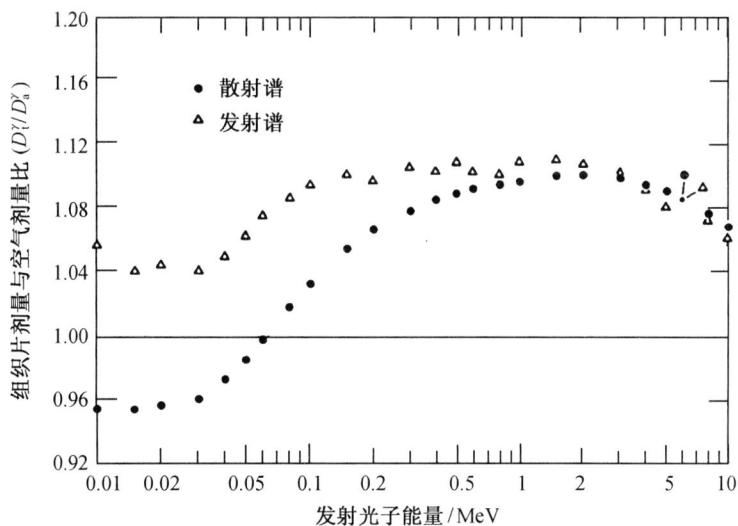

**图 9 – 3　浸没在无限大均匀污染大气中组织片的剂量与
空气剂量的比值随发射光子能量的变化**

$$D_{\mathrm{RF_r}}^{\mathrm{t}} = 0.009\,4\,(\mathrm{Gy/a})/(\mathrm{Bq/cm^3})\,1.09\,(\mathrm{Sv/Gy})$$
$$= 0.010\,2\,(\mathrm{Sv/a})/(\mathrm{Bq/cm^3})$$

对于电子照射,组织剂量与空气剂量的比值为

$$R_{ie} = \left[\frac{(\mathrm{d}E/\rho\mathrm{d}x)_{\mathrm{t}}}{(\mathrm{d}E/\rho\mathrm{d}x)_{\mathrm{a}}}\right] \tag{9-12}$$

式中,$\mathrm{d}E/\rho\mathrm{d}x$ 是电子质量阻止本领,单位为 $\mathrm{MeV\cdot cm^2/g}$。

单能 γ 与单能 β 的平衡散射谱是不同的,前者主要由康普顿——吴有训散射决定,后者是带电粒子的连续慢化,图 9-4 是 0.5 MeV 的两种单能射线的散射平衡谱[1]。

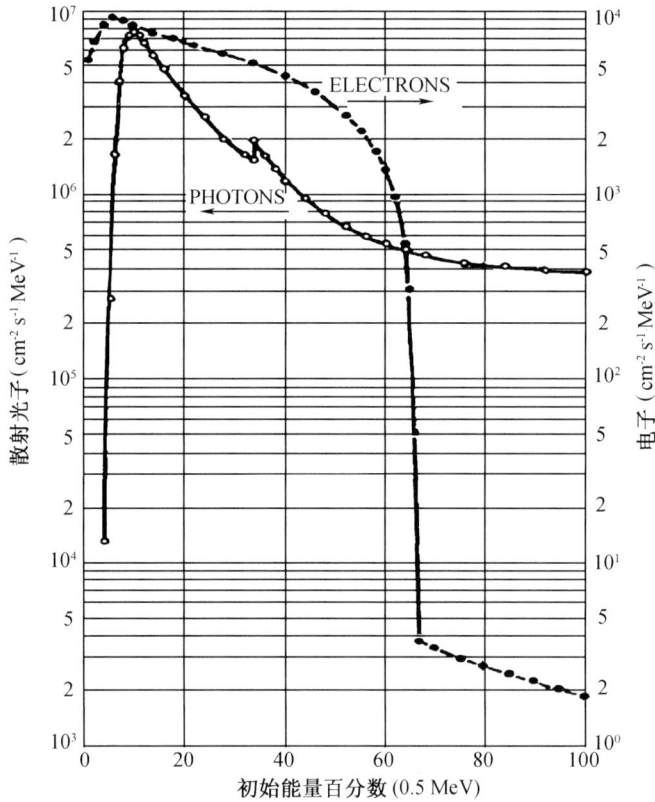

图 9-4　无限均匀大气(1 μCi/g)初始能为 0.5 MeV 的散射谱

图 9-5 示出 R_i 随 E_β(发射)的关系[1]。在实际工作中,一般取 $R_i = 1.14$,而不管电子初始能量如何。这样引入的误差也不到 3%。由此可知

$$D_{\mathrm{RF_r}}^{\mathrm{t}} = K\frac{1}{\rho_{\mathrm{a}}}\sum_i f_{i\mathrm{r}}E_{i\mathrm{r}}R_{i\mathrm{r}} \tag{9-13}$$

$$D_{\mathrm{RF_e}}^{\mathrm{t}} = K\frac{1}{\rho_{\mathrm{a}}}\left[\sum_i f_{ie}E_{ie}R_{ie} + \sum_j f_{j\beta}\int_0^{E_{j\beta}^{\max}} N_{j\beta}(E)ER_e(E)\mathrm{d}E\right] \tag{9-14}$$

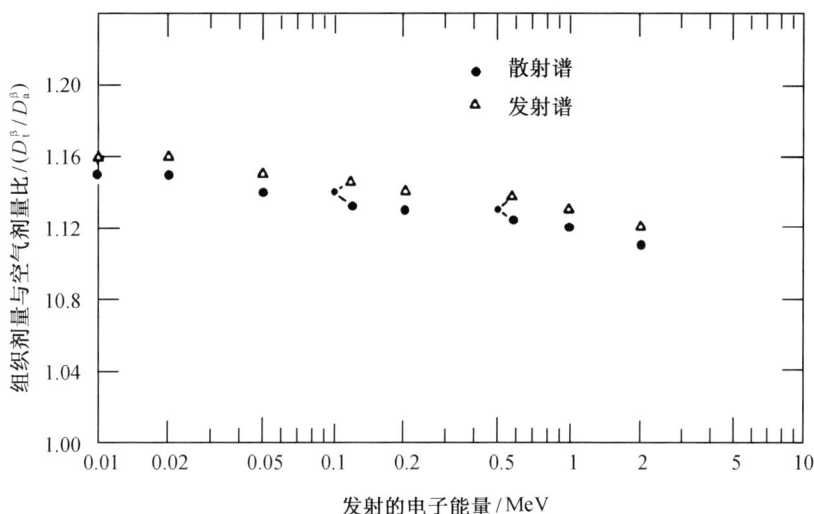

图 9－5　在无限大均匀污染的大气烟云中
组织剂量和空气剂量的比值与发射电子能量的关系

9.3.4　受照个体身体表面的剂量率因子

由于受照人体并非小片组织,在人体表面处的剂量还需考虑两个因素:受照体对大气烟云的有效立体角和人体的自屏蔽作用。

1. 有效几何立体角

受照者站在地面上,故可视为处在半无限大球形源的边界上。对于 γ 照射,此时的剂量率显然应是无限烟云的 1/2。但当光子的平均自由程 $1/\mu_a$(μ_a 是 γ 射线在空气中的线性减弱系数)与受照者的线度可比较时(对于参考人,一般计算离地 1 m 处的剂量),采用 1/2 的因子将会引入较大的误差,计算表明,$E_r = 50$ keV 时,误差为 20%;$E_r = 0.2$ MeV 时,误差为 10%;当 $E_r < 20$ keV 时,可能低估 50%。

对于电子,由于大多数核素的电子平均射程不到 1 米,所以不用因子 1/2,即采用无限大球的值,而对于地面,则取 1/2。所以对电子的有效立体角在 1/2(高能 β)和 1(低能 β)之间,视 β 能量而取值。

2. 人体的自屏蔽作用

人体有自屏蔽作用(即一侧来的射线对另一侧体表组织的照射要被人体组织减弱)。对于低贯穿性辐射可取此因子为 1/2,而对于强贯穿辐射,此因子趋于 1。

对于 γ 射线,一般偏于保守,不考虑人体的自屏蔽作用。精确的计算,则按 E_r 大小取为 1/2 ~1 之间的值。

对于电子,显然有自屏蔽作用,所以取为 1/2。

由此得到人体表面的测量率因子为

$$D_{\mathrm{RF}_r}{}^{s} = \frac{1}{2}D_{\mathrm{RF}_r}{}^{t} \tag{9-15}$$

$$D_{\mathrm{RF}_e}{}^{s} = \frac{1}{2}D_{\mathrm{RF}_e}{}^{t} \tag{9-16}$$

9.3.5 人体器官的剂量率因子

令 $G^{\mathrm{m}}(E_i)$ = 发射能为 E_i 时器官的吸收剂量与体表面吸收剂量之比值,由此得

$$D_{\mathrm{RF}_r}{}^{\mathrm{m}} = \frac{1}{2}K\frac{1}{\rho_a}\sum f_{ir}E_{ir}R_{ir}G_r^{\mathrm{m}}(E_{ir}) \tag{9-17}$$

$$D_{\mathrm{RF}_e}{}^{\mathrm{m}} = \frac{1}{2}K\frac{1}{\rho_a}\Big[\sum_i f_{ie}E_{ie}R_{ie}G_e^{\mathrm{m}}(E_{ie}) + \sum f_{j\beta}\int_0^{E_{j\beta}^{\max}} N_{j\beta}(E)ER_e(E)G_e^{\mathrm{m}}(E)\mathrm{d}E\Big]$$

$$\tag{9-18}$$

式中,G_r^{m} 和 G_e^{m} 中的分子项(器官吸收剂量)是用 Monte Carlo 方法计算的。目前 G^{m} 已制成表可查。

值得说明的是,查 G^{m} 表时应注意,$G^{\mathrm{m}}(E_i)$ 中的 E_i 按定义是指入射到人体表面时的能量而非发射能量。图 9-6 给出了两种计算结果的差别[1]。

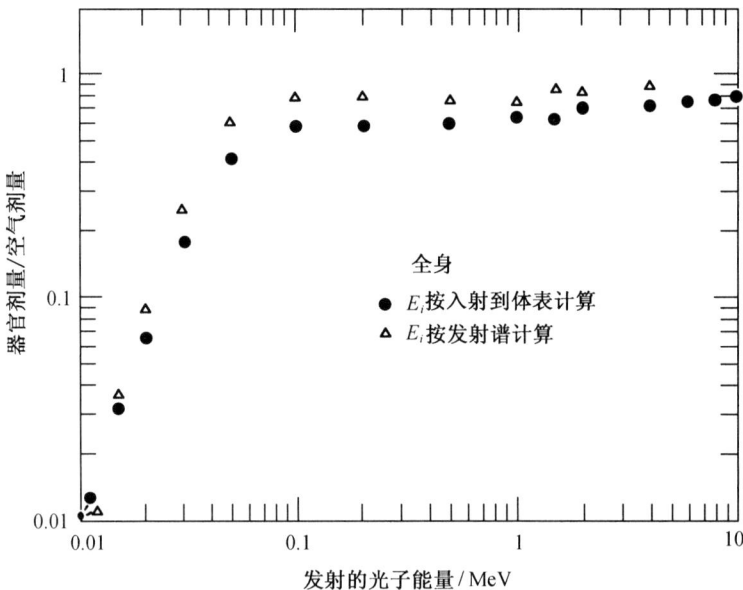

图 9-6 器官剂量与空气剂量之比随发射能(E_r)的关系

例 9-3 前面已求出 ^{85}Kr 的空气剂量率因子,现用图 9-6,求出对全身的剂量转换因子。

解 D_{RF_r}(全身) = $1/20.009\ 4[(\mathrm{Gy/a})/(\mathrm{Bq/cm^3})](1\ \mathrm{Sv/Gy})\times0.5$

$\qquad = 0.002\ 4(\mathrm{Sv/a})(\mathrm{Bq/cm^3})$

用上述方法算得的空气浸没照射剂量率因子列于表 9 - 1[1]。

表 9 - 1　空气浸没照射剂量率因子　　　　单位:(Sv/a)/(Bq/cm³)

核素	皮肤（电子）	乳房（光子）	肺（光子）	红骨髓（光子）	卵巢（光子）	骨架（光子）	睾丸（光子）	全身（光子）
³H	0.0	0.0	0.0	0.0	0.0	0.0	0.0	0.0
¹⁴C	5.9×10^{-3}	0.0	0.0	0.0	0.0	0.0	0.0	0.0
⁸⁵Kr	4.1×10^{-1}	3.3×10^{-3}	2.6×10^{-3}	2.7×10^{-3}	2.4×10^{-3}	3.1×10^{-3}	3.5×10^{-3}	2.8×10^{-3}
⁸⁵ᵐKr	4.2×10^{-1}	2.7×10^{-1}	1.8×10^{-1}	1.8×10^{-1}	1.5×10^{-1}	2.7×10^{-1}	2.5×10^{-1}	2.0×10^{-1}
⁸⁸Kr	6.6×10^{-1}	3.3	2.7	2.8	2.4	2.9	3.6	2.9
⁸⁸Rb	4.6	1.0	8.6×10^{-1}	8.8×10^{-1}	7.6×10^{-1}	9.1×10^{-1}	1.1	9.1×10^{-1}
⁹⁰Sr	2.9×10^{-1}	0.0	0.0	0.0	0.0	0.0	0.0	0.0
⁹⁰Y	2.0	0.0	0.0	0.0	0.0	0.0	0.0	0.0
⁹⁵Zr	1.1×10^{-1}	1.1	9.1×10^{-1}	9.2×10^{-1}	8.3×10^{-1}	1.0	1.2	9.7×10^{-1}
⁹⁵Nb	6.9×10^{-3}	1.1	9.5×10^{-1}	9.6×10^{-1}	8.6×10^{-1}	1.1	1.3	1.0
⁹⁹Tc	5.4×10^{-2}	9.8×10^{-7}	5.7×10^{-7}	4.1×10^{-7}	4.3×10^{-7}	9.9×10^{-7}	8.3×10^{-7}	6.3×10^{-7}
¹⁰⁶Ru	0.0	0.0	0.0	0.0	0.0	0.0	0.0	0.0
¹⁰⁶Rh	3.1	3.1×10^{-1}	2.5×10^{-1}	2.5×10^{-1}	2.2×10^{-1}	2.9×10^{-1}	3.3×10^{-1}	2.7×10^{-1}
¹²⁹I	3.5×10^{-3}	2.4×10^{-2}	5.6×10^{-3}	2.1×10^{-3}	4.0×10^{-3}	9.8×10^{-3}	1.6×10^{-2}	1.0×10^{-2}
¹³¹I	2.6×10^{-1}	5.8×10^{-1}	4.4×10^{-1}	4.6×10^{-1}	3.9×10^{-1}	5.5×10^{-1}	6.0×10^{-1}	4.8×10^{-1}
¹³³I	7.6×10^{-1}	8.9×10^{-1}	7.3×10^{-1}	7.4×10^{-1}	6.5×10^{-1}	8.3×10^{-1}	9.7×10^{-1}	7.8×10^{-1}
¹³¹ᵐXe	1.1×10^{-1}	2.1×10^{-2}	7.1×10^{-3}	4.8×10^{-3}	5.4×10^{-3}	1.1×10^{-2}	1.5×10^{-2}	1.1×10^{-2}
¹³³Xe	8.2×10^{-2}	7.1×10^{-2}	3.5×10^{-2}	2.3×10^{-2}	2.6×10^{-2}	6.2×10^{-2}	5.7×10^{-2}	4.2×10^{-2}
¹³³ᵐXe	2.5×10^{-1}	5.5×10^{-2}	3.1×10^{-2}	2.9×10^{-2}	2.5×10^{-2}	4.4×10^{-2}	4.8×10^{-2}	3.7×10^{-2}
¹³³Xe	5.4×10^{-1}	4.0×10^{-1}	2.8×10^{-1}	2.9×10^{-1}	2.4×10^{-1}	3.8×10^{-1}	3.9×10^{-1}	3.1×10^{-1}
¹³⁴Cs	2.3×10^{-1}	2.3	1.9	1.9	1.7	2.1	2.5	2.0
¹³⁷Cs	23	0.0	0.0	0.0	0.0	0.0	0.0	0.0
¹³⁷ᵐBa	1.3×10^{-1}	8.8×10^{-1}	7.3×10^{-1}	7.4×10^{-1}	6.6×10^{-1}	8.2×10^{-1}	9.7×10^{-1}	7.8×10^{-11}
¹⁵⁴ × 10u	9.7×10^{-1}	1.9	1.6	1.6	1.4	1.7	2.1	1.7
²¹⁰Pb	0.0	3.3×10^{-3}	1.1×10^{-3}	5.2×10^{-4}	8.3×10^{-4}	2.1×10^{-3}	2.3×10^{-3}	1.6×10^{-3}
²¹⁴Pb	4.2×10^{-1}	3.9×10^{-1}	2.9×10^{-1}	2.9×10^{-1}	2.4×10^{-1}	3.7×10^{-1}	3.9×10^{-1}	3.1×10^{-1}
²¹⁰Bi	7.1×10^{-1}	0.0	0.0	0.0	0.0	0.0	0.0	0.0
²¹⁴Bi	1.3	2.3	2.0	2.0	1.7	2.1	2.6	2.1
²¹⁰Po	0.0	1.3×10^{-5}	1.1×10^{-5}	1.1×10^{-5}	9.6×10^{-6}	1.22×10^{-6}	1.4×10^{-5}	1.1×10^{-5}
²²²Rn	0.0	5.7×10^{-4}	4.6×10^{-4}	4.7×10^{-4}	4.1×10^{-4}	5.4×10^{-4}	6.2×10^{-4}	4.9×10^{-4}
²²⁶Ra	3.2×10^{-7}	1.2×10^{-2}	7.6×10^{-3}	7.3×10^{-3}	6.1×10^{-3}	1.1×10^{-2}	1.1×10^{-2}	8.3×10^{-3}
²³⁰Th	0.0	9.1×10^{-4}	3.8×10^{-4}	2.8×10^{-4}	2.9×10^{-4}	6.5×10^{-4}	6.0×10^{-4}	4.7×10^{-4}
²³¹Th	4.6×10^{-2}	2.5×10^{-2}	1.2×10^{-2}	8.3×10^{-3}	8.8×10^{-3}	2.0×10^{-2}	1.8×10^{-2}	1.4×10^{-2}
²³⁴Th	7.9×10^{-3}	1.5×10^{-2}	8.1×10^{-3}	5.7×10^{-3}	6.1×10^{-3}	1.4×10^{-2}	1.2×10^{-2}	9.3×10^{-3}
²³⁴ᵐPa	1.7	1.7×10^{-2}	1.4×10^{-2}	1.4×10^{-2}	1.3×10^{-2}	1.6×10^{-2}	1.9×10^{-2}	1.5×10^{-2}
²³⁴U	3.4×10^{-5}	5.5×10^{-4}	1.1×10^{-4}	7.5×10^{-5}	8.2×10^{-5}	1.9×10^{-4}	2.2×10^{-4}	1.8×10^{-4}
²³⁵U	5.0×10^{-3}	2.6×10^{-1}	1.7×10^{-1}	1.6×10^{-1}	1.4×10^{-1}	2.5×10^{-1}	2.4×10^{-1}	1.9×10^{-1}
²³⁶U	1.9×10^{-5}	4.8×10^{-4}	8.1×10^{-5}	4.7×10^{-5}	5.8×10^{-5}	1.5×10^{-4}	1.7×10^{-4}	1.4×10^{-4}
²³⁸U	1.3×10^{-5}	4.2×10^{-4}	6.8×10^{-5}	3.8×10^{-5}	4.9×10^{-5}	1.2×10^{-4}	1.4×10^{-4}	1.2×10^{-4}
²³⁸Pu	0.0	4.9×10^{-4}	3.2×10^{-5}	1.4×10^{-5}	2.1×10^{-5}	5.7×10^{-5}	1.1×10^{-4}	1.1×10^{-4}
²⁴⁰Pu	0.0	4.7×10^{-4}	3.3×10^{-5}	1.5×10^{-5}	2.2×10^{-5}	5.8×10^{-5}	1.1×10^{-4}	1.1×10^{-4}
²⁴¹Pu	0.0	0.0	0.0	0.0	0.0	0.0	0.0	0.0
²⁴¹Am	1.5×10^{-5}	4.0×10^{-2}	1.9×10^{-2}	1.0×10^{-2}	1.4×10^{-2}	3.4×10^{-2}	3.1×10^{-2}	2.3×10^{-4}

9.4 污染地面的照射

下面考虑来自无限大、光滑、均匀、污染了的地面的照射。

9.4.1 空气中剂量率因子

计算空气中剂量率因子时的几何关系示于图 9 – 7。

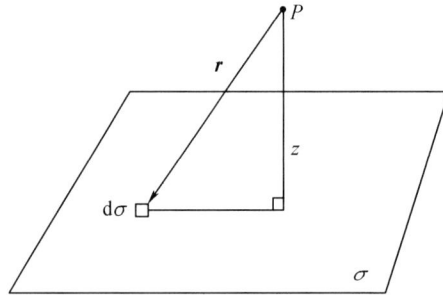

图 9 – 7 计算污染地面上的外照射剂量率因子的坐标系统

空气中剂量率因子 $D_{\mathrm{RFr}}^{\mathrm{a}}(E)$ 和 $D_{\mathrm{RFe}}^{\mathrm{a}}(E)$ 为

$$D_{\mathrm{RFr}}^{\mathrm{a}}(Z) = K \sum_i f_{ir} E_{ir} \int_\sigma \Phi_{\mathrm{r}}^{\mathrm{a}}(\boldsymbol{r}, E_{ir}) \, \mathrm{d}\sigma \qquad (9-19)$$

$$D_{\mathrm{RF}\varepsilon}^{\mathrm{a}}(Z) = K \Big[\sum_i f_{ie} E_{ie} \int_\sigma \Phi_{\mathrm{e}}^{\mathrm{a}}(\boldsymbol{r} \cdot E_{ie}) \, \mathrm{d}\sigma +$$

$$\sum_j f_{j\beta} \int_0^{E_{j\beta}^{\max}} N_{j\beta}(E) E \int_\sigma \Phi_{\mathrm{e}}^{\mathrm{a}}(\boldsymbol{r}, E) \, \mathrm{d}E \cdot \mathrm{d}\sigma \Big] \qquad (9-20)$$

式中，$\boldsymbol{r}$ 与 z 的单位取 cm，D_{RF} 的单位则为 $(\mathrm{Gy/s})/(\mathrm{Bq/cm^3})$。

9.4.2 比吸收份额

对光子，比吸收份额为

$$\Phi_{\mathrm{t}}^{\mathrm{a}}(\boldsymbol{r}, E_{\mathrm{r}}) = (\mu_{\mathrm{en}}/\rho)_{\mathrm{a}} \frac{1}{4\pi r^2} B_{\mathrm{en}}^{\mathrm{a}}(\mu_{\mathrm{a}}\gamma) \exp(-\mu_{\mathrm{a}}r) \qquad (9-21)$$

式中 $(\mu_{\mathrm{en}}/\rho)_{\mathrm{a}}$——$\gamma$ 射线在空气中的质量能量吸收系数，$\mathrm{cm^2/g}$；

  $B_{\mathrm{en}}^{\mathrm{a}}$——空气中能量吸收累积因子；

  μ_{a}——空气中线性减弱系数，$\mathrm{cm^{-1}}$。

由式（9 – 19）和式（9 – 21）得

$$D_{\mathrm{RFr}}^{\mathrm{a}}(z) = \frac{1}{2} K \sum_i \big[f_{ir} E_{ir} (\mu_{\mathrm{en}}/\rho)_{\mathrm{a}} \big]_i \int_z^\infty \frac{1}{r} B_{\mathrm{en}}^{\mathrm{a}}(\mu_{\mathrm{ai}}r) \exp(-\mu_{\mathrm{ai}}r) \, \mathrm{d}r \qquad (9-22)$$

有许多种 $B_{\mathrm{en}}^{\mathrm{a}}$ 的近似表示式，常用的有

$$B_{en}^{a}(\mu_a r) = 1 + C_a \mu_a r \exp(D_a \mu_a r) \tag{9-23}$$

式中，C_a 和 D_a 是与能量有关的常数，$D_a < 1$。

代入式(9-23)得

$$D_{RF\,r}^{a}(z) = \frac{1}{2}K \sum_j f_{ir} E_{ir} [(\mu_{en}/\rho)_a]_i \times \left\{ \tilde{E}_1(\mu_{ai}z) - \frac{C_{ai}}{(D_{ai}-1)}\exp[(D_{ai}-1)\mu_{ai}z] \right\}$$
$$\tag{9-24}$$

式中，$\tilde{E}_1(\mu_{ai}z)$ 是一阶指数积分，有

$$\tilde{E}_1(\mu_{ai}z) = \int_z^\infty \frac{1}{r}\exp(-\mu_{ai}r)\,\mathrm{d}r \tag{9-25}$$

对于 β 和 e，由于射程短和连续慢化，Berzen 提出用 Manto Carlo 方法计算电子在水中的比吸收份额，并引入无量纲点核函数 $F_e(r/r_0, E_e)$ 为

$$F_e(r/r_0, E_e)\,\mathrm{d}(r/r_0) = 4\pi\rho\Phi_\varepsilon(r_1, E_e)r^2\mathrm{d}r \tag{9-26}$$

式中，r_0 是能量为 E_ε 的电子在密度为 ρ 的介质中的平均射程。

由此得电子在空气中的剂量率因子为

$$D_{RF\,e}^{a}(z) = \frac{1}{2}K\frac{1}{\rho_a}\left[\sum_i f_{ie}E_{ie}\frac{1}{r_0(E_{ie})}\Omega(z, E_{ie}) + \sum_i f_{j\beta}\int_0^{E_{j\beta}^{max}} N_{j\beta}(E)E\frac{1}{r_0(E)}\Omega(z, E)\mathrm{d}E \right]$$
$$\tag{9-27}$$

式中，$\Omega(z, E)$ 是能量为 E 的点核对表面的积分，即

$$\Omega(z, E) = \int_{z/r_0(E)}^\infty \frac{1}{x}F_e^q(x, E)\,\mathrm{d}x \tag{9-28}$$

此处，$x = r/r_0$，$N_\beta(E)$ 为费米 β 衰变理论的连续电子谱分布，可以用数值积分求出式(9-28)和式(9-27)。实际上，电子的射程有限，所以式(9-28)的积分上限大约为 1.25。

此处，不用 Loevingen 的 β 剂量公式是因为它不适宜于分离的电子，而且对 β 谱其最大射程要远大于高度 z。而后一条件太苛刻，所以用上述的精确解[2]。

9.4.3 空气中的组织片的剂量率因子

用空气的剂量率因子，对 γ 用 $[(\mu_{en}/\rho)_a]_i$ 换成 $[(\mu_{en}/\rho)_t]_i$，对 β 和 e 则乘以 $R = \left[\left(\frac{\mathrm{d}E}{\rho\mathrm{d}R}\right)_t \Big/ \left(\frac{\mathrm{d}E}{\rho\mathrm{d}R}\right)_a\right]$，即

$$D_{RF\,r}^{t}(z) = \frac{1}{2}K \sum_i f_{ir} E_{ir} [(\mu_{en}/\rho)_t]_i \times \left\{ \tilde{E}_1(\mu_{ai}z) - \frac{C_{ai}}{(D_{ai}-1)}\exp[(D_{ai}-1)]\mu_{ai}z \right\}$$
$$\tag{9-29}$$

$$D_{RF\,e}^{t}(z) = \frac{1}{2}K\frac{1}{\rho_a}\left[\sum_i f_{ie}E_{ie}R_{ie}\frac{1}{r_0(E_{ie})}\Omega(z, E_{ie}) + \sum_j f_{j\beta}\int_0^{E_{j\beta}^{max}} N_{j\beta}(z)ER_e(E)\frac{1}{r_0(E)}\Omega(z, E)\mathrm{d}E \right]$$
$$\tag{9-30}$$

9.4.4 受照个体身体表面的剂量率因子

同 9.3.4 节，γ 无自屏作用，β 为全屏蔽，故

$$D_{\mathrm{RF\,r}}^{\mathrm{s}}(z) \;=\; D_{\mathrm{RF\,r}}^{\mathrm{t}}(z) \tag{9-31}$$

$$D_{\mathrm{RF\,e}}^{\mathrm{s}}(z) \;=\; \frac{1}{2}D_{\mathrm{RF\,e}}^{\mathrm{t}} \tag{9-32}$$

9.4.5 对人体器官的剂量率因子

至今尚未见文献报道由污染地面对人体器官照射的蒙特卡洛(Mente Carlo)计算结果。

对 γ 辐射,设器官吸收剂量率与体表吸收剂量率的比值 $G_{\mathrm{r}}^{\mathrm{m}}(E_{ir})$ 与浸没照射时的相同。由于这两种照射方式在源到接受体之间都是空气,其慢化谱相似,所以这种近似是可以接受的。

但由于两者的立体角不同,对于浸没于污染云的照射,角分布是各向同性的,但对于地面污染来说,角分布是各向异性的,由此导致单能光子发射到达体表时,两者的能谱稍有差异。

对光子能量 $E_{\mathrm{r}}>0.1$ MeV 的 γ 射线,由这种假设引入的误差约为百分之几。图 9-8 例示了这种光滑平坦无限伸展均匀污染的地面发出的光子,对 1 m 高处辐射场的角分布[1]。所以对于 γ 辐射,有

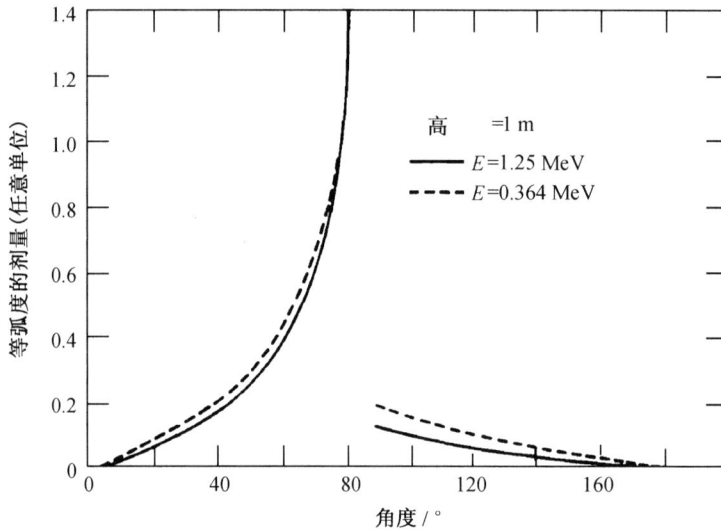

图 9-8 光滑平坦无限伸展均匀污染的地面发出的光子
对 1 m 高处辐射场的角分布(受照点正下方为 0°)

$$D_{\mathrm{RF\,r}}^{\mathrm{m}}(E) \;=\; \frac{1}{2}K\sum_{i}f_{ir}E_{ir}\bigl[(\mu_{en}/\rho)_{\mathrm{t}}\bigr]_{i}\left\{\widetilde{E}_{1}(\mu_{ai}z) - \frac{C_{ai}}{(D_{ai}-1)}\exp\bigl[(D_{ai}-1)\mu_{ai}z\bigr]\right\}G_{\mathrm{r}}^{\mathrm{m}}(E_{ir})$$
$$\tag{9-33}$$

对于电子,涉及两种介质的输运:①地面到 1 米处(空气);②皮肤到组织。处理方法是把表皮→器官的质量厚度换算成空气当量厚度,加到地面→1 米处的厚度上,然后计算 $G_{\mathrm{e}}^{\mathrm{m}}$。

若 z 是体表离地面高度,则计算的对皮肤的剂量率因子为

$$z' \;=\; z + 1.14(\rho_{\mathrm{t}}/\rho_{\mathrm{a}})x \tag{9-34}$$

式中,x 是从体表至皮肤真层(表皮下 7 mg/cm²)的厚度。之后用式(9-18)计算。由于 β 是连续谱,人体表面又不是一个 1 m 处的点,所以这种近似只对高能 β 成立($E_{\beta} \geqslant 1$ MeV)。

在低能时,1 m 处的剂量率低估了对全身高度求平均的剂量,特别是当能量低于 0.4 MeV,算得的剂量率因子是零(实际不为零)。

无限大地面均匀污染的剂量率因子见表 9 - 2。

表 9 - 2　地面照射剂量率因子　　　　　　　单位:(Sv/a)/(Bq/cm^2)

核素	皮肤 (电子)	乳房 (光子)	肺 (光子)	红骨髓 (光子)	卵巢 (光子)	骨架 (光子)	睾丸 (光子)	全身 (光子)
^{3}H	0.0	0.0	0.0	0.0	0.0	0.0	0.0	0.0
^{14}C	0.0	0.0	0.0	0.0	0.0	0.0	0.0	0.0
^{85}Kr	2.6×10^{-4}	6.7×10^{-7}	5.4×10^{-7}	5.6×10^{-7}	4.9×10^{-7}	6.3×10^{-7}	7.3×10^{-7}	5.8×10^{-7}
^{85m}Kr	3.6×10^{-4}	6.0×10^{-5}	4.0×10^{-5}	3.8×10^{-5}	3.2×10^{-5}	5.9×10^{-5}	5.5×10^{-5}	4.4×10^{-5}
^{88}Kr	7.7×10^{-4}	5.1×10^{-4}	4.3×10^{-4}	4.3×10^{-4}	3.7×10^{-4}	4.5×10^{-4}	5.5×10^{-4}	4.5×10^{-4}
^{88}Rb	5.1×10^{-3}	1.6×10^{-4}	1.4×10^{-4}	1.4×10^{-4}	1.2×10^{-4}	1.5×10^{-4}	1.8×10^{-4}	1.5×10^{-4}
^{90}Sr	4.4×10^{-5}	0.0	0.0	0.0	0.0	0.0	0.0	0.0
^{90}Y	3.4×10^{-3}	0.0	0.0	0.0	0.0	0.0	0.0	0.0
^{95}Zr	6.9×10^{-6}	2.1×10^{-4}	1.8×10^{-4}	1.8×10^{-4}	1.6×10^{-4}	2.0×10^{-4}	2.4×10^{-4}	1.9×10^{-4}
^{95}Nb	4.7×10^{-6}	2.2×10^{-4}	1.9×10^{-4}	1.9×10^{-4}	1.7×10^{-4}	2.1×10^{-4}	2.5×10^{-4}	2.0×10^{-4}
^{99}Tc	0.0	2.3×10^{-10}	1.3×10^{-10}	9.8×10^{-11}	1.0×10^{-10}	2.3×10^{-10}	2.0×10^{-10}	1.5×10^{-10}
^{106}Ru	0.0	0.0	0.0	0.0	0.0	0.0	0.0	0.0
^{106}Rh	4.4×10^{-3}	6.1×10^{-5}	5.0×10^{-5}	5.1×10^{-5}	4.5×10^{-5}	5.7×10^{-5}	6.6×10^{-5}	5.3×10^{-5}
^{129}I	0.0	1.3×10^{-5}	2.9×10^{-6}	1.1×10^{-6}	2.1×10^{-6}	5.1×10^{-6}	8.4×10^{-6}	5.5×10^{-6}
^{131}I	5.8×10^{-5}	1.2×10^{-4}	9.4×10^{-5}	9.6×10^{-5}	8.2×10^{-5}	1.2×10^{-4}	1.3×10^{-4}	1.0×10^{-4}
^{133}I	1.2×10^{-3}	1.8×10^{-4}	1.5×10^{-4}	1.5×10^{-4}	1.3×10^{-4}	1.7×10^{-4}	2.0×10^{-4}	1.6×10^{-4}
^{131m}Xe	0.0	1.0×10^{-5}	2.7×10^{-6}	1.5×10^{-6}	2.0×10^{-6}	4.5×10^{-6}	6.7×10^{-6}	4.5×10^{-6}
^{133}Xe	0.0	2.2×10^{-5}	9.6×10^{-6}	6.0×10^{-6}	7.2×10^{-6}	1.7×10^{-5}	1.7×10^{-5}	1.2×10^{-5}
^{133m}Xe	0.0	1.8×10^{-5}	7.9×10^{-6}	6.8×10^{-6}	6.3×10^{-6}	1.2×10^{-5}	1.4×10^{-5}	1.0×10^{-5}
^{133}Xe	5.6×10^{-4}	8.6×10^{-5}	6.1×10^{-5}	6.3×10^{-5}	5.1×10^{-5}	8.2×10^{-5}	8.4×10^{-5}	6.6×10^{-5}
^{134}Cs	1.0×10^{-4}	4.5×10^{-4}	3.8×10^{-4}	3.8×10^{-4}	3.4×10^{-4}	4.2×10^{-4}	5.0×10^{-4}	4.0×10^{-4}
^{137}Cs	7.4×10^{-5}	0.0	0.0	0.0	0.0	0.0	0.0	0.0
^{137m}Ba	2.9×10^{-4}	1.8×10^{-4}	1.5×10^{-4}	1.5×10^{-4}	1.3×10^{-4}	1.6×10^{-4}	1.9×10^{-4}	1.6×10^{-4}
^{154}Eu	4.0×10^{-4}	3.5×10^{-4}	2.9×10^{-4}	2.9×10^{-4}	2.6×10^{-4}	3.2×10^{-4}	3.8×10^{-4}	3.1×10^{-4}
^{210}Pb	0.0	2.3×10^{-6}	3.9×10^{-7}	1.7×10^{-7}	2.8×10^{-7}	7.1×10^{-7}	8.6×10^{-7}	6.9×10^{-7}
^{214}Pb	1.9×10^{-4}	8.4×10^{-5}	6.1×10^{-5}	6.2×10^{-5}	5.2×10^{-5}	8.0×10^{-5}	8.4×10^{-5}	6.6×10^{-5}
^{210}Bi	1.1×10^{-3}	0.0	0.0	0.0	0.0	0.0	0.0	0.0
^{214}Bi	2.1×10^{-4}	4.0×10^{-4}	3.4×10^{-4}	3.4×10^{-4}	3.0×10^{-4}	3.6×10^{-4}	4.4×10^{-4}	3.6×10^{-4}
^{210}Po	0.0	2.5×10^{-9}	2.1×10^{-9}	2.1×10^{-9}	1.9×10^{-9}	2.3×10^{-9}	2.7×10^{-9}	2.2×10^{-9}
^{222}Rn	0.0	1.2×10^{-7}	9.5×10^{-8}	9.7×10^{-8}	8.5×10^{-8}	1.1×10^{-7}	1.3×10^{-7}	1.0×10^{-7}
^{226}Ra	0.0	2.6×10^{-6}	1.7×10^{-6}	1.6×10^{-6}	1.3×10^{-6}	2.5×10^{-6}	2.3×10^{-6}	1.8×10^{-6}
^{230}Th	0.0	8.2×10^{-7}	1.0×10^{-7}	7.0×10^{-8}	7.6×10^{-8}	1.8×10^{-7}	2.3×10^{-7}	2.1×10^{-7}
^{231}Th	0.0	1.2×10^{-5}	3.0×10^{-6}	2.1×10^{-6}	2.2×10^{-6}	5.2×10^{-6}	5.7×10^{-6}	4.6×10^{-6}
^{234}Th	0.0	4.4×10^{-6}	2.0×10^{-6}	1.4×10^{-6}	1.5×10^{-6}	3.5×10^{-6}	3.1×10^{-6}	2.4×10^{-6}
^{234m}Pa	3.0×10^{-3}	3.3×10^{-6}	2.7×10^{-6}	2.7×10^{-6}	2.4×10^{-6}	3.0×10^{-6}	3.6×10^{-6}	2.9×10^{-6}
^{234}U	0.0	9.7×10^{-7}	4.7×10^{-8}	2.5×10^{-8}	3.1×10^{-8}	8.0×10^{-8}	1.9×10^{-7}	1.9×10^{-7}
^{235}U	0.0	5.9×10^{-5}	3.8×10^{-5}	3.6×10^{-5}	3.0×10^{-5}	5.6×10^{-5}	5.2×10^{-5}	4.1×10^{-5}
^{236}U	0.0	9.1×10^{-7}	3.8×10^{-8}	1.8×10^{-8}	2.4×10^{-8}	6.5×10^{-8}	1.7×10^{-7}	1.7×10^{-7}
^{238}U	0.0	8.0×10^{-7}	3.3×10^{-8}	1.2×10^{-8}	1.9×10^{-8}	5.5×10^{-8}	2.0×10^{-7}	2.1×10^{-7}
^{238}Pu	0.0	1.1×10^{-6}	3.3×10^{-8}	1.2×10^{-8}	1.9×10^{-8}	5.5×10^{-8}	2.0×10^{-7}	2.1×10^{-7}
^{240}Pu	0.0	1.1×10^{-6}	3.2×10^{-8}	1.2×10^{-8}	1.9×10^{-8}	5.4×10^{-8}	2.0×10^{-7}	2.0×10^{-7}
^{241}Pu	0.0	0.0	0.0	0.0	0.0	0.0	0.0	0.0
^{241}Am	0.0	1.5×10^{-5}	5.4×10^{-6}	2.9×10^{-6}	4.0×10^{-6}	1.0×10^{-5}	9.6×10^{-6}	7.2×10^{-6}

9.5　有　限　烟　云

9.5.1　烟云外照射

无限烟云在离排放点远处是很好的近似。但在离源近处，$\sqrt{\sigma_y \sigma_z}$ 与 $\dfrac{1}{\mu_a}$ 可以比较，或小于 $\dfrac{1}{\mu_a}$ 时，则必须考虑烟云中的浓度分布。特别是对于高架源，由无限烟云法将低估由烟囱到空气最大浓度点这一段的照射。事实上这段距离上的照射是最大的，这在事故时显得特别重要。

图 9-9 讨论了总量为 Q（单位为 Bq）的烟云外照射[3]。

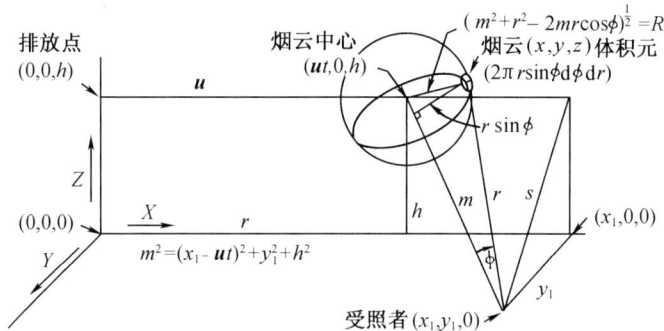

图 9-9　计算烟云 γ 剂量的坐标系

计算在总量为 Q 的烟云中，活度为 q 的体积元在 t 时刻对位于 $(x_1, y_1, 0)$ 点的地面受照者的 γ 剂量率，此中假定烟云中心在 $x-z$ 平面内以速度 u 漂移，在 t 时刻运动到 $(ut, 0, h)$ 点。对于单次烟团排放，各向同性烟云，$\sigma_{xt} = \sigma_{yt} = \sigma_{zt} = \sigma_I$。假定地面全反射对 $(x_1, y_1, 0)$ 位置的受照者的 γ 剂量率与假若此烟云穿透地面时烟云镜像源的照射相同。因为烟云浓度以 $(x_1, y_1, 0)$ 点与烟云中心点 $(ut, 0, h)$ 的连线为对称轴，所以用瞬时烟云浓度与体积元的乘积 $\chi(x, y, z)\mathrm{d}V$（此为等效量）作为源项增量 q，并在整个烟云体积范围内对体积元 $2\pi r \sin\phi \mathrm{d}\phi \mathrm{d}r$ 积分，就可得到 t 时刻整个烟云的剂量率。对于空气取积累因子为 $(1 + k\mu x)$，其中，$k = (\mu - \mu_a)/\mu_a$。

据此可得

$$_r D'(x_1, y_1, 0, t) = 1.09 \times 10^{-14} \mu_a \, \chi(x, y, z, t) \times \overline{E}_r \int_0^\infty \int_0^\pi \frac{(1 + K\mu r)\exp(-\mu r)}{r^2} 2\pi r^2 \sin\phi \mathrm{d}\phi \mathrm{d}r$$

$$(9-35)$$

而各向同性烟云瞬时浓度 $\chi(x, y, z, t)$（Bq/m³）的计算公式为

$$\chi(x, y, z, t) = \frac{Q_0(Q_x/Q_0)}{(2\pi)^{3/2} \sigma_I^3} \exp\left[-\frac{(m^2 + r^2 - 2mr\cos\phi)}{2\sigma_I^2} \right]$$

$$(9-36)$$

式中, Q_x/Q_0 为初始放射性物质减去沿途地面沉积损耗和放射性衰变后的剩余份额, 代入后得

$$_rD'(x,y,0,t) = \frac{1.09 \times 10^{-14}\mu_a\overline{E}_rQ_0(Q_x/Q_0)}{(2\pi)^{3/2}\sigma_I^3} \times \int_0^\infty \int_0^\pi (1 + k\mu r)\exp(-\mu r) \times$$

$$\exp\left[-\frac{(m^2 + r^2 - 2mr\cos\phi)}{2\sigma_I^2}\right]2\pi\sin\phi\,\mathrm{d}\phi\,\mathrm{d}r \qquad (9-37)$$

设在烟云经过的有效时间内, σ_I 烟云源项的衰变和地面损耗的修正因子均为常数, 且等于烟云中心离排放点距离 $x = ut$ 的位置, 则

$$_rD'(x_1,y_1,0,t) = \frac{1.09 \times 10^{-14}\mu_a\overline{E}_rQ_0(Q_x/Q_0)}{(2\pi)^{\frac{1}{2}}\sigma_I} \times \int_0^\infty (1 + k\mu r)\exp(-\mu r) \times$$

$$\left\{\frac{\exp\left[-\frac{(m-r)^3}{2\sigma_I^2}\right] - \exp\left[-\frac{(m+r)^2}{2\sigma_I^2}\right]}{mr}\right\}\mathrm{d}r \quad [\text{Gy/s}] \qquad (9-38)$$

$$_rD(x_1,y_1,0) = \frac{1.09 \times 10^{-14}\mu_a\overline{E}_rQ_0(Q_x/Q_0)}{(2\pi)^{\frac{1}{2}}\sigma_I} \int_0^\infty \int_0^\infty (1 + k\mu r)\exp(-\mu r) \times$$

$$\left\{\frac{\exp\left[-\frac{(m-r)^2}{2\sigma_I^2}\right] - \exp\left[-\frac{(m+r)^2}{2\sigma_I^2}\right]}{mr}\right\}\mathrm{d}r\mathrm{d}t \quad [\text{Gy}] \qquad (9-39)$$

9.5.2　I_1 和 I_2 函数

定义 I_1 和 I_2 为

$$I_1 = \frac{\overline{u}}{4(2\pi)^{\frac{1}{2}}\mu\sigma_I}\int_0^\infty\int_0^\infty \frac{\exp(-\mu r)}{mr} \times \left\{\exp\left[-\frac{(m-r)^2}{2\sigma_I^2}\right] - \exp\left[-\frac{(m+r)^2}{2\sigma_I^2}\right]\right\}\mathrm{d}r\mathrm{d}t$$

$$(9-40\text{a})$$

$$I_2 = \frac{\overline{u}}{4(2\pi)^{\frac{1}{2}}\mu\sigma_I}\int_0^\infty\int_0^\infty \frac{\mu\exp(-\mu r)}{m} \times \left\{\exp\left[-\frac{(m-r)^2}{2\sigma_I^2}\right] - \exp\left[-\frac{(m+r)^2}{2\sigma_I^2}\right]\right\}\mathrm{d}r\mathrm{d}t$$

$$(9-40\text{b})$$

I_1 和 I_2 可用数值积分求出, 对于各种 $\mu\sigma_I$ 值, 可由图 9-10、图 9-11 求得 I_1 和 I_2 的某些特定值。若用连续烟羽宽度 σ 代替 σ_I, 则 I_1 和 I_2 的值就能适用于连续源[3]。则式(9-39)可改写为

$$_rD(x_1,y_1,0) = \frac{4.37 \times 10^{-14}\mu\mu_a\overline{E}_rQ_0(Q_x/Q_0)(I_1 + KI_2)}{\overline{u}} \quad [\text{Gy}] \qquad (9-41)$$

式中　$K = (\mu - \mu_a)/\mu_a$;

　　　μ——γ 射线在空气中线性减弱系数;

　　　μ_a——线性能量吸收系数;

　　　$\overline{u}$——风速, m/s。

若给定 γ 光子能量也就是给定了相应的吸收系数, 则 $(I_1 + KI_2)$ 值可作为单项 I_T 计算。

设裂变产物烟云中的有效 γ 能量为 0.7 MeV, 则 $\mu = 9.7 \times 10^{-3}$, $\mu_a = 3.8 \times 10^{-3}$。此条

件下的 $I_t = (I_1 + KI_2)$ 值在图 9-12 中给出。

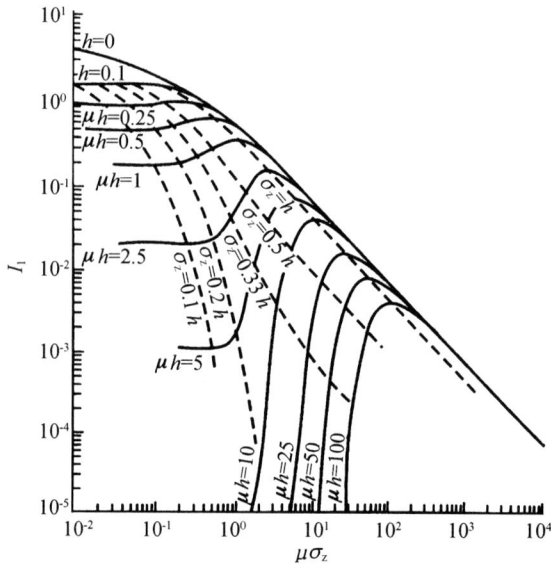

图 9-10 I_1 积分值

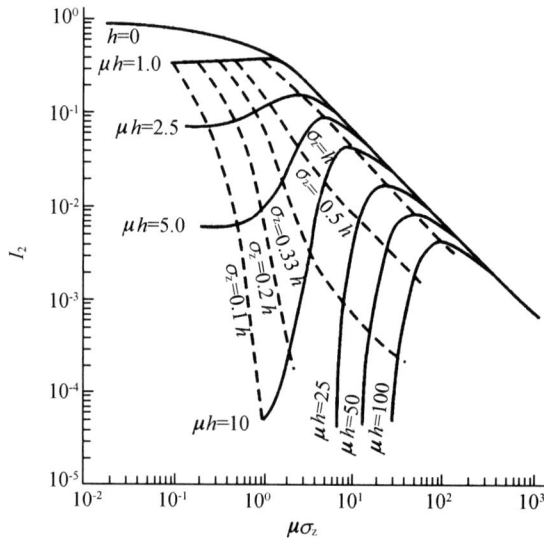

图 9-11 I_2 积分值

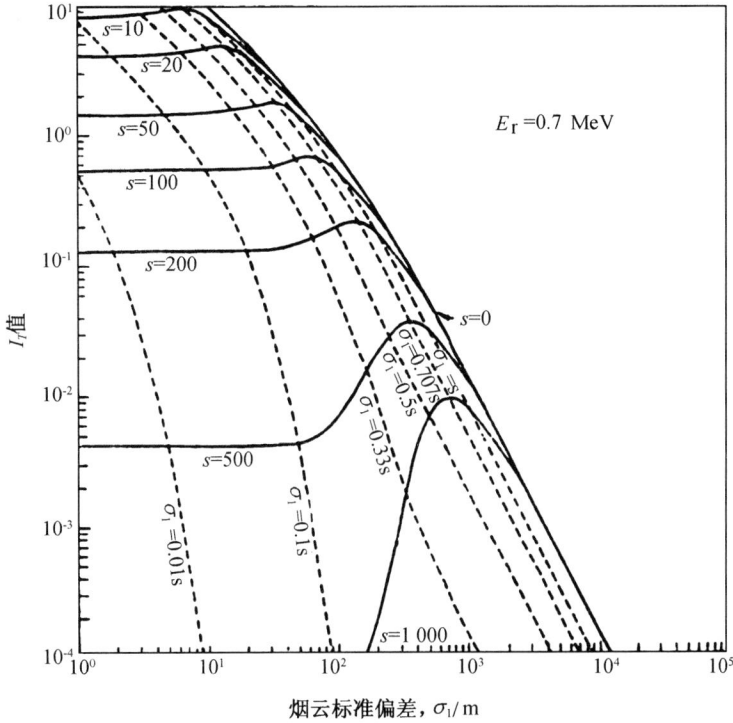

图 9 – 12　0.7 MeV 的 γ 射线的 I_T 积分值

9.5.3　污染地面外照射

地面沉积分布坐标参考系统见图 9 – 13[3]。

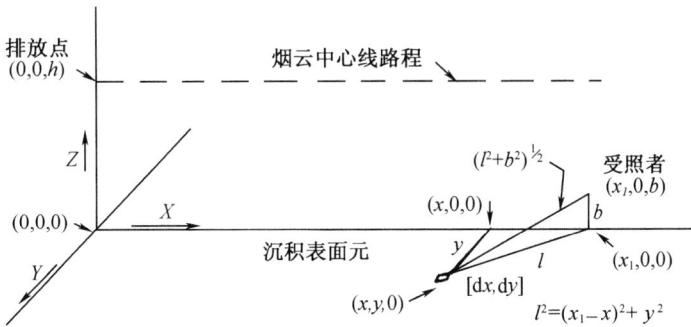

图 9 – 13　有限地面沉积分布的坐标参考系统

污染地面外照射是指来自有限平面源的外照射。无论干沉积、降水冲刷或雨洗导致烟羽中放射性物质沉积时,沉积量的分布将在中心线形成最大值,并随离中心线距离的增加而按照高斯分布递减。这里有

$$w(x,y,0,t) = w(x,0,0,t)\exp\left(-\frac{y^2}{2\sigma_y^2}\right) \tag{9-42}$$

式中，w 的单位为 Bq/m^2。

$$_rD'(x_1,0,b,t) = 1.09 \times 10^{-14} \mu_a \overline{E}_r w(x_1,0,0,t) \int_{-\infty}^{\infty} \int_0^{\infty} \frac{[1 + (K/2)\mu(l^2 + b^2)^{1/2}]}{l^2 + b^2} \times$$

$$\exp[-\mu(l^2 + b^2)^{1/2}] \times \exp\left(-\frac{y^2}{2\sigma_y^2}\right) \mathrm{d}x\mathrm{d}y \quad [Gy/s] \qquad (9-43)$$

上式中，考虑到初始辐射中向下的散射损失，可取 $K/2$ 作为积累因子值。

9.5.4 G_1 和 G_2 函数

若定义 G_1 和 G_2 为

$$G_1 = \frac{1}{(2)^{3/2} \pi \mu \sigma_y} \int_{-\infty}^{\infty} \int_0^{\infty} \frac{\exp[-\mu(l^2 + b^2)^{1/2}]\exp(-y^2/2\sigma_y^2)}{l^2 + b^2} \mathrm{d}x\mathrm{d}y \qquad (9-44)$$

$$G_2 = \frac{1}{2^{3/2} \pi \mu \sigma_y} \int_{-\infty}^{\infty} \int_0^{\infty} \frac{\mu\exp[-\mu(l^2 + b^2)^{1/2}]\exp(-y^2/2\sigma_y^2)}{(l^2 + b^2)^{1/2}} \mathrm{d}x\mathrm{d}y \qquad (9-45)$$

G_1 和 G_2 值已由数值积分求出，结果见图 9-14 和 9-15[3]。

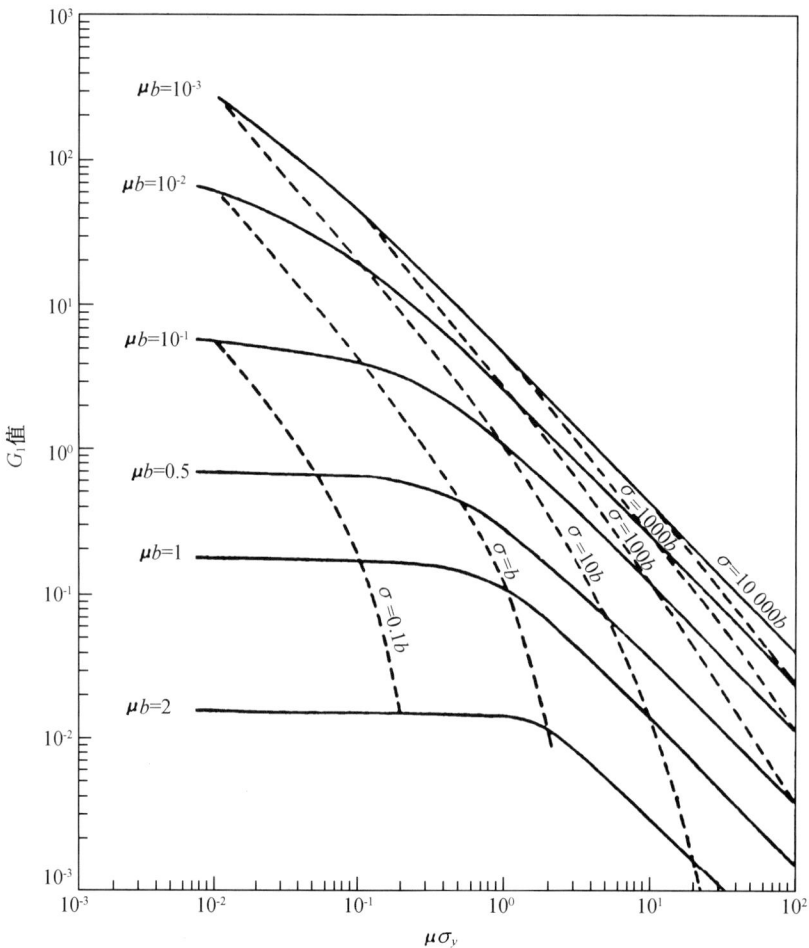

图 9-14 G_1 积分值(见(9-46)式)

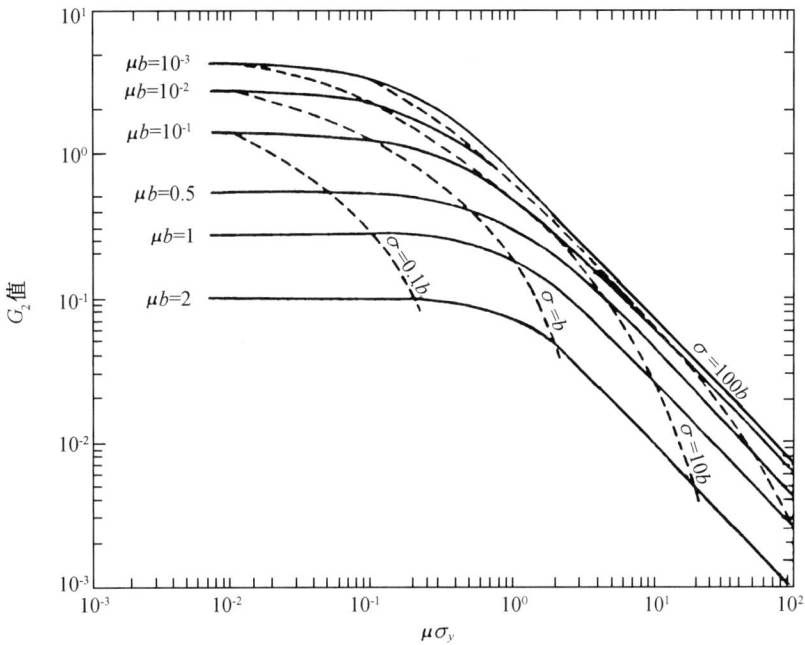

图 9 – 15　G_2 积分值（见（9 – 47）式）

当 $(\sigma_y \sigma_z)^{1/2} \gg \dfrac{1}{\mu}$（或 $\mu\sigma_y > 10$）时，地面浓度在所有方向上基本均匀，$\exp(-y^2/2\sigma_y^2) \to 1$，这时 G_1 和 G_2 可简化为

$$G_1 = \frac{1}{2^{1/2}\mu\sigma_y}\int_0^\infty \frac{\exp[-\mu(l^2+b^2)^{1/2}]}{(l^2+b^2)}l\,\mathrm{d}l$$

$$= \frac{1}{2^{1/2}\mu\sigma_y}E_i[-\mu(l^2+b^2)^{1/2}] \tag{9－46}$$

$$G_2 = \frac{1}{2^{1/2}\mu\sigma_y}\int_0^\infty \frac{\mu\exp[-\mu(l^2+b^2)^{1/2}]}{(l^2+b^2)^{1/2}}l\,\mathrm{d}l$$

$$= \frac{1}{2^{1/2}\mu\sigma_y}\int_{\mu b}^\infty \exp(-\mu b)\,\mathrm{d}(\mu b) = \frac{\mathrm{e}^{-\mu b}}{2^{1/2}\mu\sigma_y} \tag{9－47}$$

式中，$E_i(\mu r) = \displaystyle\int_{\mu r}^\infty [\exp(-\mu r)/r]\,\mathrm{d}r$ 为指数积分。

在 0.7 MeV 的 γ 光子时，有限平面源中心线上方的 γ 剂量率与无限平面源上方的 γ 剂量率的比值，由图 9 – 16 给出。

对于所研究的大部分沉积量分布形式来说，烟云尺寸的修正因子很小，对其他能量 γ 光子的计算表明，对 $E_r < 2$ MeV 能量的光子，图 9 – 16 给出了比值的合理估算值，但当能量低至 0.1 MeV 时，对较小的分布宽度，可能有 5%~10% 的误差。

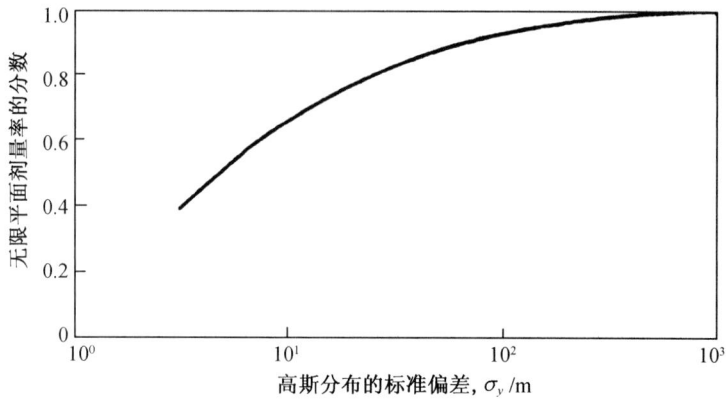

图 9－16　有限尺寸高斯分布 γ 剂量率与无限平面源 γ 剂量率的比值

9.6　外照射剂量系数

计算外照射剂量通常分两步进行,如计算空气浸没剂量时,先估计在空气中的吸收剂量,然后再将其转换为器官剂量当量或有效剂量,即采用外照射剂量换算系数加以转换。

外照射剂量系数(Dose Coefficients),即曝露于空气、水和地面放射性核素的单位活度浓度所致的外照射剂量率,称为外照射剂量转换因子(Dose Conversion Factor)。

9.6.1　外照射剂量系数的来源

目前,实际评价中采用的外照射剂量系数的主要来源如下:

(1)对于惰性气体采用国标《电离辐射防护与辐射源基本安全标准》(GB18871—2002)[4]中表 B10 所列出的剂量系数,即成年人受惰性气体照射时的有效剂量率,该表列出了 Ar, Ke, Xe 等 26 个核素的单位累积空气浓度的有效剂量率(Sv/d)/(Bq/m³)。

(2)其余核素的外照射剂量系数可参照联邦导则《空气、水和土壤中放射性核素的外照射》(联邦导则报告第 12 号)[5]。该报告中的表Ⅲ.1 为空气浸没剂量系数,表Ⅲ.2 为水浸没剂量系数,而Ⅲ.3 为污染地面照射的剂量系数。

9.6.2　剂量系数的应用原则

估算烟羽所致空气的吸收剂量,最简单的是使用半无限大的烟羽模式。此时,计算外照射剂量通常分两步进行。计算空气浸没剂量时,先估计在空气中的吸收剂量,然后再将其转换为器官剂量当量或有效剂量,即采用外照射剂量换算系数加以转换。

这种方法的含意是假定烟云处于辐射平衡中,即从哪里发射的 γ 射线都能够达到要估计剂量的空间点的整个烟云体积内,其空气中核素的活度浓度是常数。这样,被烟云中某一单元所吸收的能量等于由该单元释放的能量[6]。实践中可直接采用上节推荐的外照射剂量系数。

　　如果烟云中的核素浓度分布很不均匀,致使这种方法不适用,则必须用有限烟云模式。由于 γ 射线在空气中的平均自由程很长,使得当采用半无限大烟羽来计算靠近排放点和较差弥散条件下的剂量时,会导致相当大的误差,特别是对于高架释放,即使在较远的距离上也会有较大的误差。在较远的距离上,或者在较好的弥散条件下,即使在较近的距离上,两种模式的预测值是非常接近的[6]。

　　有限烟羽模式涉及用一系列体积元代表烟羽,并对这些源积分。计算一有限烟羽在空气中的吸收剂量分两步走:先估计计算点的 γ 通量,然后将这些通量转换成空气中的吸收剂量。对此种情形(有限源),不能直接采用上节推荐的外照射剂量系数。

9.6.3　剂量系数的导出条件

　　对于空气浸没照射,计算的源是均匀分布的半无限烟云,基于单位释放源强($1\ \text{Bq·m}^{-3}$)的单能光子源,空气密度为 $1.2\ \text{kg/m}^3$。

　　对于位于污染地面上的照射,计算的源是无限大均匀分布的平板源,基于单位源强($1\ \text{Bq·m}^{-2}$)的单能光子源。

　　对于水中浸没,计算的源是一个无限大均匀分布水池,基于单位源强($1\ \text{Bq·m}^{-3}$)的单能光子源。

　　此外,在给出器官(或组织)外照射剂量系数的同时,按照国际放射防护委员会(ICRP)第 60 号出版物建议的组织权重因素,给出了有效剂量系数,与国标《电离辐射防护与辐射源基本安全标准》(GB 18871—2002)的组织权重因素是一致的。

9.7　习　　　题

　　1. 对于来自放射性烟云中 ^{85}Kr 的外照射,已知器官卵巢的剂量转换率因子为 0.0024 $(\text{Sv/a})/(\text{Bq/cm}^3)$。对于位于室内的接收点,NRC 建议考虑的剂量减弱因子为 0.5,如果受照个人在室内停留的时间为 90%,试计算相应的剂量率转化因子。

　　2. 假设地面被 ^{131}I 均匀污染,活度浓度为 $3.71 \times 10^{-2}\ \text{Bq/cm}^2$,已知光子的全身剂量率为 $1.0 \times 10^{-4}\ (\text{Sv/a})/(\text{Bq/cm}^2)$。如果地面属于深耕土壤,剂量减弱因子为 0.5,试计算全身剂量率。再假定受照人员位于室内,考虑建筑物的屏蔽减弱为 0.5,此时全身剂量率是多少?

　　3. 考虑初始时刻在地面有单位 ^{131}I($T_{1/2} = 8.04\ \text{d}$)活度,对于只考虑放射性衰变和只考虑风蚀的情况,以及同时考虑上述两种过程,试给出其随时间的变化曲线,并请解释哪种作用更有效,而对于放射性核素 ^{137}Cs($T_{1/2} = 30.17\ \text{a}$),情况如何?

　　4. 对于烟团排放(排放量为 $3.7 \times 10^{16}\text{Bq}$),试利用有限烟云飘过时,受照者的 γ 剂量计算的公式,导出 $_rD(x,y,0)$ 表达式,并分别计算 ^{41}Ar,^{137}Cs 和 ^{131}I 三种放射性核素的 γ 剂量 $_rD(x,0,0)$(计算参数见表 9 - 3),I_1 和 I_2 可查相应的数值积分曲线,$\sigma_1 = \sqrt{\sigma_{x1}\sigma_{y1}}$,$\mu_s = \mu\sqrt{y^2 + h^2}$。

表 9 − 3　计算参数

核素	E_r/MeV	$\mu/(1/\mathrm{m})$	$\mu_a/(1/\mathrm{m})$	μ_s	K
$^{41}\mathrm{Ar}$	1.29	7.00×10^{-3}	3.40×10^{-3}	0.50	1.2
$^{137}\mathrm{Cs}$	0.61	1.03×10^{-2}	3.90×10^{-3}	0.70	1.6
$^{131}\mathrm{I}$	0.39	1.25×10^{-2}	3.85×10^{-3}	0.875	2.3

参 考 文 献

［1］　Till John E, H Robert Meyer. Radiological Assessment：A Textbook on Environmental Dose Analysis［M］. NUREG/CR − 3332, ORNL − 5968,U.S. Nuclear Regulatory Commission,1983.

［2］　Loevinger R, Japha E M, Brownell G L. Discrete Radioisotope Sources［M］. Radiation Dosimetry. New York：Academic Press,1956.

［3］　斯莱德,著. 气象学与原子能［M］. 张永兴,译. 北京：原子能出版社,1973.

［4］　中华人民共和国卫生部. 用于光子外照射放射防护的剂量转化因子［S］. GBZ/T 144 − 2002

［5］　Keith F. Eckerman and Jeffrey C. Ryman. External Exposure To Radionuclides In Air,Water, And Soil［R］. FEDERAL GUIDANCE REPORT NO. 12（EPA − 402 − R − 93 − 081）, US Environmental Protection Agency,1993

［6］　国际原子能机构(IAEA). IAEA 安全丛书第 57 号,适用于评价常规释放时放射性核素在环境中迁移的通用模式和参数(关键组的照射). 施仲齐,刘原中,杜铭海,金家齐译,夏益华,施仲齐,张永兴,校. 国外辐射防护规程汇编第八册,环境剂量计算模式(下)［G］. 国务院环境保护委员会办公室,1984

第10章 筛选模式

10.1 概述

1983 年,美国国家辐射防护和测量委员会(NCRP)出版了第 76 号报告《辐射评价:预估释放到环境中的放射性核素的迁移、生物浓集和人体的吸收》。该报告正式提到辐射评价筛选模式(Screening Model):环境评价是业主的履法行为,旨在说明他对环境的可能影响是满足法规要求的。因此,可以用复杂程度不一的模式来完成这项任务,这就是对模式的筛选[1]。对审管当局而言,用简单的筛选模式进行剂量评估是对涉及核与辐射实践是否可以注册和发照的第一步,然后可从众多对象中筛选出真正需要关注的监管对象。筛选模式把环境输运和剂量计算的许多步骤结合在一起,利用一些假设和模拟的参数作计算,而模型和参数的选择都是为着一个最终的目标——检验是否满足法规的要求(即合规性)。

自从 NCRP 第 76 号报告发表后,筛选模式得到了快速发展和广泛的应用。1986 年,NCRP 发表了第 3 号注释:《用于确定放射性核素释放到大气的后果是否符合环境管理标准的筛选方法》;1993 年,NCRP 发表了第 8 号注释:《与大气输运、沉积和人体吸收有关的NCRP 筛选模式的不确定度》;1996 年,NCRP 出版了第 123 号报告:《放射性核素释放到大气、地表水和地下水的筛选模式》[2-5]。

2001 年国际原子能机构(IAEA)的安全报告丛书第 19 号《用于评价放射性物质排放环境影响的一般模式》中也详细介绍了筛选模式的应用[6]。该报告是在 IAEA 安全丛书第 57号《适用于评价常规释放时放射性核素在环境中迁移的通用模式和参数(关键组的照射)》[7]和第 364 号技术报告《预估放射性核素在温带环境转移的参数手册》[8]的基础上,为环境释放的剂量评价提供了简单、实用,且不需要特殊计算设备的评价方法、程序以及筛选模式和参数,便于和流出物排放控制值及特殊制定的剂量限制(包括剂量约束和剂量限值)进行比较,以检验其合规性。该方法特别适用于对小型核设施、医院和研究型实验室等流出物释放的环境影响评价。

一般环境模式,通常是高估了假想关键组所受剂量,而且在任何情况下对剂量的低估也不会超过实际剂量的 10 倍。对于只有单一排放源的核设施,如果排放量不大,可以用简单的偏于保守的模式和参数,所得的结果如果低于环境剂量控制标准的 1/10,或者低于其他行政规定的参考水平的 1/10,则认为该核设施的环境影响是满足法规管理要求的。否则,就需要用比较精细的模型作进一步的计算。

10.2 筛选计算的基础

筛选计算的基础是筛选因子的使用。筛选因子(Screening Factors,SF)表示在一个设定的时间段内(≤1 a)由于污染的单位介质浓度(对大气,地面水为 1 Bq/m^3,对作物为 1 Bq/kg)对假想的受照射者造成的照射剂量,包括在该时段内的外照射剂量,加上一年内吸入的放射性核素和食用当地和其他食物产地一年内生长的食物中放射性核素所造成的内照射待积剂量。

筛选模式由简单到复杂一般分为三级,Ⅰ级模式是最简单和保守的,假定流出物释入环境没有得到稀释;Ⅱ级模式是通用的模式和参数,评估结果具有适当的保守性;Ⅲ级模式是最复杂和现实的,与特定场景和厂址环境特征相关。采用与厂址相关的模式和参数,咨询有经验的专家是非常重要的。

分级筛选模式计算流程图见图 10 – 1。

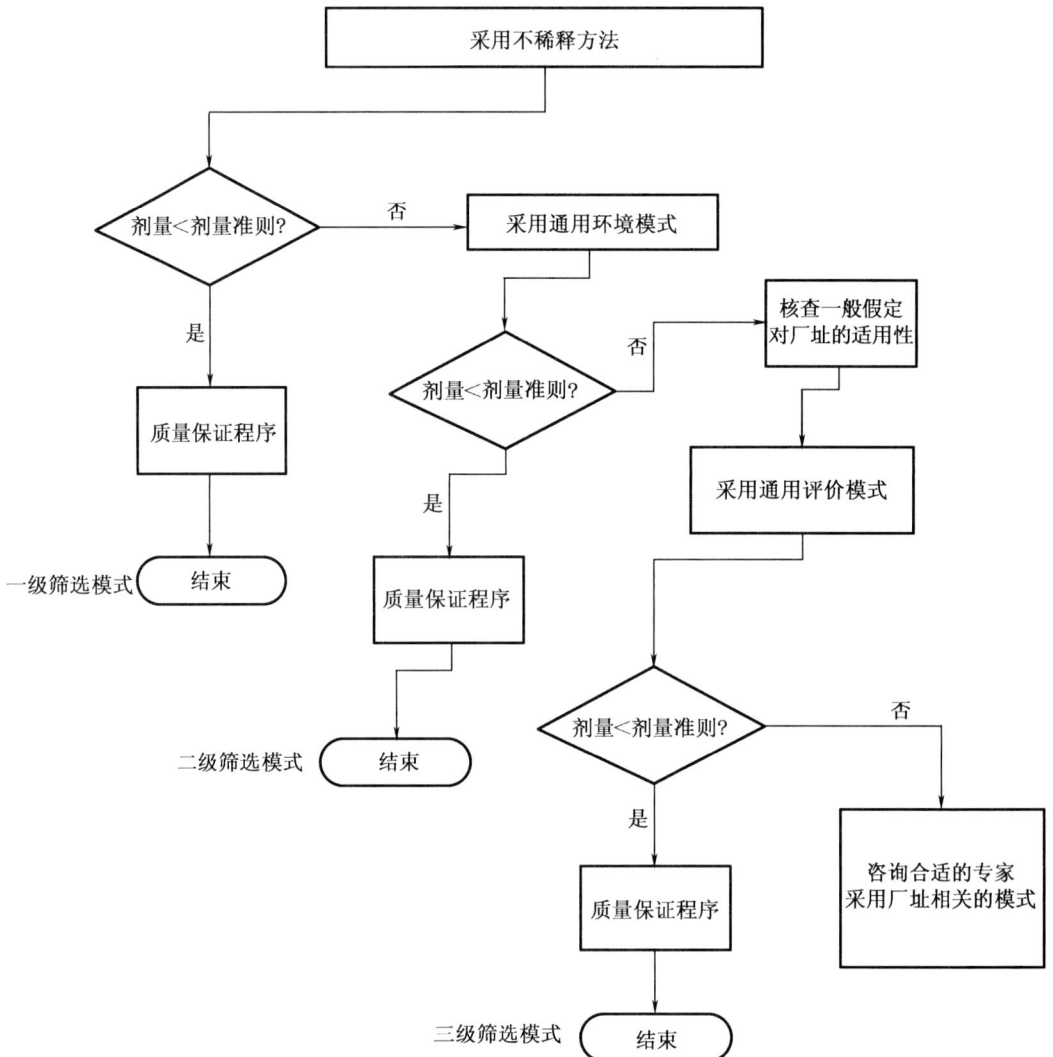

图 10 – 1 分级筛选模式计算流程图

筛选模式的筛选计算通常按以下步骤得以实现:
(1)估计拟向环境排放放射性核素的源项,计算年平均排放率;
(2)计算环境中的活度浓度,包括模拟排放物在大气、地表水中的输运,给出关心点(接

受点)的核素活度浓度,以及陆生和水生食物中的活度浓度;

(3)计算关键组的个人剂量筛选值,包括外照射剂量和内照射待积剂量;

(4)计算集体剂量筛选值。

10.3　气载流出物释放途径的筛选计算

大气释放途径的分级筛选计算流程见图 10 - 2 和图 10 - 3。

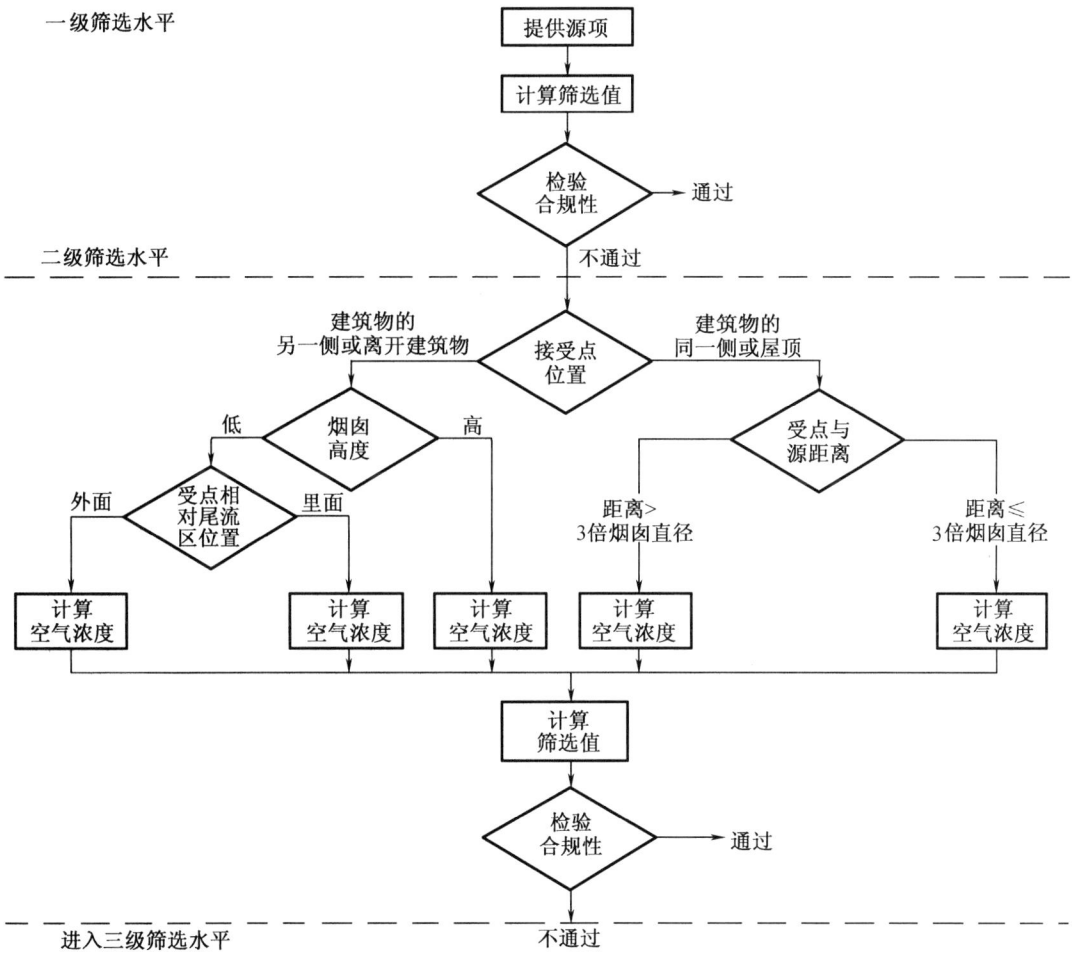

图 10 - 2　大气释放途径的 I 级和 II 级筛选计算流程

三级筛选水平

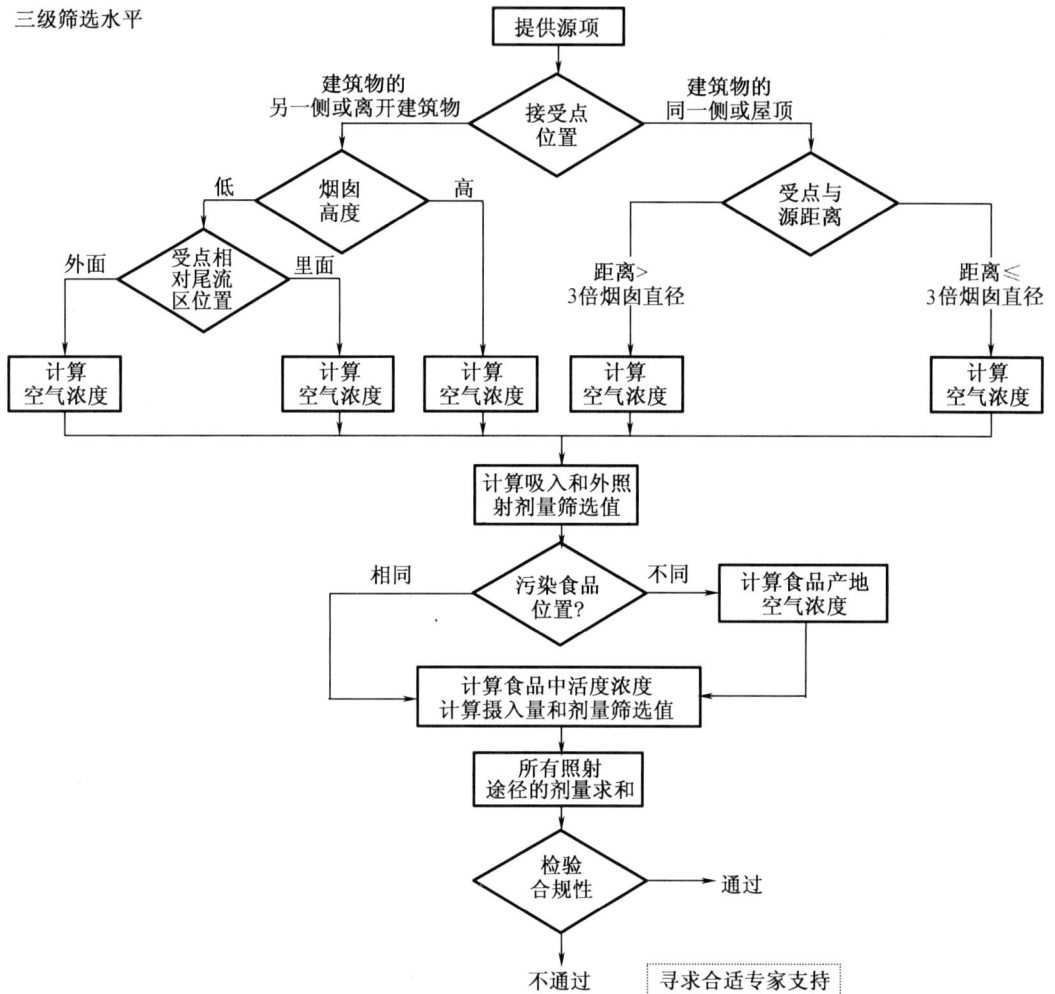

```
                          ┌──────────┐
                          │ 提供源项 │
                          └────┬─────┘
   建筑物的                    │                    建筑物的
另一侧或离开建筑物         ╱接受点╲              同一侧或屋顶
        ┌─────────────────┤ 位置 ├──────────────────┐
        │                 ╲     ╱                    │
      ╱烟囱╲   高                          ╱受点与╲
 低  ┤高度 ├───────┐               ┌──────┤源距离├──────┐
     ╲    ╱        │               │      ╲     ╱      │
  ╱受点相╲         │          距离>              距离≤
外面┤对尾流├里面    │        3倍烟囱直径        3倍烟囱直径
  ╲区位置╱         │               │                  │
```

┌────────┐ ┌────────┐ ┌────────┐ ┌────────┐ ┌────────┐
│ 计算   │ │ 计算   │ │ 计算   │ │ 计算   │ │ 计算   │
│ 空气浓度│ │ 空气浓度│ │ 空气浓度│ │ 空气浓度│ │ 空气浓度│
└────────┘ └────────┘ └────────┘ └────────┘ └────────┘

┌──────────────┐
│ 计算吸入和外照│
│ 射剂量筛选值 │
└──────┬───────┘

相同   ╱污染食品╲   不同   ┌──────────────┐
  ┌──────┤ 位置? ├────────→│ 计算食品产地 │
  │   ╲   ╱   │ 空气浓度   │
  │   └──────────────┘
  │   ┌────────────────────┐
  └─────→│ 计算食品中活度浓度   │←──────┘
         │ 计算摄入量和剂量筛选值│
         └──────────┬─────────┘
              ┌─────────────┐
              │ 所有照射   │
              │ 途径的剂量求和│
              └──────┬──────┘
                  ╱检验╲   通过
              ┌──┤合规性├────────→
              │ ╲   ╱
            不通过   ┌─────────────────┐
              │   │ 寻求合适专家支持 │
                        └─────────────────┘

图 10 - 3　大气释放途径的Ⅲ级筛选计算流程

表 10 - 1 给出了用于大气释放途径筛选计算的筛选因子,这些值适用于无稀释模式。

表 10 - 1 用于大气释放途径的筛选剂量因子(SF)

核素	筛选剂量/((Sv/a)/(Bq/m³))	各途径对剂量的贡献份额/%				
		谷物	奶	肉	外照射	吸入
^{228}Ac	5.9×10^{-5}	0	0	0	5	95
^{110m}Ag	1.1×10^{-2}	25	1	4	70	0
^{241}Am*	2.1×10^{-1}	57	0	0	1	42
^{76}As	1.1×10^{-5}	0	20	0	65	15
^{211}At*	2.4×10^{-4}	0	4	0	0	96
^{198}Au	2.3×10^{-5}	32	2	1	59	7
^{206}Bi	5.2×10^{-4}	28	27	1	44	1
^{210}Bi	3.1×10^{-4}	27	37	1	1	34
^{212}Bi*	6.6×10^{-5}	0	0	0	2	98
^{82}Br	2.0×10^{-4}	0	78	0	22	1
^{109}Cd	1.8×10^{-2}	13	86	0	1	0
^{141}Ce	6.7×10^{-4}	88	7	0	4	1
^{144}Ce	9.1×10^{-3}	86	7	0	6	1
^{242}Cm	2.1×10^{-2}	69	0	0	0	31
^{244}Cm*	1.3×10^{-1}	55	0	0	0	45
^{58}Co	4.4×10^{-3}	16	42	24	17	0
^{60}Co	1.1×10^{-1}	6	27	19	48	0
^{51}Cr	7.5×10^{-5}	32	2	53	13	0
^{134}Cs*	4.7×10^{-2}	24	21	31	24	0
^{135}Cs*	4.4×10^{-3}	31	8	61	0	0
^{136}Cs	1.6×10^{-3}	30	26	24	19	0
^{137}Cs*	4.6×10^{-2}	18	5	34	43	0
^{64}Cu	2.3×10^{-6}	0	37	0	54	9
^{154}Eu	4.3×10^{-2}	6	0	0	94	0
^{155}Eu	1.7×10^{-3}	27	0	1	70	0
^{55}Fe	1.2×10^{-3}	42	3	55	0	0
^{59}Fe	4.2×10^{-3}	42	3	41	14	0
^{67}Ga	8.7×10^{-6}	30	1	0	65	4
^{197}Hg	9.1×10^{-6}	17	56	1	22	5
^{197m}Hg	4.8×10^{-6}	0	60	0	22	18
^{203}Hg	2.2×10^{-3}	70	10	14	6	0

表 10 - 1(续 1)

核素	筛选剂量/((Sv/a)/(Bq/m³))	各途径对剂量的贡献份额/%				
		谷物	奶	肉	外照射	吸入
¹²³I	1.2×10^{-5}	0	88	0	9	2
¹²⁵I	4.0×10^{-2}	22	56	22	0	0
¹²⁹I	2.3×10^{-1}	20	53	27	0	0
¹³¹I	3.7×10^{-2}	12	80	8	0	0
¹³²I	3.7×10^{-6}	0	0	0	91	9
¹³³I	6.0×10^{-4}	0	98	0	1	1
¹³⁴I	2.3×10^{-6}	0	0	0	94	6
¹³⁵I	1.4×10^{-5}	0	51	0	39	9
¹¹¹In	1.8×10^{-5}	12	13	0	73	2
¹¹³ᵐIn *	3.4×10^{-7}	0	0	0	88	12
⁵⁴Mn	3.7×10^{-3}	18	2	1	79	0
⁹⁹Mo	1.3×10^{-4}	3	88	0	7	1
²²Na	3.3×10^{-1}	1	70	22	7	0
²⁴Na	4.4×10^{-4}	0	93	0	6	0
⁹⁵Nb	6.9×10^{-4}	56	0	0	44	0
⁵⁹Ni	1.1×10^{-2}	2	96	2	0	0
⁶³Ni	2.6×10^{-2}	2	96	2	0	0
²³⁷Np *	1.8×10^{-1}	46	0	16	11	27
²³⁹Np	1.1×10^{-5}	29	15	1	42	14
³²P	1.1×10^{-2}	10	82	8	0	0
²³¹Pa *	7.4×10^{-1}	60	0	0	0	40
²³³Pa	7.0×10^{-4}	91	0	0	9	1
²¹⁰Pb	9.3×10^{-1}	91	7	2	0	0
¹⁰³Pd	1.0×10^{-4}	93	3	0	2	1
¹⁰⁷Pd	1.1×10^{-4}	96	3	1	0	1
¹⁰⁹Pd	1.2×10^{-6}	0	20	0	22	58
¹⁴⁷Pm	4.3×10^{-4}	92	1	5	0	1
²¹⁰Po	3.0	53	41	6	0	0
²³⁸Pu *	2.3×10^{-1}	58	0	0	0	42
²³⁹Pu *	2.5×10^{-1}	58	0	0	0	41
²⁴⁰Pu *	2.5×10^{-1}	58	0	0	0	41
²⁴¹Pu *	4.8×10^{-3}	59	0	0	1	40
²⁴²Pu *	2.4×10^{-1}	58	0	0	0	41
²²⁴Ra	1.1×10^{-2}	19	51	1	1	28
²²⁵Ra	1.1×10^{-1}	63	25	5	0	7
²²⁶Ra	5.7×10^{-1}	47	16	8	27	2

表 10−1(续 2)

核素	筛选剂量/((Sv/a)/(Bq/m³))	各途径对剂量的贡献份额/%				
		谷物	奶	肉	外照射	吸入
^{86}Rb	5.6×10^{-2}	3	96	1	0	0
^{105}Rh	6.1×10^{-6}	1	67	0	22	10
^{107}Rh*	2.2×10^{-7}	0	0	0	84	16
^{103}Ru	1.4×10^{-3}	43	0	41	15	0
^{106}Ru	2.4×10^{-2}	42	0	52	6	0
^{35}S	1.1×10^{-2}	9	49	42	0	0
^{124}Sb	4.1×10^{-3}	60	4	6	30	0
^{125}Sb	6.6×10^{-3}	19	1	3	77	0
^{75}Se	9.0×10^{-3}	26	7	61	6	0
^{113}Sn	1.7×10^{-3}	53	13	12	21	0
^{85}Sr	1.4×10^{-3}	35	31	8	26	0
^{87m}Sr*	5.9×10^{-7}	0	0	0	92	7
^{89}Sr	5.5×10^{-3}	47	41	11	1	0
^{90}Sr	1.7×10^{-1}	18	60	20	2	0
^{99}Tc	6.6×10^{-3}	53	43	4	0	0
^{99m}Tc	4.4×10^{-7}	0	2	0	91	7
^{125m}Te	4.0×10^{-3}	25	35	39	1	0
^{127m}Te	1.5×10^{-2}	23	34	42	0	0
^{129m}Te	1.1×10^{-2}	26	38	36	0	0
^{131m}Te	2.0×10^{-4}	0	87	0	11	1
^{132}Te	1.4×10^{-3}	5	86	2	7	0
^{228}Th*	4.9×10^{-1}	84	0	0	2	14
^{230}Th*	3.7×10^{-1}	33	0	0	42	24
^{232}Th*	4.4×10^{-1}	30	0	0	48	21
^{201}Tl	1.6×10^{-5}	6	74	1	19	1
^{202}Tl	3.4×10^{-4}	31	40	9	19	0
^{232}U*	4.3×10^{-1}	48	3	4	26	18
^{234}U*	2.1×10^{-1}	15	1	1	74	9
^{235}U*	6.7×10^{-2}	44	3	4	22	27
^{238}U*	2.2×10^{-1}	13	1	1	77	8
^{87}Y	4.0×10^{-5}	19	4	1	74	2
^{90}Y	3.4×10^{-5}	56	22	3	10	9
^{91}Y	3.4×10^{-3}	80	1	17	1	0
^{65}Zn	3.2×10^{-2}	15	28	53	5	0
^{95}Zr	2.0×10^{-3}	44	0	0	55	0

注:* 这些核素的关键组是儿童,其余核素的关键组是成人;

资料来源:IAEA Safety Reports Series No.19,2001[6]。

对于气载流出物排放的剂量估算,首先需要确立筛选评价的剂量准则(或参考水平);然后确定气载流出物的释放源项,包括释放核素的理化形态,以及释放源(如释放位置,释放方式,释放率)的相关信息;接下来的任务就是应用筛选模式计算环境输运和关心点的辐射剂量,并将计算结果与参考水平进行比较,以检查其合规性。现举例说明气载流出物释放筛选模式的应用。

例 10 − 1　一座开放型实验室操作^{131}I,向大气的排放量为3×10^3 Bq/a,即$Q = 3 \times 10^3$ Bq/a。由管理部门规定的剂量约束D_c为 0.1 mSv/a,试检验其大气排放的合规性。

解　按图 10 − 2 提示可以先用Ⅰ级筛选模式进行评价。

Ⅰ级筛选是不考虑大气的稀释,即

$$C_v = C_d$$

式中　C_v——接受者所曝露的空气浓度,Bq/m^3;

　　　C_d——排放点处的空气浓度。

显然,$C_d = Q/V$,此处 Q 是排放速率,Bq/s;V 是烟囱排气量,m^3/s,设为 1 m^3/s。故

$$C_v = C_d = \frac{Q}{V} = \frac{3 \times 10^3 \text{ Bq/a}}{3.15 \times 10^7 \text{s/a}} \cdot \frac{1}{1 \text{ m}^3/\text{s}} = 9.5 \times 10^{-5} \text{ Bq/m}^3$$

则筛选剂量

$$D = C_v \cdot k_{SF}$$

此处,k_{SF}是筛选剂量因子,由表 10 − 1 可以查出,对于^{131}I,其k_{SF}为 3.7 $\times 10^{-2}$ (Sv/a)/(Bq/m^3),则

$$D = 9.5 \times 10^{-5} \text{Bq/m}^3 \times 3.7 \times 10^{-2} \text{(Sv/a)/(Bq/m}^3) = 3.5 \times 10^{-6} \text{ Sv/a}$$

若该实验室只操作^{131}I,由管理部门规定的剂量约束 D_c 为 0.1 mSv/a。则有

$$D < 0.1 D_c$$

由此判定,该实验室的排放是达标的。

由本例可以看出,对于一些排放量低的单位,用Ⅰ级筛选模式即可判明它是达标的,而省去了气象资料等的调查。

如果排放不满足 $D < 0.1 D_c$,则需作Ⅱ级筛选(考虑稀释,但偏于保守的估计),若Ⅱ级筛选仍不满足 $D < 0.1 D_c$ 的判据,则需用本章所介绍的模式,结合厂址相关的环境特征来计算。

另外,需要注意的是,在计算剂量 D 时,应对所有排放核素产生的 D 相加,用总计的 D 值与 D_c 比较。

10.4　液态流出物释放途径的筛选计算

向地表水释放途径的分级筛选计算流程见图 10 − 4 ~ 图 10 − 6。

如前所述,出于筛选的目的,首先采用最简单和最保守的方法,忽略稀释作用,实际上假定了接收点水体中核素的活度浓度与排放点处核素的活度浓度相同。此时,该方法与受纳地表水体的类型无关。

表 10 − 2 给出了用于地表水释放途径的筛选剂量因子,它是基于无稀释排放假定下的剂量筛选因子。实际工作中往往缺乏长时间序列的河流水文学资料,从实用的角度出发,

建立河流流量、河宽和河深之间的关系是非常重要的(见表 10 - 3)。这些资料均来自文献 [6]。

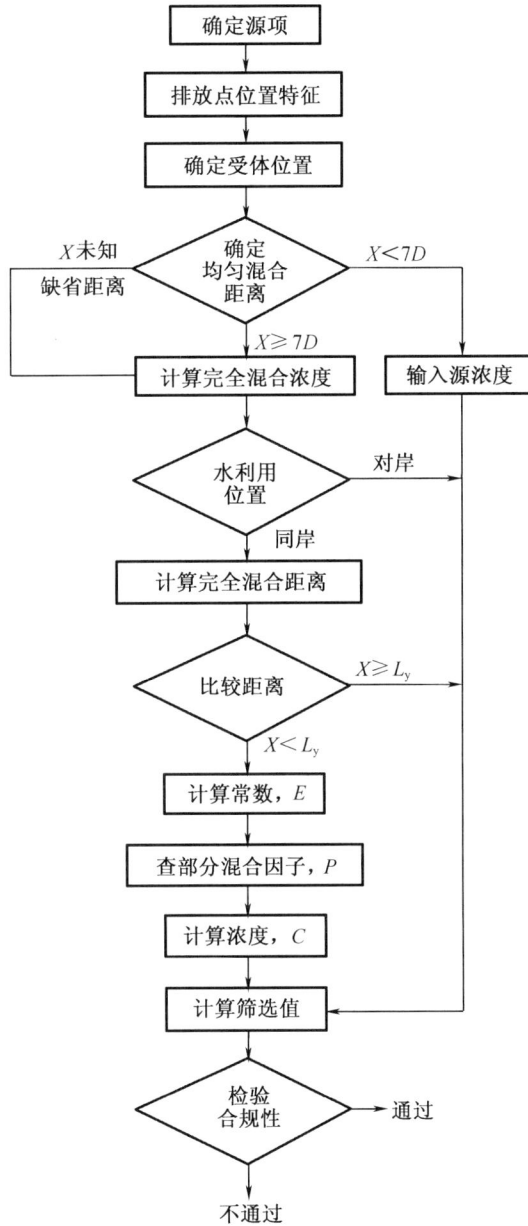

```
              ┌─────────────┐
              │   确定源项   │
              └──────┬──────┘
              ┌──────┴──────┐
              │ 排放点位置特征 │
              └──────┬──────┘
              ┌──────┴──────┐
              │  确定受体位置 │
              └──────┬──────┘
   X 未知           ╱╲            X<7D
   缺省距离        ╱  ╲
        ┌───────〈确定  〉──────────┐
        │       ╲均匀混合╱           │
        │        ╲ 距离 ╱            │
        │         ╲  ╱               │
        │          X≥7D              │
        │     ┌──────┴──────┐  ┌──────┴──────┐
        └─────│ 计算完全混合浓度│  │  输入源浓度  │
              └──────┬──────┘  └──────┬──────┘
                    ╱╲                │
                   ╱  ╲     对岸       │
                 〈水利用 〉──────┐      │
                  ╲ 位置 ╱       │      │
                   ╲  ╱          │      │
                   同岸           │      │
              ┌──────┴──────┐    │      │
              │ 计算完全混合距离│    │      │
              └──────┬──────┘    │      │
                    ╱╲           │      │
                   ╱  ╲  X≥L_y   │      │
                 〈比较距离〉──────┤      │
                   ╲  ╱          │      │
                   X<L_y         │      │
              ┌──────┴──────┐    │      │
              │  计算常数, E  │    │      │
              └──────┬──────┘    │      │
              ┌──────┴──────┐    │      │
              │查部分混合因子,P│    │      │
              └──────┬──────┘    │      │
              ┌──────┴──────┐    │      │
              │  计算浓度, C  │    │      │
              └──────┬──────┘    │      │
              ┌──────┴──────┐    │      │
              │  计算筛选值  │◄───┴──────┘
              └──────┬──────┘
                    ╱╲
                   ╱  ╲   通过
                 〈 检验 〉──────►
                  ╲合规性╱
                   ╲  ╱
                  不通过
```

图 10 - 4 液态流出物释入河流的筛选计算流程

```
                    ┌──────────┐
                    │  确定源项  │
                    └────┬─────┘
                    ┌────┴─────┐
                    │   输入    │
                    │ 排放源位置 │
                    └────┬─────┘
                    ┌────┴─────┐
                    │   输入    │
                    │ 用户位置   │
                    └────┬─────┘
         X未知      ╱────┴────╲   X≥7D
        ┌──────┐  ╱  确定     ╲────────┐
        │计算距离│─╲ 均匀混合    ╱        │
        └───┬──┘  ╲  距离     ╱         │
            │      ╲────┬────╱          │
            │       X<7D│               │
        ┌───┴────┐     │         ┌──────┴────┐
        │  输入   │◄────┘         │  计算完全   │
        │ 源浓度  │               │  混合浓度   │
        └───┬────┘               └─────┬─────┘
            │         同岸      ╱───────┴──────╲
            │◄─────────────────╲  确定取水位置  ╱
            │                   ╲─────┬────────╱
            │                     对岸│
            │                  ┌──────┴─────┐
            │                  │   计算      │
            │                  │ 混合距离, Ly │
            │                  └──────┬─────┘
            │      X≥Ly      ╱────────┴───────╲
            │◄──────────────╲  比较混合距离    ╱
            │                ╲───────┬────────╱
            │                  X<Ly  │
            │              ┌─────────┴──────┐
            │              │   计算混合距离   │
            │              │   计算指数, M    │
            │              │   查系数, N      │
            │              │   计算, E        │
            │              │   查因子, Ps     │
            │              └─────────┬──────┘
            │              ┌─────────┴──────┐
            │              │  计算浓度, Cd   │
            │              └─────────┬──────┘
            └─────────────►┌─────────┴──────┐
                           │  计算筛选剂量   │
                           └─────────┬──────┘
                         ╱───────────┴──────╲   通过
                         ╲   检验合规性       ╱───────
                         ╲──────────┬───────╱
                                不通过│
```

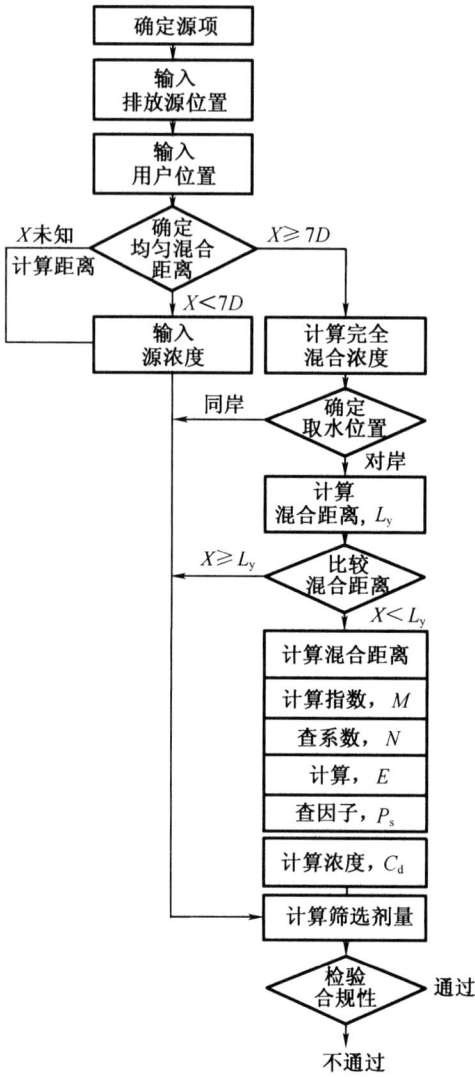

图 10 – 5　液态流出物释入河口的筛选计算流程

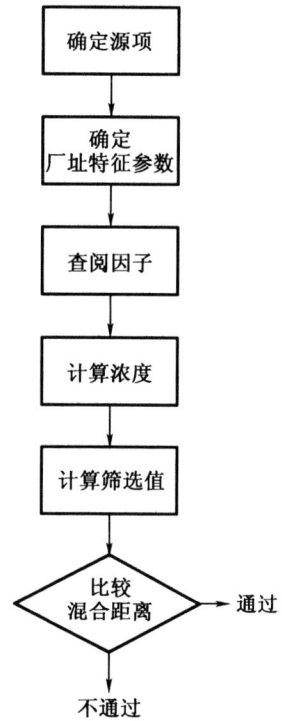

```
        ┌──────────┐
        │  确定源项  │
        └────┬─────┘
        ┌────┴─────┐
        │   确定    │
        │ 厂址特征参数│
        └────┬─────┘
        ┌────┴─────┐
        │  查阅因子  │
        └────┬─────┘
        ┌────┴─────┐
        │  计算浓度  │
        └────┬─────┘
        ┌────┴─────┐
        │ 计算筛选值 │
        └────┬─────┘
      ╱──────┴──────╲      通过
      ╲  比较混合距离  ╱──────────
      ╲──────┬──────╱
         不通过│
```

图 10 – 6　液态流出物释入近岸海域的筛选计算流程

表 10-2　用于地表水释放途径的筛选剂量因子

核素	筛选剂量/((Sv/a)/(Bq/m³))	各途径对剂量的贡献份额/%		
		饮水	食鱼	外照射
$^{228}Ac^{b}$	1.5×10^{-9}	48	42	10
$^{110m}Ag^{*b}$	1.3×10^{-8}	12	3	84
$^{241}Am^{*}$	3.0×10^{-7}	39	59	1
$^{76}As^{b}$	8.5×10^{-8}	3	97	0
$^{211}At^{b}$	3.8×10^{-8}	54	46	0
$^{198}Au^{b}$	5.7×10^{-9}	33	67	0
$^{206}Bi^{b}$	4.2×10^{-9}	62	36	2
$^{210}Bi^{b}$	4.0×10^{-9}	63	37	0
$^{212}Bi^{b}$	7.4×10^{-10}	63	37	0
$^{82}Br^{b}$	1.6×10^{-8}	4	96	0
$^{109}Cd^{b}$	3.4×10^{-8}	7	85	8
^{141}Ce	5.1×10^{-9}	26	45	29
^{144}Ce	4.6×10^{-8}	22	38	40
^{242}Cm	5.4×10^{-8}	37	63	0
^{244}Cm	2.1×10^{-7}	37	63	0
^{58}Co	4.5×10^{-8}	3	44	53
$^{60}Co^{*}$	3.4×10^{-7}	1	9	90
^{51}Cr	1.3×10^{-9}	5	54	41
$^{134}Cs^{*}$	5.8×10^{-6}	0	99	1
$^{135}Cs^{*}$	6.0×10^{-7}	0	100	0
^{136}Cs	1.4×10^{-6}	0	100	0
$^{137}Cs^{*}$	3.9×10^{-6}	0	99	0
$^{64}Cu^{b}$	2.7×10^{-9}	8	92	0
^{154}Eu	2.5×10^{-8}	12	36	52
^{155}Eu	2.8×10^{-9}	20	58	22
^{55}Fe	7.8×10^{-9}	8	92	0
^{59}Fe	6.0×10^{-8}	6	65	30
$^{67}Ga^{b}$	7.5×10^{-9}	4	96	0
$^{197}Hg^{b}$	2.4×10^{-8}	2	98	0
$^{197m}Hg^{b}$	5.2×10^{-8}	2	98	0
$^{203}Hg^{b}$	1.7×10^{-7}	2	98	0
^{123}I	1.6×10^{-9}	30	70	0
^{125}I	4.9×10^{-8}	30	70	0
$^{129}I^{*}$	2.0×10^{-7}	33	67	0
^{131}I	1.5×10^{-7}	30	70	0
^{132}I	2.1×10^{-9}	30	70	0

表 10 – 2 (续 1)

核素	筛选剂量/((Sv/a)/(Bq/m³))	各途径对剂量的贡献份额/%		
		饮水	食鱼	外照射
^{133}I	3.8×10^{-8}	30	70	0
^{134}I	6.5×10^{-10}	30	70	0
^{135}I	7.7×10^{-9}	30	70	0
^{111}In^b	2.6×10^{-7}	0	100	0
^{113m}In^b	2.7×10^{-8}	0	100	0
^{54}Mn	3.2×10^{-8}	3	59	39
^{99}Mo^b	1.9×10^{-9}	48	27	25
^{22}Na^{*b}	6.4×10^{-8}	3	3	94
^{24}Na^b	1.5×10^{-9}	40	46	13
^{95}Nb^{*b}	7.7×10^{-8}	0	7	93
^{59}Ni^b	6.0×10^{-10}	15	85	0
^{63}Ni^b	1.5×10^{-9}	15	85	0
^{237}Np*	1.7×10^{-7}	40	60	0
^{239}Np	4.0×10^{-9}	37	63	0
^{32}P	1.4×10^{-5}	0	100	0
^{231}Pa^{*b}	6.4×10^{-7}	66	33	1
^{233}Pa^{*b}	4.5×10^{-9}	36	21	43
^{210}Pb^b	1.7×10^{-5}	5	95	0
^{103}Pd^b	7.0×10^{-10}	52	30	19
^{107}Pd^b	1.1×10^{-10}	63	37	0
^{109}Pd^b	1.7×10^{-9}	63	36	1
^{147}Pm	1.4×10^{-9}	37	63	0
^{210}Po^b	8.9×10^{-6}	26	74	0
^{238}Pu*	3.5×10^{-7}	40	60	0
^{239}Pu*	3.8×10^{-7}	40	60	0
^{240}Pu*	3.8×10^{-7}	40	60	0
^{241}Pu*	7.7×10^{-9}	37	56	7
^{242}Pu*	3.6×10^{-7}	40	60	0
^{224}Ra	6.7×10^{-7}	26	74	0
^{225}Ra	1.2×10^{-6}	26	74	0
^{226}Ra	9.9×10^{-7}	25	73	2
^{86}Rb^b	6.1×10^{-7}	1	99	0
^{105}Rh^b	1.1×10^{-9}	61	35	4
^{107}Rh^b	6.8×10^{-11}	62	36	3
^{103}Ru	2.7×10^{-9}	44	26	30
^{106}Ru	2.3×10^{-8}	56	32	12

表 10 - 2(续 2)

核素	筛选剂量/((Sv/a)/(Bq/m³))	各途径对剂量的贡献份额/%		
		饮水	食鱼	外照射
$^{35}S^b$	6.6×10^{-8}	2	98	0
^{124}Sb	2.9×10^{-8}	15	84	2
^{125}Sb	1.1×10^{-8}	14	82	4
$^{75}Se^b$	4.2×10^{-8}	8	92	0
$^{113}Sn^b$	8.9×10^{-9}	15	84	1
^{85}Sr	7.0×10^{-9}	11	50	39
^{87m}Sr	2.4×10^{-10}	19	80	1
^{89}Sr	2.5×10^{-8}	19	80	1
^{90}Sr	1.0×10^{-7}	18	79	2
^{99}Tc	2.7×10^{-9}	46	54	0
^{99m}Tc	7.3×10^{-11}	46	54	0
$^{125m}Te^b$	3.9×10^{-8}	4	96	0
$^{127m}Te^b$	1.1×10^{-7}	4	96	0
$^{129m}Te^b$	1.5×10^{-7}	4	96	0
$^{131m}Te^b$	8.8×10^{-8}	4	96	0
$^{132}Te^b$	1.9×10^{-7}	4	96	0
$^{228}Th *$	2.9×10^{-6}	15	75	10
$^{230}Th *$	1.2×10^{-6}	11	54	35
$^{232}Th *$	1.4×10^{-6}	10	50	40
$^{201}Tl^b$	8.6×10^{-9}	2	96	2
$^{202}Tl^b$	3.5×10^{-8}	2	89	10
^{232}U	3.4×10^{-7}	63	36	0
^{234}U	5.5×10^{-8}	61	35	4
^{235}U	5.3×10^{-8}	63	36	0
^{238}U	5.1×10^{-8}	61	35	4
$^{87}Y^b$	3.0×10^{-9}	27	47	25
$^{90}Y^b$	1.4×10^{-8}	36	63	1
$^{91}Y^b$	1.4×10^{-8}	33	58	9
^{65}Zn	2.5×10^{-7}	2	97	2
^{95}Zr	3.5×10^{-8}	4	73	23

注: * 这些核素的关键组是儿童,其余核素的关键组是成人;

　a 资料来源:IAEA Safety Reports Series No. 19,2001[6]

　b 这些核素 K_d 值是基于类似化学形态估算的。

表 10 − 3 河流流量、河宽和河深之间的关系

流量 $q_r/(m^3/s)$	河宽 B/m	河深 H/m	流量 $q_r/(m^3/s)$	河宽 B/m	河深 D/m
0.1	3.47	0.058	100	83.2	1.28
0.2	4.77	0.079	200	114	1.74
0.3	5.75	0.095	300	138	2.09
0.4	6.56	0.108	400	157	2.37
0.5	7.27	0.12	500	174	2.62
0.6	7.91	0.13	600	190	2.84
0.7	8.49	0.139	700	204	3.05
0.8	9.02	0.148	800	216	3.24
0.9	9.53	0.156	900	229	3.41
1	10	0.16	1 000	240	3.57
2	13.8	0.22	2 000	330	4.87
3	16.6	0.27	3 000	398	5.84
4	18.9	0.3	4 000	454	6.64
5	21	0.34	5 000	503	7.34
6	22.8	0.36	6 000	547	7.96
7	24.5	0.39	7 000	587	8.53
8	26	0.41	8 000	624	9.05
9	27.5	0.44	9 000	659	9.54
10	28.8	0.48	10 000	692	10
20	39.7	0.63	20 000	952	13.6
30	47.8	0.75	30 000	1 150	16.3
40	54.6	0.85	40 000	1 310	18.6
50	60.5	0.94	50 000	1 450	20.5
60	65.8	1.02	60 000	1 580	22.3
70	70.6	1.09	70 000	1 690	23.9
80	75.1	1.16	80 000	1 800	25.3
90	79.2	1.22	90 000	1 900	26.7
			100 000	2 000	28

注:资料来源:IAEA Safety Reports Series No.19,2001[6]

下面举例说明液态流出物释放途径筛选模式的应用。

例 10 − 2 液态流出物中^{137}Cs 的释放率为 1.9×10^8 Bq/a,排放流量为 1 m^3/s。受纳水体是一条小河,河流流量未知,河流宽度为 50 m,最近的居民组位于排放口下游约 1 km 的同岸,计算该处水中的核素活度浓度。若由管理部门规定的剂量约束 D_c 为 0.1 mSv/a,这种

排放是否满足要求。

解 已知条件为

$$Q = 1.9 \times 10^8 \text{ Bq/a} = 6.0 \text{ Bq/s}$$

$$F = 1 \text{ m}^3/\text{s}$$

$$\lambda = 7.33 \times 10^{-10}/\text{s}$$

$$B = 50 \text{ m}, x = 1\,000 \text{ m}$$

（1）Ⅰ级筛选水平（无稀释模式）

按照无水体稀释的筛选假定，有

$$C = \frac{Q}{F} = \frac{6.0 \text{ Bq/s}}{1 \text{ m}^3/\text{s}} = 6.0 \text{ Bq/m}^3$$

$$D_r = C \times k_{SF} = 6.0 \text{ Bq/m}^3 \times 3.9 \times 10^{-6} (\text{Sv/a})/(\text{Bq/m}^3) = 0.23 \text{ mSv/a}$$

由管理部门规定的剂量约束 D_c 为 0.1 mSv/a，无稀释的Ⅰ级筛选模式剂量计算结果表明，$D_r < 0.1 D_c$ 的检验不通过。此时，可采用Ⅱ级筛选模式进行评价，即采用通用模式和保守假定。

（2）Ⅱ级筛选水平（通用模式）

由于缺乏长时间序列的河流水文资料，首先需要估算 30 年的年均低流量，从表 10 - 3 可以查得，河宽 50 m 相应的年平均低流量约为 $\overline{q}_r = 30 \text{ m}^3/\text{s}$。按照 IAEA 的建议，假定河流 30 年的年均低流量为河流年平均流量的 1/3。据此，$q_r = \overline{q}_r/3 = 10 \text{ m}^3/\text{s}$。从表 10 - 3 可知，$q_r = 10 \text{ m}^3/\text{s}$ 对应的河宽 $B = 22.8$ m，河深为 $D = 0.48$ m。

由于 $U = \dfrac{q_r}{BD} = 0.72$ m/s，$L_y = 7D = 3.4$ m ，$x = 1\,000$ m $> L_y$，可以判定，在下游 1 km 处达到了部分混合。部分混合指数 $A = 1.5Dx/B^2 = 0.87$，此时，部分混合的修正因子约为 2.7。达到完全混合时的核素活度浓度为

$$C_t = \frac{Q}{q_r} \exp\left(-\lambda_i \frac{x}{U}\right)$$

$$= \frac{6.0}{10} \exp\left[-7.33 \times 10^{-10} \frac{1\,000}{0.72}\right] = 0.6 \text{ Bq/m}^3$$

$$C_w = C_t \times P_r = 0.6 \text{ Bq/m}^3 \times 2.7 = 1.6 \text{ Bq/m}^3$$

注意到通用模式的剂量因子（Generial Factor）为 $k_{GF} = 6.3 \times 10^{-5} (\text{Sv/a})/(\text{Bq/m}^3)$[6]，则

$$D_r = C_w \cdot k_{GF} = 1.6 (\text{Bq/m}^3) \times 6.3 \times 10^{-5} (\text{Sv/a})/(\text{Bq/m}^3) = 0.1 \text{ mSv/a}$$

结果表明，仍然不能通过 $D_r < 0.1 D_c$ 的检验。因此需要咨询专家，采用前面章节所述的厂址相关的模式和参数进行详细和现实的评价，即Ⅲ级筛选水平的评价。

10.5 筛选模式应用中需关注的几个问题

针对关键居民组的剂量计算，筛选模式常用两类剂量转换因子。在使用中要注意其导出的条件和参数化中采用的缺省参数值。当特殊核素 ^{3}H 和 ^{14}C 在总剂量中占有主要部分时，也可能需要考虑采用更详细的模式。此外，关于集体剂量的筛选计算，它只是一个量级的估计，在使用中需要特别谨慎。

第一类是无稀释的筛选剂量因子（SF，Screening Factor），适用于最简单和非常保守的条件，即认为接收点最大的年平均活度浓度与排放点处的相同；当计算的筛选剂量超过相应的剂量接受准则，需要采用通用模式和参数，考虑放射性核素在环境中的稀释和弥散，此时，采用的是第二类的剂量因子，即通用模型的剂量转换因子（GF，Generial Factor）。

10.5.1 筛选剂量因子

筛选剂量因子是指单位排放浓度所致的最大年剂量。这些因子代表了流出物在 30 年排放期间向大气或地面水排放单位放射性活度浓度所致假想关键组的最大有效剂量，这些因子的导出是基于极其保守的假设（假想关键组在排放点接受照射）。

10.5.2 通用剂量因子·

通用剂量因子是指单位排放活度浓度所致的剂量，它是基于通用模式和参数，考虑了放射性核素在环境的弥散，具有相对筛选剂量较少的保守性，这些因子的导出考虑了假想关键组的剂量不可能超过关键组接受剂量的 1/10（实际上，通用剂量因子仍然是高估了接受的剂量）。

通用剂量因子的导出有大量的参数化过程，了解这些参数化的假定参数，对于恰当使用通用剂量因子是非常必要的。

对于大气排放，参数化情况如下：

① 排放源位于不受建筑物尾流影响处，排放方式为直径 0.5 m 的管道，假想关键组生活于距源 20 m 的尾流区（迎风界面为 500 m^2）；

②年均风速为 2 m/s，年风频为 0.25，在上述弥散条件下，年均空气活度浓度为 2×10^{-3} Bq/m^3；

③年平均沉积速度 1 000 m/d，在离源 20 m 处的平均沉积率为 2 Bq/（$m^2 \cdot$ d）；

④陆生食物产自较远的地方，粮食来自离源 100 m 处、年奶和肉均来自离源 800 m 处，这些地方的地面沉积率分别为 1.3×10^{-1} Bq/（$m^2 \cdot$ d）和 7.5×10^{-3} Bq/（$m^2 \cdot$ d）；

⑤照射途径只考虑在离源 20 m 处的吸入、空气浸没和地面沉积外照射，以及食入离源 100 m 的粮食和离源 800 m 处的牛奶、肉；

⑥有效剂量考虑了幼儿和成人，并选取了最大值。

对于河流排放，参数化情况如下：

①受纳水体为 0.1 m^3/s 的小河流，假想关键组生活在排放点下游 500 m 处，与排放点同岸；

②河流的水文学参数为河宽 3.47 m，河深 0.058 m，流速 0.5 m/s，部分混合系数 1.6，相应于 1 Bq/s 的排放，下游 500 m 处水中核素活度浓度为 16 Bq/m^3；

③使用的 K_d 值基于化学类比假定，缺省的沉积物份额为 5×10^{-2} kg/m^3；

④考虑的照射途径有饮水、食鱼和岸边沉积物外照射，饮水剂量考虑了饮用前的过滤作用，食鱼剂量采用了生物浓集因子法；

⑤按照年平均河水浓度和相应的分配系数 K_d 计算最大的地面沉积放射性活度浓度，对于岸滩沉积，选取了悬浮物 K_d 值的 1/10；

⑥土壤表层 5 cm 的土壤密度为 60 kg/m²；

⑦沉积外照射剂量考虑了 1 a 的地面累积,适用于计算年均最大的外照射剂量；

⑧通用剂量因子是在上述条件下,对于幼儿和成人的剂量选取了最大值。

10.5.3　作为筛选目的的集体剂量

在流出物向环境的排放控制中,简单的集体剂量评价有两种作用：

①作为筛选过程中的一个环节,以检验是否满足剂量接受准则,在此种情况下,与关键组的个人剂量一起作为检验指标；

②集体剂量可以作为粗略的最优化判断,以半定量的方式比较不同的防护方案,这就是方案的初步筛选。

作为筛选的目的集体剂量,按照受照人数和平均剂量估算的,核素浓度则是考虑更大范围的平均情况。通常估算集体剂量的模式和参数比较复杂,多数已经超越本章所讨论的内容。从完整性来讲,集体剂量的估算只是整个筛选过程的一个部分,也只是一个量级的估计,在使用中需要特别谨慎。

10.5.4　特殊核素 ^{3}H 和 ^{14}C

对于特殊核素 ^{3}H 和 ^{14}C 的剂量评价最好采用稳态条件下的比活度模式,这种模式可以给出一个保守的估计。在筛选计算中,如果关键组的总剂量超过了剂量接受准则,并且 ^{3}H 和 ^{14}C 是主要贡献者,此时,可能需要更详细的模式。

然而,已经有一些更先进的模式,可以评价在非平衡条件下的辐射剂量,包括描述 ^{3}H 和 ^{14}C 有机化合物的行为。增加了有机 ^{3}H 和 ^{14}C 所致的剂量,通常总剂量要高于比活度模式获得的剂量。因此,在实际工作中要注意模式是否考虑了有机 ^{3}H 和 ^{14}C 的贡献,以对筛选结果做出恰当的判断。

10.6　习　　题

1. 全年来自 60 m 高烟囱的 ^{131}I 的释放率为 1 Bq/s,位于下风向 1 km 处有一个农场。假定该农场的人员全年生活在这里,所受的年有效剂量是多少？

2. 液态流出物中 ^{90}Sr 的释放率为 3.7×10^{10} Bq/a,排放流量为 1 m³/s。受纳水体是一条小河,河流流量未知,河流宽度为 50 m,最近的居民组位于排放口下游约 1 km 的同岸,计算该处水中的核素活度浓度。

3. 某设施每年向大气排放 ^{131}I 约 4×10^{3} Bq/a,向近岸海域排放约 6×10^{4} Bq/a。试计算这些排放的集体剂量。

4. 在近岸海域释放 ^{106}Ru 的速率为 3.7×10^{10} Bq/a,,排放流量为 1 m³/s。排放口距海岸线 50 m,水深约 30 m。试估计在下游 2 000 m 处水中的放射性核素活度浓度。

5. 描述大气排放途径筛选过程中的不确定性的来源。

6. 试导出放射性核素 ^{131}I 大气排放的筛选剂量因子和通用剂量因子。

参 考 文 献

［1］美国国家辐射防护与测量委员会. NCRP 第 76 号报告, 辐射评价: 预估释放到环境中的放射性核素的迁移、生物浓集和人体吸收. 陈竹舟, 李传琛, 译, 王恒德, 校. 国外辐射防护规程汇编第八册, 环境剂量计算模式（上）［G］. 国务院环境保护委员会办公室, 1984.

［2］National Council on Radiation Protection and Measurements（NCRP）. Screening Techniques for Determining Compliance with Environmental Standards. Releases of Radionuclides to the Atmosphere, NCRP Commentary No. 3, Revision plus. Addendum, NCRP, Bethesda, MD, 1989.

［3］National Council on Radiation Protection and Measurements（NCRP）. Uncertainty in NCRP Screening Models Relating to Atmospheric Transport, Deposition and Uptake by Humans, NCRP Commentary No. 8, NCRP, Bethesda, MD, 1993.

［4］National Council on Radiation Protection and Measurements（NCRP）. Screening Models for Releases of Radionuclides to Atmosphere, Surface Water, and Ground. Rep. 123 I, NCRP, Bethesda, MD, 1996.

［5］National Council on Radiation Protection and Measurements（NCRP）. Screening Models for Releases of Radionuclides to Atmosphere, Surface Water, and Ground — Work Sheets. Rep. 123 II, NCRP, Bethesda, MD, 1996.

［6］INTERNATIONAL ATOMIC ENERGY AGENCY （IAEA）. Generic Models For Use In Assessing The Impact of Discharges of Radioactive Substances To The Environment. IAEA SAFETY REPORTS SERIES No. 19, VIENNA, 2001.

［7］国际原子能机构. IAEA 安全丛书第 57 号, 适用于评价常规释放时放射性核素在环境中迁移的通用模式和参数（关键组的照射）. 施仲齐, 刘原中, 杜铭海, 译, 夏益华, 施仲齐, 张永兴, 校. 国外辐射防护规程汇编第八册, 环境剂量计算模式（下）［G］. 国务院环境保护委员会办公室, 1984.

［8］International Atomic Energy Agency. Handbook of Parameter Values for the Prediction of Radionuclide Transfer in Temperate Environments［R］. Technical Reports, Series No. 364, IAEA, Vienna, 1994.

第11章 事故(事件)释放的辐射环境影响评价方法

11.1 概 述

核设施正常运行时流出物排出造成公众的辐射照射,以及事故(事件)情况下放射性核素向环境的释放可能导致公众的辐射照射,是核设施对公众造成危险的两个不同的来源。前者属于计划照射,后者属于潜在照射或已经发生的照射。无论在性质上还是在评价其环境影响所采用的方法上,这两类危险都存在着明显的差别,放射性物质的释放量可以从微不足道的量直至所考虑的核设施放射性总储量的一个显著份额。

对于计划照射的情况,在前面章节作了详细的阐述。对于核事故应急放射性后果评价,其主要目的是为应急干预决策提供依据,这类评价纳入应急照射的防护体系,超越了本章描述的内容。因此,本章重点描述核设施事故(事件)释放的环境影响,但不涉及核事故应急放射性后果评价的内容。

11.2 潜在事故评价方法和评价指标

11.2.1 评价方法

虽然在设计和建造中通过保持流出物排放量"尽可能低"的总要求,使核设施运行中流出物的排放量和浓度保持在很低的水平,但这种流出物的照射或多或少是不可避免的。许多情况下,核设施的排放是"准连续"的,根据对周围环境及公众生活习惯的了解,能对个人及公众群体所受的照射作出可靠的估算。然而,必须采用另一种不同的方法来评价潜在事故造成的危险。虽然在设计和建造中采取了详尽的预防和缓减措施,但仍然存在发生事故而导致放射性物质向环境释放的可能性,尽管这种可能性很小。

核设施正常运行时,流出物的排放处于可控状态,而且这种排放在设施的整个寿期内一般是连续发生的;与此相反,潜在事故的发生不能预先确定,只能在其发生概率的基础上进行预测。因此,对正常运行流出物排放所造成的辐射影响可以较确切地估算,而潜在事故造成的辐射影响却只能做概率估算或保守的估算。

安全评价过程涉及确定论安全分析和概率论安全分析这两种互补的技术。在概率安全评价中,采用最佳估计分析方法;而在确定论安全分析中,对设计基准事故通常采用保守的分析方法。对于严重事故,评价所使用的假设和方法以最佳估算为基础。

对于潜在事故释放的影响分析,需要分别论述在偏保守的和现实的两种假定条件下,潜在事故释放对环境的辐射影响,论证厂址条件和工程安全设施的设计及性能是否满足环境辐射防护规定的要求。

11.2.2 评价指标

1. 术语和定义

以核动力厂为例,介绍几个潜在事故辐射环境影响分析中常用的术语和定义[1]。

(1)选址假想事故(Postulated Siting Accident)

该事故仅适用于审批厂址阶段,作为确定厂址非居住区、规划限制区边界的依据。对于水冷反应堆,该事故一般应考虑全堆芯熔化,否则应进行充分有效的论证。

(2)设计基准事故(DBA,Design Basis Accidents)

核动力厂按确定的设计准则进行设计,并在设计中采取了针对性措施的那些事故工况,且确保燃料的损坏和放射性物质的释放不超过事故控制值。

设计基准事故包括稀有事故和极限事故两类:

①稀有事故(Infrequent Accidents)

在核动力厂运行寿期内发生频率很低的事故(预计为 $10^{-4} \sim 10^{-2}$/堆年),这类事故可能导致少量燃料元件损坏,但单一的稀有事故不会导致反应堆冷却剂系统或安全壳屏障丧失功能。

②极限事故(Limiting Accidents)

在核动力厂运行寿期内发生频率极低的事故(预计为 $10^{-6} \sim 10^{-4}$/堆年),这类事故的后果包含了大量放射性物质释放的可能性,但单一的极限事故不会造成应对事故所需的系统(包括应急堆芯冷却系统和安全壳)丧失功能。

(3)严重事故(Severe Accidents)

是指严重性超过设计基准事故并造成堆芯明显恶化的事故工况。

(4)非居住区(Exclusion Area)

指反应堆周围一定范围内的区域,该区域内严禁有常住居民,由核动力厂的营运单位对这一区域行使有效的控制,包括任何个人和财产从该区域撤离;公路、铁路、水路可以穿过该区域,但不得干扰核动力厂的正常运行;在事故情况下,可以做出适当和有效的安排,管制交通,以保证工作人员和居民的安全。在非居住区内,与核动力厂运行无关的活动,只要不产生影响核动力厂正常运行和危及居民健康与安全是允许的。

(5)规划限制区(Planning Restricted Area)

指由省级人民政府确认的与非居住区直接相邻的区域。规划限制区内必须限制人口的机械增长,对该区域内的新建和扩建的项目应加以引导或限制,以考虑事故应急状态下采取适当防护措施的可能性。

2. 评价指标

潜在事故的辐射环境影响分析,涉及的事故主要包括选址假想事故和设计基准事故的辐射环境影响,以及严重事故的环境风险分析。

评价关注的范围主要是非居住区边界(或厂址边界)和规划限制区边界。评价指标主要是假想个人的有效剂量和甲状腺剂量当量,以及集体有效剂量。潜在事故的预防与缓解的效果,采用参考剂量加以评定,即采用预先设定的剂量接受准则,判断工程安全设计或工程安全措施的性能是否满足最终的辐射防护要求。

《核动力厂环境辐射防护规定》(GB 6249—2012)给出如下参考水平[1]:

(1)选址假想事故的剂量接受准则

在发生选址假想事故时,考虑保守大气弥散条件,非居住区边界上的任何个人在事故发生后的任意 2 h 内通过烟云浸没外照射和吸入内照射途径所接受的有效剂量不得大于 0.25 Sv;规划限制区边界上的任何个人在事故的整个持续期间内(可取 30 d)通过上述两条照射途径所接受的有效剂量不得大于 0.25 Sv。在事故的整个持续期间内,厂址半径 80 km 范围内公众群体通过上述两条照射途径接受的集体有效剂量应小于 2×10^4 人·Sv。

(2)稀有事故的剂量接受准则

在发生一次稀有事故时,非居住区边界上在事故后 2 h 内以及规划限制区外边界上在整个事故持续时间内可能受到的有效剂量应控制在 5 mSv 以下,甲状腺剂量当量应控制在 50 mSv 以下。

(3)极限事故的剂量接受准则

在发生一次极限事故时,非居住区边界上公众在事故后 2 h 内以及规划限制区外边界上公众在整个事故持续时间内可能受到的有效剂量应控制在 0.1 Sv 以下,甲状腺剂量当量应控制在 1 Sv 以下。

11.3　潜在事故释放环境影响分析

潜在事故释放环境影响分析主要是基于对设计基准事故的分析。建立这些设计基准分析的目的是提供一组保守的假设以检验核设施设计的一个或多个方面的特性。许多物理过程和现象通过保守的、有限定的假设来表现而不是直接模拟。人们选定了提供合适和谨慎的安全裕度的假设和模型,以预防事故过程中不能预料的事件和补偿在核电厂参数、事故进程、放射性物质迁移和大气弥散方面的较大的不确定性。许可证持有者应该注意根据特定事故序列的数据提出偏差,因为 DBA(设计基准事故)绝不会代表任何一个特定的事故序列——所提出的偏差对其他事故序列可能不是保守的。

影响潜在事故放射性释放后果分析的因素主要有释放源的类型(如核动力堆、研究堆以及燃料循环设施等)、释放源的特征(释放时间、组分、形态等)、环境输运和弥散(大气和水环境),以及环境利用等。本节以核电厂为例介绍潜在事故释放的辐射环境影响分析方法。

11.3.1　选址假想事故的影响分析

早期开发的核反应堆涉及的燃料量相对较少,因而放射性物质的积存量就少。由于早期开发的反应堆的安全性能存在着较大的不确定性,因此在早期开发活动期间贯彻的安全策略是:将反应堆设置在一个政府辖制的专用地区,与公众保持较好的隔离。即使在事故放射性释放情况下,放射性物质随着大气稀释和弥散,到达场址边界也不会构成重大的威胁。

随着核技术的不断改进和经济性要求增加,大型轻水核动力堆的开发,反应堆具有了较大的放射性核素的积存量。因此,核电厂厂址选择过程中事故放射性释放的后果分析成为管理者和公众关注的重点。

1. 核电站选址放射性后果分析方法的演变

在20世纪40年代,由于缺乏足够的计算手段和实验验证资料,担心"链式反应失控",提出"纵深防御"的理念,考虑"最坏的可想象的事故(Worst Conceivable Accident)",采用了保守的设计参数和多重保护屏障。

到20世纪50年代,采用"最大可信事故(Maximum Credible Accident)"的概念。关注点从"链式反应的失控"和"稳定性"转移到新的关注点:堆芯放射性积存量的释放。但对堆芯放射性积存量释放份额、输运和摄入机理、放射性同位素毒性效应等还了解不够。选址和设计的概念主要是应对最大可信事故(MCA)[2]。

1950年,美国原子能委员会(AEC)反应堆安全委员会发表了一份报告(WASH-3),该报告包括了首次公开面世的厂址指南。假定每个反应堆可能由于燃料过热或熔化,以及主系统破裂而出现事故,燃料中的放射性以不可控的方式由反应堆厂房逃逸,考虑到气象条件对放射性迁移和弥散的影响,推荐了一个按照反应堆热功率估算禁区半径的经验法则:

$$R \text{(miles)} \sim 0.01 \times (\text{Power(kWt)})^{0.5}$$

计算的辐射照射剂量应当小于3 Sv(即300 rem,该值粗略地作为半致死剂量的阈值),或可能需要撤离的剂量水平,在此半径范围内禁止有居民,因此称之为禁区半径。在此期间,论证的反应堆项目涉及相对较小的堆芯积存量(< 50 MW),采用WASH-3(1950年)的禁区"经验法则",对于50 MW的反应堆,这个距离相当于1.7英里(约2.7 km)。MCA源项是非常保守的,对公众风险的控制主要是基于反应堆具有相对小的堆芯放射性积存量、人口密度低和偏远的厂址。

到20个世纪60年代,采用"设计基准事故(Design Bases Accident)"的概念。商用核电的经济性需求,堆芯功率提升为1 000~3 000 MW,厂址需要邻近主要电力负荷中心。按照AEC的禁区"经验法则"(WASH-3),对于3 000 MW典型现代商用核电厂,禁区距离相当于17.3英里(约27.7 km)。因此,WASH-3提出的简单的厂址准则是不切合实际的,需要新的准则。

美国原子能委员会(AEC)在起草厂址准则时,通过抽样计算,在低人口区范围内,最大可信事故的后果被限定在全身25 rem(即0.25 Sv)和甲状腺为300 rem(即3 Sv)。在审查了厂址剂量接受准则后,AEC在1962年3月发表了技术文件《动力堆和试验堆厂址的距离因子的计算》(TID-14844)[3],详细地描述了用于计算事故剂量满足厂址准则要求的方法学和参数,于1962年4月发布了10 CFR 100(厂址准则),并在一个月后生效,成为美国所有运行电站执照批准的法规。该法规指出,可通过假设的从堆芯释放的裂变产物、预期可论证的安全壳泄漏率和厂址气象条件来确定禁区边界(EAB)和低人口区边界(LPZ)的距离。裂变产物释放的假设是和TID-14844分不开的。尽管TID-14844不是10 CFR 100的一部分,但是它和10 CFR 100同时发布,并作为10 CFR 100的"注释"包含在10 CFR 100中,实际上成为用户的一种指南[4]。

20世纪60年代的选址准则报告,在于有效地变更了禁区的"经验法则":

$$R \text{(miles)} \sim 0.000\ 18 \times (\text{Power(kWt)})^{0.61}$$

选址的事故源项从 MCA 变化到 DBA,DBA 的景象受起作用的安全系统的限制。

根据近年来监管变化对放射性后果的评价,考虑自从 TID - 14844 发表以来,对轻水堆事故源项的研究取得了重大进展,特别是三哩岛事故后严重事故研究的结果,对裂变产物释放的时间特性、释放量和化学形态的理解有了显著进步。

1995 年美国核管理委员会(NRC)出版了《轻水堆核动力厂事故源项》(NUREG - 1465),考虑了自 TID - 14844 发布以来关于裂变产物释放的新资料。对于一个严重的堆芯熔化事故,该报告提供了释放到安全壳的更现实的估算源项,包括释放时段、核素类型、释放量和化学形态。该报告为 NRC 修订事故源项提供了技术基础,也成为反应堆制定管理导则的基础,这个修订的源项也称为"可替代源项"(AST)[5]。表 11 - 1 列出了 TID - 14844 源项与 NUREG - 1465 源项特征的差别。

表 11 - 1　TID - 14844 源项与 NUREG - 1465 源项

源项	TID - 14844	NUREG - 1465
核素组	3 组(惰性气体、碘、粒子)	8 组(惰性气体、卤素、碱金属、碲金属、Ba 和 Sr、贵金属、铈、镧系)
释放时间	立即释放	5 个释放阶段(冷却剂、气隙、早期压力容器内、压力容器外、晚期压力容器内)
堆芯积存量的释放份额	惰性气体 100% 碘 50% 粒子 1%	2 个主要释放阶段(气隙、早期压力容器内)。其中,惰性气体 100%,卤素 40%,碱金属 30%,碲金属 5%,Ba 和 Sr2%,贵金属 0.25%,铈 0.05%,镧系 0.02%
化学形态	元素碘为主	以 CSI 气溶胶形态的放射性碘为主

1996 年,NRC 修订了 10 CFR 100,以考虑裂变产物释放的其他特征,并采用新的剂量接受准则(TEDE)。在考虑了修订源项对运行反应堆的适用性后,NRC 认为应用 TID - 14844 的分析方法可持续充分地保护公众健康和安全,已经通过执照申请的持有者将不要求其使用修订源项重新进行分析。NRC 也同意一些执照持有者在分析中使用该源项以支持运行的灵活性和考虑代价利益的取证申请。在征求了如何应用 AST 的意见和几个示范电厂的具体应用后,NRC 随后发布了《事故源项》(10 CFR 50.67),并于 2000 年 1 月生效,适用于所有运行执照持有者,允许有兴趣的执照持有者通过执照修改使用 AST 代替 TID - 14844 源项[4]。

为了便于应用 10 CFR 50.67,2000 年 7 月 NRC 发布了管理导则《评价核电厂反应堆设计基准事故的可替代源项》(RG 1.183),依据 NUREG - 1465 确定了可接受的源项,并提供了分析的输入、假设、方法和接受准则。

值得注意的是,在非能动先进轻水堆反应堆的设计证书审查中,NRC 采用了 10 CFR 100 的 1996 年修订版以及修订的源项。在这种情况下,申请者必须能向 NRC 证明其可以使用 AST 和 TEDE 剂量接受准则。此外,在没有一般的专设安全系统的条件下,申请者能够对某些自然去除机理保持改进,仍然不需要一个过大的禁区。

选址的剂量接受准则,只同保守的、最坏情形的分析输入、假设和方法一起使用,如设计基准失水事故,假定堆芯基本熔化。NRC 的选址准则(10 CFR 100)为了与 1991 年修订的辐射防护标准(10 CFR 20)保持一致,已经采用了总有效剂量(TEDE)接受准则。

2. 事故源项的基本假定和参数

(1)裂变产物积存量

反应堆堆芯内裂变产物的积存量和有效地释放到安全壳的量,应当基于最大满功率运行,假定堆芯已经在该功率水平下运行了足够长的时间(典型的时间大约是3 a),这样就存在着最大平衡量的裂变产物积存量。表11-2列出了典型的归一化的堆芯积存量[6],可供使用中参考。

表11-2 典型的归一化的堆芯积存量表

核素	堆芯积存量 (Ci/MWt)	核素	堆芯积存量 (Ci/MWt)	核素	堆芯积存量 (Ci/MWt)
^{139}Ba	4.74×10^4	^{141}La	4.33×10^4	^{127}Te	2.36×10^3
^{140}Ba	4.76×10^4	^{142}La	4.21×10^4	^{127m}Te	3.97×10^2
^{141}Ce	4.39×10^4	^{99}Mo	5.30×10^4	^{129}Te	8.26×10^3
^{143}Ce	4.00×10^4	^{95}Nb	4.50×10^4	^{129m}Te	1.68×10^3
^{144}Ce *	3.54×10^4	^{147}Nd	1.75×10^4	^{131m}Te	5.41×10^3
^{242}Cm	1.12×10^3	^{239}Np	5.69×10^5	^{132}Te	3.81×10^4
^{134}Cs	4.70×10^3	^{143}Pr	3.96×10^4	^{131m}Xe	3.65×10^2
^{136}Cs	1.49×10^3	^{241}Pu	4.26×10^3	^{133}Xe	5.43×10^4
^{137}Cs *	3.25×10^3	^{86}Rb	5.29×10	^{133m}Xe	1.72×10^3
^{131}I	2.67×10^4	^{105}Rh	2.81×10^4	^{135}Xe	1.42×10^4
^{132}I	3.88×10^4	^{103}Ru	4.34×10^4	^{135m}Xe	1.15×10^4
^{133}I	5.42×10^4	^{105}Ru	3.06×10^4	^{138}Xe	4.56×10^4
^{134}I	5.98×10^4	^{106}Ru *	1.55×10^4	^{90}Y	2.45×10^3
^{135}I	5.18×10^4	^{127}Sb	2.39×10^3	^{91}Y	3.17×10^4
^{83m}Kr	3.05×10^3	^{129}Sb	8.68×10^3	^{92}Y	3.26×10^4
^{85}Kr	2.78×10^2	^{89}Sr	2.41×10^4	^{93}Y	2.52×10^4
^{85m}Kr	6.17×10^3	^{90}Sr	2.39×10^3	^{95}Zr	4.44×10^4
^{87}Kr	1.23×10^4	^{91}Sr	3.01×10^4	^{97}Zr *	4.23×10^4
^{88}Kr	1.70×10^4	^{92}Sr	3.24×10^4		
^{140}La	4.91×10^4	^{99m}Tc	4.37×10^4		

(2)堆芯裂变产物的释放份额

惰性气体100%,卤素40%,碱金属30%,碲金属5%,Ba 和 Sr2%,贵金属0.25%,铈0.05%,镧系0.02%。

(3)安全壳内表面的沉积

假定瞬时沉积,除惰性气体外,其余放射性核素组均考虑有 50% 由于内表面的沉积而去除。

(4)核素理化形态

在假想事故中,释放到安全壳中的碘应当假定 95% 为碘化铯(CsI),4.85% 为元素碘,0.15% 为有机碘;除了元素碘、有机碘和惰性气体外,裂变产物应当假定为微粒形态(或气溶胶)。

(5)放射性物质的衰变

假定裂变产物在安全壳内封闭期间有放射性衰变去除,但向环境中接受点迁移期间不再考虑放射性衰变的去除。

(6)安全壳泄漏率

假定预期可论证的安全壳泄漏率为 0.1% ~ 3% 。

3. 事故释放环境影响分析的大气弥散

在选址阶段,一般尚未实施专门的厂址大气扩散试验,只能通过收集现有的气象数据进行评估,所考虑的事故为选址假想事故。事故持续时间一般考虑为 30 d,在事故期间的不同时间段,其核素释放速率不同,通常需要给出各核素在 0 ~ 2 h,2 ~ 8 h,8 ~ 24 h,24 ~ 96 h 和 96 ~ 720 h 等五个时间段的释放量。

鉴于此阶段一般难以获得整年逐时气象数据,一般采用确定论模式估算设计基准事故各时段的大气扩散因子。在事故发生后的最初的 8 h,假定风向不变,给出烟羽地面轴线浓度;8 h 以后,假定风向在 22.5° 扇形内均匀分布;在 8 ~ 24 h 期间,天气为 F 类,风速为 1 m/s;在 1 ~ 4 d 期间,D 类天气与 F 类天气的出现频率分别为 40% 与 60% ,风速分别为 3 m/s 与 2 m/s;在 4 ~ 30 d 期间,C,D,F 类天气出现频率各为 1/3,风速分别为 3 m/s,3 m/s,2 m/s,风向落在该扇形内的频率也为 1/3[7]。

对于厂址可以获得整年逐时气象数据的,也可采用美国核管会的管理导则(NRC R. G 1.145)推荐的方法[8],即后面介绍的申请建造许可证阶段环境辐射影响分析方法。

4. 事故放射性后果估算方法[5]

(1)烟羽浸没照射剂量

事故时某时段内下风向某距离处的烟羽浸没照射剂量为该时段内的事故大气扩散因子、核素的释放总量、建筑物屏蔽因子和烟羽浸没剂量转换因子的积。

(2)烟羽吸入剂量

事故时某时段内下风向某距离处的烟羽吸入剂量为该时段内的事故大气扩散因子、核素的释放总量、事故期间的空气摄入率和吸入剂量转换因子的积。

(3)集体剂量

在进行集体剂量估算时,假定在前 3 个时间段(0 ~ 2 h,2 ~ 8 h,8 ~ 24 h),风向都吹向人口密集的地方,在第 4 阶段(4 ~ 30 d),原假定只有 1/3 的频率,风向吹向关心方位,其余2/3 的频率吹向相邻方位。因此,在计算第 4 时段的集体剂量时,作为保守的考虑,可将人口密集方位的集体剂量乘以 3。

11.3.2 设计建造阶段事故释放的环境影响分析

在设计建造阶段,在厂址实施了专门的大气观测,已获得至少一年的逐时天气资料与厂址相关的大气弥散参数等资料,有条件估算浓度的概率分布。其中,事故源项来自申请者提交的初步安全分析报告(PSAR)。

1. 短时(小时)事故扩散因子

事故扩散因子可采用美国核管会的管理导则(NRC R. G. 1.145)建议的公式计算[8]。考虑到建筑物尾流效应,可按照两种情况处理,即中性和稳定大气条件,且 $\bar{u}_{10} < 6$ m/s 时的情况,以及不稳定大气条件,或 $u_{10} \geqslant 6$ m/s 时的情况。

利用气象铁塔实测的一年的逐时污染气象数据(风向、风速、大气稳定度),根据事故源项的释放状况(低烟囱释放还是安全壳泄漏),对 16 个方位中每个方位的每个下风向距离计算一年中每小时的短期事故扩散因子。然后对每个方位每个距离上的所有扩散因子,按扩散因子值从小到大的顺序排列,从中选出一个扩散因子,比该扩散因子值小的扩散因子出现的累积概率总和为 99.5%。该扩散因子的值为该方位、该下风向距离处的 99.5% 累积概率水平短时(小时)事故扩散因子值,依此类推,可得到 16 个方位不同下风向上,不同距离处的 99.5% 累积概率水平短时(小时)事故扩散因子。其中 i 表示方位数($i = 1, 2, \cdots, 16$),f 表示下风向上划分的距离数($f = 1, 2, \cdots, 12$),h 表示小时事故扩散因子。因此,事故扩散因子表示 i 方位 f 下风子区 99.5% 累积概率水平的小时事故扩散因子[8]。

这意味着,对于每个方位每个下风向距离而言,一年中短期事故扩散因子超过此值的概率为 0.5%,将每个方位中 12 个事故扩散因子中的最大值作为该方位的代表值。

2. 不同释放时间段的事故扩散因子

对于释放持续时间长于 1 h 的事故(对于设计基准事故更应考虑不同的释放时间段:$0 \sim 8$ h,$8 \sim 24$ h,$1 \sim 4$ d,$4 \sim 30$ d),因为不同时间段释放源强不同,因而应求出不同释放时间长度的事故概率扩散因子。

设事故释放时间为 ΔT_i(ΔT_i 长于 1 h),则各方位不同距离处 99.5% 累积概率水平的事故扩散因子可由该处的小时扩散因子与此处的年均扩散因子通过对数线性内插求取(如图 11-1 所示)。

这样就能获得 16 个方位不同下风向距离处相应于 ΔT_i 释放持续时间的 99.5% 累积概率水平的事故扩散因子。这些值可用于计算事故期间的集体剂量。每个方位中 12 个事故扩散因子中的最大值被取出,可作为该方位的代表值。

3. 整个厂址不同距离处 95% 累积概率水平事故扩散因子

在环境影响评价中一般只关心计算个人最大有效剂量和非居住区边界个人所接受的有效剂量与集体剂量。因而,这里只讨论非居住区边界(通常不小于 0.5 km)及计算个人最大剂量所用的事故扩散因子。鉴于低烟囱排放与安全壳泄漏都属于地面源,放射性核素地面空气浓度随离开源的距离而减小,因而在评价范围内,最大浓度点将出现在非居住区边界,所以两个扩散因子合二为一。

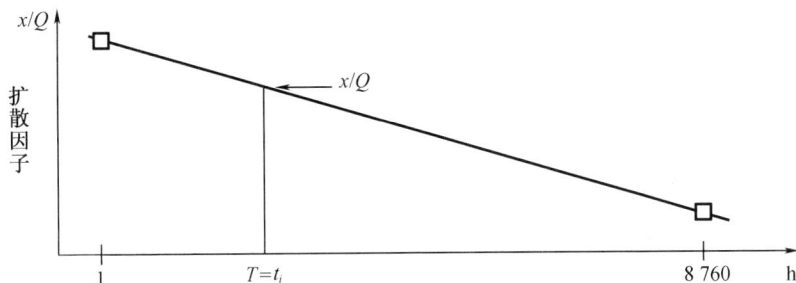

图 11 - 1　不同时间段大气扩散因子插值示意图

(1)确定整个厂址非居住区边界小时事故扩散因子。根据一年中每小时的风向、风速及大气稳定度资料,计算非居住区边界处的小时扩散因子,然后对 8 760 个数据按扩散因子值从小到大顺序排列,从中选出一个扩散因子使得比该扩散因子值小的扩散因子出现的累积概率为 95%,该扩散因子的值可作为非居住区边界 95% 累积概率水平的小时事故扩散因子值。

(2)释放持续时间为 ΔT_i 时,确定整个厂址非居住区边界 95% 累积概率水平的事故扩散因子。同理,可以由整个厂址非居住区边界 95% 累积概率水平小时事故扩散因子与 16 个方位非居住区边界处的年均扩散因子中的最大值,通过对数内插求得。

剂量估算方法与厂址审批阶段的剂量估算方法相同,只需选择厂址相关的参数。

11.3.3　运行阶段(首次装料)事故释放的环境影响分析

此阶段的事故源项来自最终安全分析报告(FSAR)。大气弥散和剂量估算方法与申请建造许可证阶段的基本相同,只需采用经验证后的大气弥散模型和厂址相关的参数,并应根据所建核电厂的实际情况(特别是其设施的建造性能、质量、指标和效果),以及那些在申请建造许可证时尚未完成但规定在试运行前完成的工作成果进行环境辐射影响分析。

需要注意的是,在环境影响报告书中要求给出按当地气象观测资料估计的各事故工况下不同时间间隔、不同距离的大气弥散条件,其中包括在非居住区边界上事故发生后任意 2 小时和限制区外边界不同事故期间的大气弥散条件。而在安全评估中使用了保守的假设和计算,相当大地高估了环境风险,如安全分析时使用的保守假设之一是气象上不利的弥散条件(也就是 95% 累积概率水平的事故扩散因子)。而同样事件的实际后果将很可能比使用了很多保守估计的要小得多。为此,在进行环境辐射影响分析和评估时,一般使用更现实的气象条件。因此,应当分别给出全厂址 50% 概率水平(现实的假定)和 95% 概率水平(偏保守的假定)的大气弥散因子。

剂量估算方法与厂址审批阶段的剂量估算方法相同,只需谨慎选择模型相关的参数。为了确定保守的假设剂量,应该选择满足最终安全分析要求的分析输入值。在某些情况下,一个特定的参数在某个分析的区段内是非保守的。例如,假设安全壳系统最小喷淋流量通常对估算碘清洗是保守的,但是,在许多情况下,当确定集水坑的 pH 值时它可能又是非保守的。

为了确定合适的数值需要进行敏感度分析。作为保守的可供选择的方法,适用于该分析每个区段的极限值可能在相应区段的评估中使用。对于事件期间的参数,特别是受密度变化影响的参数,采用单一值可能不合适。在分析中应该使用技术规格书中规定的值。如果规定了数值范围或容差带,应该采用将产生保守的假设剂量的数值。如果参数是基于不经常的监督试验的结果,例如,蒸汽发生器无损检验(NDT),在确定分析数值时,对两次定期检验之间可能出现的性能降级应该给予考虑[5]。

11.4 已发生事故(事件)的环境影响分析

按照放射性物质向环境排放的控制规定,对纳入审管范围的实践或实践中的源,禁止放射性物质的非计划释放或无组织释放。然而,审管部门可能要识别那些已经在释放着的,同时它们又不是在所要求条件下运行的现有的实践或源,或者来自基于以前的标准而批准的源的这类非计划释放。经审慎评估后,如有必要,采取适当的补救行动。

核设施流出物排放通常分为正常排放和异常排放两类。

(1)正常排放

什么时间排放,如何排放事先均有安排,是在有一定计划和受到控制的情况下进行的排放,其大致的活度浓度(或比活度)、成分以及排放时间都是预知的。这里的"受到控制"指对排放行为设有监控措施(如监测排放物放射性浓度、排放速率、排放物理化性质等),且当发现排放不符合审管要求时可以立即阻断排放。

(2)异常排放

这种排放是在事先的排放计划之外,或是由于废气、废液处理系统失效,或由于排放系统、设备故障,或操作不当而未按预设的途径排放,有可能导致超过核准浓度水平的短时间的排放。对于这类排放,一定要分析造成这种排放的原因,及时采取措施,严格管理,减少和杜绝放射性流出物的异常排放。如果异常排放不明显,或在整个年度排放中占有非常小的份额,可以将其作为常规排放处理,按照前述章节的连续排放进行分析和评价;如果异常排放具有较大的释放量,或达到事故(或事件)释放,就需要单独进行较详尽的分析和评价。

针对既往已发生了的事故(事件)而言,作为回顾性评价或事件调查,最切合实际的环境影响分析方法是直接应用事故(事件)期间实测的或估计的气象或水文参数,以及环境利用资料和调查研判的释放源项数据进行事故环境影响分析。

从防护或安全的观点看,事故是指其后果不容忽视的任何意外事件,包括操作错误、设备失效或其他灾祸。为了向公众通报事件的重要程度,就事件报告和分析而言,"事故"是对人员、环境或设施已造成严重后果的事件,例如人员伤亡、大量放射性物质释入环境、反应堆堆芯熔化等;而"事件"用于描述严重程度低于事故的事件。

对于既往发生的事故(事件),大体可以分为两种情况:①瞬时释放或环境条件基本不变的短期释放;②连续释放(几天或几小时),可能是接近均匀的连续释放,也可能是非均匀的连续释放。对于非均匀的连续释放,可将排放时间进一步再划分为几个更小的时段,使得每个时段的释放可近似作为均匀释放处理[9]。

11.4.1　气载释放

1. 烟云浸没外照射

对于地面源,利用下式计算事故(事件)期间的烟云浸没外照射:

$$D_A = S_F Q \left(\frac{\varphi}{Q} \right) g_a \tag{11-1}$$

式中　D_A——浸没照射的全身剂量,Sv;

　　　S_F——屏蔽因子,对于最大受照个人,取 $S_F = 1$;对于群体平均,取 $S_F = 0.7$;

　　　Q——事故总释放量,Bq;

　　　$\left(\dfrac{\varphi}{Q} \right)$——短期大气弥散因子,s/m³;

　　　g_a——外照射剂量换算系数,(Sv/s)/(Bq/m³)。

对于高架释放源,采用有限烟云模式计算空气中的 γ 浸没剂量,再由空气吸收剂量计算有效剂量。

按照有限烟云模式,空气吸收剂量为

$$D_a = \frac{1.79 \times 10^{-13}}{xu} \sum_k \mu_a E_k I(h, S, \sigma_z E_k) Q_d A_k \tag{11-2}$$

式中　D_a——空气中的 γ 吸收剂量,Gy;

　　　μ_a——对应 k 光子组的空气能量吸收系数,1/m;

　　　E_k——k 光子组的能量,MeV;

　　　A_k——核素释放能量为 E_k 的光子产额,光子数/衰变;

　　　Q_d——已对放射性衰变及损耗修正后的事故释放源项,Bq;

　　　$I(h, S, \sigma_z E_k)$——排放高度 h、稳定度 S、扩散参数 σ_z 及光子能量 E_k 的函数。

I 的计算公式为

$$I = I_1 + kI_2 \tag{11-3}$$

式中　　　　　　　　$K = (\mu - \mu_a)/\mu_a$　　(μ 为空气减弱系数) $\tag{11-4}$

$$I_1 = \frac{1}{2^{3/2} \sigma_z} \int_0^\infty G(z) E_1(\mu z) \, dz \tag{11-5}$$

$$I_2 = \frac{1}{2^{3/2} \sigma_z} \int_0^\infty G(z) \exp(-\mu z) \, dz \tag{11-6}$$

$$G(z) = \exp\left[-\frac{(z-h)^2}{2\sigma_z} \right] + \exp\left[-\frac{(z+h)^2}{2\sigma_z} \right] \tag{11-7}$$

$$E_1(\mu z) = \int_{\mu z}^\infty \frac{\exp(-\mu r)}{\mu r} \, d(\mu r) \tag{11-8}$$

I_1 和 I_2 值可由数值积分确定,也可直接采用图 9-10 和图 9-11 给出的 I_1 和 I_2 的积分值曲线。

取空气吸收剂量向有效剂量的转换系数为 0.7,则由下式计算空气浸没剂量:

$$D_A = 0.7 D_a \tag{11-9}$$

2. 地面沉积外照射剂量

忽略释放期间地表沉积放射性的清除过程,并取释放停止的时间为 $t = 0$,此时的地表放射性核素沉积的活度(Bq/m²)为

$$C_G(t = 0) = C_G(0) = (\widehat{W}_D + \widehat{W}_W)Q \qquad (11-10)$$

式中,$\widehat{W}_D$ 和 $\widehat{W}_W$ 分别为事故释放时的短期干、湿沉积因子,单位为 $1/m^2$。

由 $C_G(0)$ 造成的第 t 年的外照射剂量为

$$D_G(t) = 3.15 \times 10^7 \int_{t-1}^{t} S_F C_G(0) e^{-\lambda_e^s t} g_G dt$$

$$= \frac{3.15 \times 10^7 S_F C_G(0) g_G}{\lambda_e^s} \left[e^{-\lambda_e^s (t-1)} - e^{-\lambda_e^s t} \right] \qquad (11-11)$$

式中　$D_G(t)$——事故(事件)释放后第 t 年的地表外照射剂量,Sv;

　　　　λ_e^s——核素在地表的有效去除速率常数(包括放射性衰变和风蚀去除),1/a。

(3)吸入剂量

因事故(事件)吸入而接受的待积有效剂量为

$$D_h^a = 3.17 \times 10^{-8} R_a Q \left(\frac{\varphi}{Q} \right) g_h^a \qquad (11-12)$$

(4)食入剂量

事故(事件)造成的食入剂量来自两部分的贡献:①食入一次性污染的食物(即直接受放射性污染的食物);②食入经土壤 - 食物链转移途径造成的污染农作物或动物。

对食物的一次性污染,通过各种可能的食入途径的分析,污染蔬菜的食入是最迅捷进入人体内的途径,也是对食入剂量贡献较高的。可由下式计算食入污染蔬菜的剂量:

$$D_{gv}^a = C_v U_v^a g_g^a (1-n)$$

$$C_v = \frac{Q(\widehat{W}_D + \widehat{W}_W)}{Y_v} R \qquad (11-13)$$

式中　D_{gv}^a——a 年龄组个人因食入一次性污染蔬菜而受到的待积有效剂量,Sv;

　　　　C_v——蔬菜中的核素活度浓度,Bq/kg;

　　　　Y_v——单位面积的蔬菜产量,kg/m²;

　　　　R——叶面滞留份额;

　　　　U_v^a——a 年龄组个人食入污染蔬菜的量,kg;

　　　　n——清洗蔬菜造成放射性含量的损失,可取 $n = 0.5$,此处忽略了蔬菜不可食用部分的影响。如有必要可参照第 6 章食品制作中的损失来取值。

对于经土壤 - 食物链途径的食入,按照类似式(11-11)的推导方法,可得到第 t 年食入农作物的待积有效剂量:

$$D_{gp}^a = \frac{C_G(0) U_p^a B_V g_g^a}{P} \frac{e^{-\lambda_e^s (t-1)} - e^{-\lambda_e^s t}}{\lambda_e^s} \exp(\lambda t_h) \qquad (11-14)$$

式中　P——种植土壤的有效表面密度,kg/m²;

　　　　U_p^a——污染农产品的食入量,kg;

　　　　B_V——农作物的可食部分从土壤摄入放射性核素活度的浓集因子,(Bq/kg 鲜作

物)/(Bq/kg 干土壤);

t_h——农作物由收获到消费的时间,a。

用同样的方法可计算食入污染动物产品的待积有效剂量。

11.4.2　液态放射性核素释放

既往发生的向水体的事故(事件)释放,由于排放时间较短,难以确定受污染水体的确切情况时,对于释放量又不是十分大的事故(事件),可以只计算通过饮水和水中浸没途径产生的个人最大剂量。

水中浸没的外照射剂量为

$$D_w = \int_{\Delta t} C_w M_p g_w \mathrm{d}t \qquad (11-15)$$

式中　D_w——水中浸没的外照射剂量,Sv;

C_w——水中核素的活度浓度,Bq/m³;

M_p——源和接受体几何形状的修正因子,通常游泳取值为 1,水面上活动取值为 0.5;

Δt——事故释放时间,s;

g_w——水中浸没外照射剂量换算系数,(Sv/s)/(Bq/m³)。

饮用受污染水的内照射剂量为

$$D_w^a = 10^{-3} C_w U_w^a g_g^a \mathrm{e}^{-\lambda t_p} \qquad (11-16)$$

式中　D_w^a——饮水所致内照射待积有效剂量,Sv;

U_w^a——摄入污染水的水量,L;

g_g^a——食入内照射剂量换算系数,Sv/Bq;

t_p——取水至人消费的时间,a。

无论是气载释放还是液态释放的事故(事件),集体剂量的估算最难确定的是受照射的人数。通常,对于气载释放可参照常规大气排放进行集体剂量估算。对于液态释放,如果释放时间较长,作为粗略的估计可参考常规排放的集体剂量计算方法;如果释放时间较短或为瞬时释放,需要详细了解事故释放期间及后期的照射情景。

11.5　事故(事件)环境影响分析的不确定因素

进行事故(事件)环境影响评价的每一个步骤都有不确定性。这些不确定性的来源主要有以下几个方面:

(1)模式化过程中的不确定性

释放源项和照射情景的描述可能是不确定性分析的主要方面。描述源的释放过程和大气弥散过程以及剂量估算等都是通过模式化处理用数学公式表达计算的,这些过程的复杂性会给模型描述带来偏差。

(2)归因不全引起的不确定性

在评价过程中,可能存在这样的事实:没有全面考虑各种因素的贡献。这可能是缺乏对有关过程的足够认识或对预想不到的事件缺乏认识能力造成的。

（3）参数值和输入变量的不确定性

对于事故（事件）释放的环境影响分析来说，最大的不确定性一般认为是对源项的估算。例如，在灾难性安全壳失效情况下，如果采用流出物监测器读数估算源项，源项可能会被低估 1 000 000 倍。对较轻的（非堆芯损坏）事故，它的总释放是通过受监测的路径释放且大部分是惰性气体，这时源项的不确定性就会降低，然而输送和剂量计算的不确定性仍然存在。

此外，即使输入相同的条件（例如源项、气象条件和剂量因子），不同的剂量评价模式所估算的结果也不相同。

因此，显然不应该期望预期剂量与早期的野外监测数据有很好的一致性。预期剂量应当仅被当做一种粗略的估计。对剂量估算模式不加选择和不加分析地使用，不考虑它们的缺点和事故工况的不可预测性，会给环境影响分析带来误导。

表 11-3 给出了与事故剂量评估有关的不确定性的总的估计。这里，不确定性因子是指事故的模式预期值与可能测量到的平均剂量率的比值；烟羽位置的不确定性因子以度的形式表示。总的来说，在事故（事件）释放早期所可能期望的最优估计是预期剂量与野外监测剂量在因子 10 以内，而实际可能更不精确。

表 11-3　不确定性因素的组成及其大小

因素	不确定性因子		
	最优值	最大可能值	最差值
源项（事故和序列）	5	100 ~ 1 000	1 000 000
弥散			
扩散（浓度）	2	5	10
输送（方向）	22°	45°	180°
输送（速率）	1	2	10（低风速）
剂量	3	4	10
总计			
剂量	10	100 ~ 10 000	1 000 000
方向	22°	45°	180°

11.6　习　　题

1. 试概述潜在事故环境影响分析方法与已发生事故的环境影响分析方法的主要区别。

2. 试阐述采用确定性方法和保证概率水平方法估算事故剂量的大气弥散因子的不同点。

3. 对于 1 个电功率为 1 000 MW 的压水堆机组，安全壳预期泄漏率为 0.1%，试估算非居住区和规划限制区的距离。

4. 1976 年，某研究院受地震影响，主机厂房面板塌落而砸毁机器，导致约 1.8×10^7 Bq

的天然铀氟化物经 15 m 高的屋顶释放到大气环境。当时天气有雨,风速 2.5 m/s,持续释放时间约 2 h。试估算厂外(800 m 以外)的居民所受的最大剂量。

5. 一座石墨气冷钚生产堆发生了火灾,造成放射性物质大量释放。在正常运行期间,中子撞击石墨会造成石墨晶体结构变形,这种变形导致石墨中储存能量的累积。受控热退火工艺被用来恢复石墨结构和释放储存的能量。不幸的是,在这种情况下,过多的能量被释放,导致燃料损坏。然后,金属铀燃料和石墨与空气发生反应,并开始燃烧。异常情况首先是通过约 800 m 外的空气取样器发现的,放射性水平是正常情况下在空气中发现的 10 倍。估计释放的放射性量为 500~700 TBq 的 ^{131}I 和 20~40 TBq 的 ^{137}Cs。事故释放期间,风速约 1.0 m/s,接近 D 类大气稳定度,试估算下风向 800 m 处假想个人所受的剂量。

6. 一座高放废物储存罐的冷却系统失效,造成罐内储存的废物温度升高。随后干硝酸盐和醋酸盐爆炸,其威力相当于 75 t TNT。2.5 m 厚的混凝土盖子被抛到 30 m 以外。约释放了 1 000 TBq 的 ^{90}Sr 和 13 TBq 的 ^{137}Cs。测得有 300 ×50 km 的地区受到污染,每平方米的放射性量为超过 4 kBq 的 ^{90}Sr。事故期间该区域约有 120 人/km^2。试估算事故造成的集体剂量。

7. 由于误将冷却时间短的乏燃料元件送到后处理厂处理,造成 2.74×10^{13} Bq 的 ^{131}I 通过 100 m 高的烟囱释放到大气中,释放时间约 3 d。试计算对下风向 2 km 处的假想个人所致的剂量。

参 考 文 献

[1] 环境保护部,国家质量监督检验检疫总局. 核动力厂环境辐射防护规定[S]. GB 6249—2011.

[2] ANS PICommittee. The History of Nuclear Power Plant Safety. http://users. owt. com/smsrpm/nksafe/

[3] Dinunno J J, Anderson F D, Baker R E. Calculation of Distance Factors for Power and Test Reactor Sites[R]. TID – 14844, USAEC, 1962.

[4] US Nuclear Regulatory Commission (USNRC). National Report for the Convention on Nuclear Safety[R]. NUREG – 1650, 2001

[5] US Nuclear Regulatory Commission (USNRC). Alternative Radiological Source Terms for Evaluating Design Basis Accidents at Nuclear Power Reactors[S]. Regulatory Guide 1.183, 2000

[6] USNRC. RASCAL 4: Description of Models and Methods, 2010

[7] US Nuclear Regulatory Commission (USNRC). Assumptions Used For Evaluating The Potential Radiological Consequences of A Loss of Coolant Accident For Pressurized Water Reactors[S]. Regulatory Guide 1.4, 1974

[8] US Nuclear Regulatory Commission (USNRC). Atmospheric Dispersion Models For Potential Accident Consequence Assessments At Nuclear Power Plants[S]. Regulatory Guide 1.145, 1982

[9] 潘自强. 中国核工业 30 年辐射环境质量评价[M]. 北京:原子能出版社,1990

第12章　核设施环境影响报告书

12.1　概　　述

环境影响报告书（EIR，Environmental Impact Reports）或称环境报告书（ER，Environmental Reports）是核设施营运单位（简称申请者）申请核设施各种许可证的重要文件。具体来说，环境影响报告书是申请核设施厂址批准书、建造许可证和运行许可证（包括首次装料）时向国家审管部门提交申请的必备文件之一[1]。各阶段环境影响报告书是关于拟建核设施的一套连续的、完整的独立文件。

审管部门在对环境影响报告书进行公示、广泛征求意见的基础上，通过严格的审查，编制环境影响报告书的评价报告，并征询专家和公众意见后，形成最终的环境影响声明（EIS，Environmental Impact Statement）[2,3]。

为指导申请者及审管人员对核设施辐射环境影响作出科学合理的分析和评估，保证各阶段环境影响报告书的连续性和完整性，规范环境影响报告书的编制，规定核设施环境影响报告书的格式与内容是非常有益的。

12.2　格　　式

针对不同核设施或核活动，已有多个管理导则规定了核设施环境影响报告书的格式与内容，包括《核电厂环境影响报告书的内容和格式》（NEPA RG1—1988）、《研究堆环境影响报告书的格式与内容》（HJ/T 5.1—93）、《核技术应用项目环境影响报告书（表）的内容和格式》（HJ/T 10.1—1995）、《放射性固体废物浅地层处置环境影响报告书的格式与内容》（HJ/T 5.2—1993）、《放射性物质运输环境影响报告书的标准格式和内容》（EJ/T 818—1994）等。

管理导则是指导性文件。在实际工作中可以采用不同于该导则的方法和方案，但必须证明所采用的方法和方案至少具有与本导则相同的安全水平。下面针对铀矿冶退役设施，对报告书章节的安排作较全面的介绍，以期说明按照这样的格式所编制的铀矿冶退役设施环境影响报告书，能够反映报告书应具有的基本内容和深度的要求。

第一章　总论

本章应简要介绍退役设施概况，报告书编制依据和评价标准。

1.1　退役设施名称及性质

1.1.1　退役设施名称

说明退役设施的全称、运营单位、设计单位。

1.1.2　性质

说明退役设施的退役性质，指明是整体退役还是部分退役。

1.2　退役原因、范围及深度

1.2.1　退役原因

简要说明退役设施退役原因,提供上级主管部门批复项目退役的相关文件。

1.2.2　范围

简要说明退役工程包括的项目及设施,对部分退役的工程应说明拟退役部分和不退役部分的关系。

1.2.3　深度

简要说明退役工程的退役深度,指明哪些设施和场所为无限制开放使用,哪些为有限制使用等。

1.3　评价范围及子区

说明退役工程环境影响评价范围及子区划分。

1.4　编制依据

列出报告书编制所依据的有关法律、法规及文件、合同等。

1.5　评价标准

(1)列出评价所遵循的各项标准、规定等。

(2)给出公众剂量约束限值、表面氡析出率管理限值、土壤中镭 – 226 比活度限值、表面污染控制水平等相关环境管理限值。

(3)给出相关非放射性的环境质量所执行的标准、规定。

第二章　退役设施的自然环境和社会环境

本章应提供评价区内自然和社会环境资料,并说明其来源和时间。

2.1　自然环境

2.1.1　地理位置

说明退役设施的具体位置,所在省、市、县、乡名称,给出地理位置图,并在图上标明退役设施的位置、地理坐标及与周围城市的交通状况等。

2.1.2　地形地貌

对退役设施所在地区及周围的地形、地貌、山川河流、平均海拔高度等进行描述,给出地形图。

2.1.3　水文

2.1.3.1　地表水

描述退役设施所在地区的地表水系,给出地表水系图,给出受纳水体的水文学参数。

2.1.3.2　地下水

描述设施所在地区地下水赋存状态、含水层、地层结构、渗透性,地下水流向、流速,地下水补排关系,以及地下水与地表水的联系,地下水水质水化学分析结果等。

2.1.3.3　洪水

给出该地区历史上洪水的有关情况。

2.1.4　气象

2.1.4.1　区域气候

描述退役设施所在区域气候的一般特征。

2.1.4.2　气象

描述设施及周围地区的气象特征,给出气温(年均、最高、最低);降雨量(多年平均、降雨季节、最大降雨量等);风(主导风向、风频、年均风速、最大风速;风玫瑰图、降水风玫瑰图等)及联合频率表。

2.1.5 地质

简述设施所在地区的地质情况、地质构造特征、地层走向、连续性、断裂带位置及含水层走向等,给出必要的地质构造图。

2.1.6 地震

描述退役设施所在地区历史上发生地震的情况,以及本地区的地震烈度级别等。

2.1.7 自然灾害

简述退役设施所在地区常见的自然灾害以及给当地带来的危害和损失等。

2.1.8 自然资源

简述该地区的资源状况,如生态系统、矿产资源、水力资源、土地资源、旅游资源及自然保护区等情况,并说明与退役设施的联系。

2.2 社会环境

2.2.1 社会经济概况

描述评价区域工业、农业、牧业、渔业等现状以及今后的发展规划。

2.2.2 人口分布及居民食物构成

(1)提供所在地区的人口资料,列表给出评价范围内各子区的现有人口数,说明人口资料调查及统计方法。

(2)给出人口平均自然增长率及退役工程终态时预期的人口分布。

(3)列表给出评价区内居民四个年龄组(例如,≤1 岁,2 ~7 岁,8 ~17 岁,≥18 岁)的人口数及比例。

(4)描述周围居民生活饮食习惯、食物消费状况及农牧产品的自给份额,列表给出各年龄组的食谱、年消费量及来自评价区域的份额。

第三章 退役工程概述及放射性污染源项

本章应详细介绍退役工程各设施的类型、特性和现状,平面分布及放射性污染水平和源项。

3.1 生产概况

3.1.1 运行简史

简述设施基建的起止时间、运行情况以及设施生产产品种类、生产规模、服务年限等,说明发生过的主要污染事故及处理情况。

3.1.2 退役设施生产工艺

简述退役设施的主要生产工艺。

3.1.3 设施运行期间"三废"来源及其处理

简述生产时期"三废"产生的来源、排放情况、三废的盘存量、储存方式等,概述"三废"处理设施、处理方法、处理工艺等。

3.2 退役工程概述

3.2.1 退役工程平面分布

描述退役工程的范围、组成、分布及主要设施的数量等,并给出退役设施平面分布图。

3.2.2　退役设施概况

3.2.2.1　水冶厂及辅助设施

简述水冶厂及辅助设施的组成、功能、位置、范围、面积等特性及其他现状。

3.2.2.2　尾矿库

简述尾矿库的位置、组成、坝型、库容、占地面积、排洪设施、汇水面积、积排水情况及其他现状。

3.2.2.3　采矿工区

简述坑(井)口、废石场、矿石堆场、堆浸场、露天采场废墟、工业场地、地表塌陷区以及地浸场地等的位置、数量、类型、范围及其现状。

3.2.2.4　其他设施

简述设施的位置、组成、功能、污染物的种类和数量等。

3.3　源项调查

3.3.1　源项调查概述

概述源项调查的对象和内容等。

3.3.2　调查方案

3.3.2.1　布点方案

分别说明针对不同的监测对象,监测时采用的布点原则、方案及监测布点图。

3.3.2.2　监测方法

列表给出监测项目、监测方法、监测频度、监测仪器及最小探测限。

3.3.3　源项调查结果

(1)坑(井)口

给出各坑井口的标高、深度、井口尺寸、溢流水流量、水质测量结果等。

(2)废石场

列表给出各废石场的裸露面积、废石量,氡析出率和辐射剂量监测点数、监测值范围和平均值,以及废石的平均比活度和总活度。

(3)露天采场废墟

列表给出露天采场废墟边坡坡度和边坡、平台的面积,氡析出率,以及 γ 辐射剂量的监测点数、监测值范围和平均值等。

(4)尾矿库(尾渣库)

列表给出尾矿库滩面、坝坡氡析出率,γ 辐射剂量的监测点数、监测值范围和平均值,给出尾矿的平均放射性比活度和总活度。

(5)运矿公路及索道

给出运矿公路及索道沿线的污染长度、面积,放射性表面污染程度,以及 γ 辐射剂量的监测点数、监测值范围和平均值。

(6)建(构)筑物

列表给出建(构)筑物的污染面积,放射性表面污染程度,以及 γ 辐射剂量的监测点数、监测值范围和平均值等。

(7)设备管线

列表给出污染设备、管线的数量及表面污染程度的监测值。

（8）矿石及产品转运站

给出铁路专用线放射性表面污染水平和 γ 辐射剂量的监测点数、监测值范围和平均值，对矿仓、堆矿场地、站台给出污染面积及放射性表面污染水平和 γ 辐射剂量的监测点数、监测值范围和平均值。

（9）工业场地（含堆浸、地浸场地）

给出污染工业场地的面积及氡析出率、γ 辐射剂量的监测点数、监测值范围和平均值，给出不同深度土壤中核素的含量。

（10）受污染的地表水体

给出污染水体中天然铀、^{226}Ra、^{230}Th、^{210}Po、^{210}Pb 等核素的浓度、排放量等测量数据和水质状况的有关资料。

（11）受污染的地下水体

给出受污染的地下水的污染状况及污染水平。

（12）受污染的农田

给出受污染农田位置、面积及土壤中核素的含量及 γ 辐射剂量、氡析出率监测结果。

（13）其他污染源项

给出其他污染源项的污染水平。

第四章　辐射环境质量现状（可研阶段）或退役治理前的环境质量（终态阶段）

本章应提供退役工程地区的辐射环境本底值及环境质量现状，或退役实施前的辐射环境质量状况。

4.1　辐射环境本底

（1）简要介绍辐射环境本底调查方案、承担单位及完成时间等。

（2）列表给出辐射环境本底调查结果，主要包括空气、地表水、地下水、土壤、动植物产品等环境介质中放射性核素的含量和环境 γ 辐射水平。

4.2　辐射环境质量

4.2.1　环境辐射水平调查

（1）简述调查方案，主要包括调查的介质、项目和方法等。

（2）给出环境介质中的核素含量和环境 γ 辐射水平的监测结果。

4.2.2　辐射环境影响

（1）分别确定内、外照射的途径，确定气载和液态流出物的主要危害核素。

（2）列表给出各设施气、液态流出物中核素的浓度和年排放量。

（3）列表给出气、液态流出物的排放对公众所致最大个人剂量和集体剂量。

（4）给出各核素、各排放源对最大个人剂量与集体剂量的贡献。

（5）给出三关键（关键核素、关键途径和关键居民组）。

4.2.3　辐射环境质量评价

做出对拟退役工程的环境质量的结论性意见。

第五章　退役治理方案研究或退役治理实施方案（终态阶段）

本章应详细介绍设施退役治理方案（或退役治理实施方案）及其效果。

5.1　治理方案（可研阶段）

5.1.1　退役治理源项的确定

根据调查结果和国家有关规定标准,结合具体情况,确定退役治理源项。

5.1.2　退役设施治理方案选择的原则

说明选择治理方案时所遵循的一般原则。

5.1.3　退役治理方案

(1)坑(井)口

给出各坑(井)口的备选治理方案及各方案的优缺点,确定推荐方案及理由。

(2)废石场

给出各废石场退役治理备选方案及各方案的优缺点,确定推荐方案及理由。

(3)露天采场废墟

给出露天采场废墟退役治理的备选方案及各方案的优缺点,确定推荐方案及理由。

(4)尾矿库

给出尾矿库退役治理的备选方案及各方案的优缺点,确定推荐方案及理由。

(5)受污染的建(构)筑物

给出各受污染建(构)筑物的备选治理方案及各方案的优缺点,确定推荐方案及理由。

(6)污染的设备器材管线

给出污染设备器材管线的备选治理方案及各方案的优缺点,确定推荐方案及理由,并说明设备器材管线的最终去向。

(7)污染场地

给出各污染场地的备选治理方案及各方案的优缺点,确定推荐方案及理由。

(8)污染的运矿公路及索道

给出各污染的运矿公路及索道的备选治理方案及各方案的优缺点,确定推荐方案及理由。

(9)矿石及铀产品转运站

给出转运站退役治理的备选方案及各方案的优缺点,确定推荐方案及理由。

(10)受污染的地表水体

给出污染的地表水体的备选治理方案及各方案的优缺点,确定推荐方案及理由。

(11)污染的地下水

给出污染地下水的备选治理方案及各方案的优缺点,确定推荐方案及理由。

地浸矿山地下水恢复方案,确定推荐方案及理由。

(12)污染的农田

给出各污染农田的备选治理方案及各方案的优缺点,确定推荐方案及理由。

(13)其他污染源项

给出其他污染源项退役治理的备选方案及各方案的优缺点,确定推荐方案及理由。

5.2　退役工程实施方案(终态阶段)

(1)详述退役工程实施的内容,主要包括对废石堆、尾矿库、建(构)筑物、污染设备管线、工业场地、坑(井)口等处理和处置的具体实施内容。

(2)提供实测资料,说明各设施治理后的治理效果。

(3)提供污染设备器材及废旧钢铁等的去向和处置情况。

(4)比较实施方案与治理方案的变化,并说明变化的原因。

第六章　退役治理过程中的辐射环境影响

本章主要论述退役治理过程中对环境的影响。

6.1　退役治理过程中的环境影响分析

对退役治理过程中的各种危害因素及对周围环境和公众的影响进行分析。

6.2　事故情况下的环境影响分析

概述施工过程中可能发生的事故,并对事故的环境影响进行分析。

第七章　终态时的辐射环境影响

本章主要描述退役治理后的环境状态,及评价在正常情况和事故下的辐射环境影响。

7.1　退役治理后的状态描述

描述退役治理后,各退役设施的状态及达到的目标、所在地区的环境质量状况。

7.2　正常情况下辐射环境影响

7.2.1　气态途径的环境影响评价

(1)提供气态源项测定方法,给出核素的年排放量及排放参数。

(2)分析给出对公众的照射途径。

(3)选取估算公众所受剂量的有关模式和参数,给出各子区、各年龄组的年个人剂量。

(4)给出各核素、各照射途径对公众所致最大个人剂量和集体剂量。

7.2.2　液态途径的环境影响评价

(1)提供液态源项测定方法,给出核素的年排放量及排放参数。

(2)分析并给出液态源项对公众的照射途径。

(3)选取估算公众所受剂量的有关模式和参数,给出各子区、各年龄组的年个人剂量。

(4)给出各核素、各照射途径对公众所致最大个人剂量和集体剂量。

7.2.3　气、液态途径对环境影响的综合评价

(1)汇总给出气液态综合途径对公众所致剂量。

(2)分析并给出关键居民组、关键途径和关键核素。

(3)评价其环境影响可接受的程度。

7.3　事故情况下辐射环境影响

7.3.1　自然灾害对环境的影响分析

说明自然灾害可能发生的事故及事故后果的预测和对环境影响的分析

7.3.2　人为侵扰时对环境的影响分析

确定人为侵扰可能发生的事故,以及事故后果预测和对环境影响的分析

7.4　退役治理后对地下水影响的分析

分析预测坑道水和尾矿渗水对地下水的影响及地浸矿山地下水复原情况。

7.5　退役工程的长期稳定性分析

分别针对废石场边坡、露天废墟边坡、尾矿库坝体及排洪设施、坑井口封堵及废石场和尾矿库滩面覆盖层等工程的稳定性进行分析。

第八章　非放射性污染物的环境影响

本章主要论述退役治理前后非放射性污染物对环境的影响。

8.1　污染源调查

8.1.1 污染源分布

概述污染源的分布、类型及其特征、排放的主要污染物等。

8.1.2 污染物监测

概述污染物的监测方案,主要包括监测项目、监测点、介质、方法和检出限等。

8.1.3 污染物排放量

(1)简述估算气、液态污染物年排放量的方法。

(2)给出退役工程治理前、退役终态时气、液态流出物年排放量及排放的有关参数。

8.2 环境影响

8.2.1 退役工程治理前非放射性污染物的环境影响

(1)列表给出各关心点、各环境介质中各污染物的浓度及污染指数。

(2)根据所得的污染指数,对其环境影响给出结论性意见。

8.2.2 退役工程治理后非放射性污染物的环境影响

(1)列表给出各关心点、各环境介质中各污染物的浓度及污染指数。

(2)根据所得的污染指数,对其环境影响给出结论性意见。

第九章 辐射环境监测

本章应提供退役工程在退役过程中和退役终态时的环境监测方案。

9.1 退役过程中的环境监测

(1)简述退役过程中环境监测的目的及要求。

(2)详述退役过程中的环境监测方案,主要包括监测的介质、项目、监测点的分布、监测频度、监测分析方法及其最小探测限等。

9.2 退役终态时的环境监测

(1)简述退役终态时环境监测的目的及要求。

(2)详述退役终态时的环境监测方案,主要包括监测的介质、项目、监测点的分布、监测频度、监测分析方法及其最小探测限等。

9.3 退役治理后,长期监测计划

(1)简述退役治理后长期环境监测的目的及要求。

(2)详述退役治理后长期环境监测方案,主要包括监测范围、项目、监测点分布,及监测周期、频度和监测方法等。

第十章 质量保证计划

本章主要论述退役全过程的质量保证计划。

10.1 组织机构

(1)提供负责退役工程的组织机构,给出组织机构框图。

(2)给出各组织机构的人员编制及其职责。

10.2 人员培训

提供对退役工作人员的培训计划和培训内容。

10.3 退役工程设计与施工

(1)简述退役治理设计过程中的质量保证措施。

(2)简述确保工程施工作业质量的措施,并说明在发现质量不符合规定要求时的处理

办法和纠正措施。

10.4 环境监测

（1）简述监测样品采集、处理、分析测量、数据处理等全过程的质保措施。

（2）简述监测数据的审核制度、记录、样品和资料的保存规定等。

10.5 竣工验收

提供退役工程竣工验收过程中的质量检查要求。

10.6 质保记录

提供管理质保记录的规定，包括存放地点、保留时间及负责人等。

第十一章 结论

本章应对退役工程的退役方案及其环境影响等作出结论性评定意见，指出存在的问题，并提出改进建议。

11.1 结论

（1）简述退役治理主要内容、主要方法和治理效果，及是否达到预定的退役目标。

（2）给出退役治理前后环境辐射对公众的剂量贡献，给出三关键及评价区范围内公众的集体有效剂量，以及非放射性环境质量的评价结果。（终态环评应给出治理后根据实际监测的数据计算公众个人及集体剂量）

（3）给出退役治理工程长期稳定性、抗自然灾害和人为侵扰的能力和可信度，以及最大可能事故情况下的环境影响。

（4）对退役治理方案进行总体评价，给出治理方案的可行性结论。

（5）结合治理前后的源项监测、环境质量评价结论，给出治理效果评价（终态阶段）。

11.2 建议与承诺

对退役治理方案及评价过程中的有关问题进行讨论和提出建议。

为了达到最终环保要求，针对存在的问题，提出解决办法并予以承诺。

附件

将辐射环境评价模式与参数、覆土试验等相关内容列入附件中。

12.3 内　　容

我国核设施实行分阶段环境影响评价制度。核设施的投资和建设周期较长，分为选址、建造、运行和退役等几个主要阶段。这些阶段相对独立而又有联系，不同阶段环境影响评价的重点不同。

核设施分阶段进行环境影响评价，能够针对各阶段可能产生的影响进行分析、预测和评估，提出各阶段预防或减轻不良环境影响的对策和措施。

12.3.1 选址阶段环境影响报告书的要求

本阶段报告书中，应提供核设施厂址所在地和可能受影响地区足够的环境资料，特别是关于厂址地理位置、周围区域人口分布、土地利用与资源概况、气象、水文,以及地质与地震等资料。

该报告书可以在环境资料调研、现场踏勘和必要实验,以及参考设施数据资料的基础上编制。

这个阶段评价的重点,是从保护环境的角度出发,通过研究厂址与环境之间的相互关系判定所选厂址的适宜性,并根据厂址的主要环境特征,对核设施的工程设计提出环境保护方面的要求,申请核设施选址阶段环境影响报告批准书,为申请核设施选址阶段的审批提供支持文件。

12.3.2　建造阶段环境影响报告书的要求

本阶段报告书中,应提供核设施源项的设计参数、核设施气载流出物、液态流出物的设计排放量和固体废物的设计产生量,以及环境保护设施的设计资料,进而评估核电厂的潜在环境影响。

这个阶段评价的重点,是论证厂址和核设施的工程设计能否满足保护环境的要求,从设计上保证环境保护设施得到落实,申请核设施建造阶段环境影响报告批准书,为申请核设施建造许可证提供支持文件。

12.3.3　运行阶段环境影响报告书的要求

核设施装料即意味着运行阶段的开始。

本阶段报告书中,应根据所建核设施的实际情况,特别是其中关于环境保护设施(含应急设施)的建造性能、质量,以及那些在申领建造许可证时尚未完成但规定在首次装料前完成的工作成果和环境现状,预测核设施运行后的环境影响。

报告中应重点阐述与环境保护有关的核设施实际设计参数、环境保护设施的性能以及申请气、液态流出物排放量有关的内容。按照监测技术规范,提供完整、详细的流出物监测和环境监测计划。完成并提供核设施运行前环境调查结果,重点是环境本底辐射水平或辐射环境水平现状的调查结果。

这个阶段的评价重点是落实气载流出物、液态流出物年排放量申请值的优化,检验核设施建设和环境保护措施是否符合国家和地方的有关规定和要求,申请核设施运行阶段环境影响报告批准书,为申请核设施首次装料批准书和运行许可证提供支持文件。

12.4　剂 量 约 束

剂量约束是核设施环境影响评价的一个重要判别指标。

自从国际放射防护委员会(ICRP)1990 年建议书明确提出个人剂量约束的概念以来,其在辐射防护最优化工作中得到了广泛的应用。

我国在《电离辐射防护与辐射源安全基本标准》(GB 18871—2002)中采纳了 ICRP 的建议。为便于理解剂量约束这一概念,"剂量约束"这一术语解释为:对源可能造成的个人剂量预先确定的一种限制,它是源相关的,被用作对所考虑的源进行防护和安全最优化时的约束条件。对于公众照射,剂量约束是公众成员从一个受控源的计划运行中接受的年剂量的上界。剂量约束所指的照射是任何关键人群组在受控源的预期运行过程中、经所有照射途径所接受的年剂量之和。对每个源的剂量约束应保证关键人群组所受的来自所有受控源的剂量之和保持在剂量限值以内[4]。

针对核燃料循环设施(包括反应堆),很多国家已经确定了最大个人照射水平,虽然这些数值是在各种不同基准上颁布的,但是它们已经有效地变成了现在称作剂量约束值的数值。该年剂量的范围是 $100 \sim 300 \ \mu Sv$[5]。比如,我国对核动力厂就明确规定:"任何厂址的所有核动力堆向环境释放的放射性物质对公众中任何个人造成的有效剂量,每年必须小于 $0.25 \ mSv$ 的剂量约束值"[6]。

报告书应说明(电离)辐射环境影响的评价标准,给出核电厂运行状态下的公众个人剂量约束值。

12.5 照 射 途 径

释放到大气和地表水中的放射性物质对人的照射途径分别表示在图 12-1 和图 12-2 中。

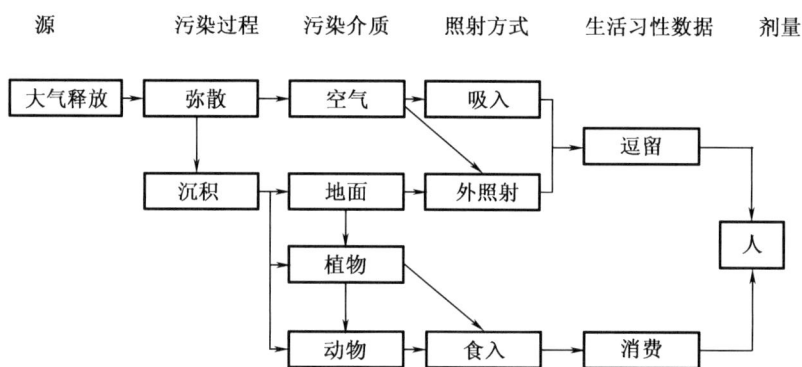

图 12-1 气载流出物释放照射途径示意图

如图 12-1 所示,它涵盖了源→污染过程→污染介质→照射方式→生活习性→人的全过程。

12.5.1 大气排放

空气浸没外照射,地面沉积物外照射,污染空气吸入内照射,食入(粮食、蔬菜、水果、蛋奶、肉类)内照射。

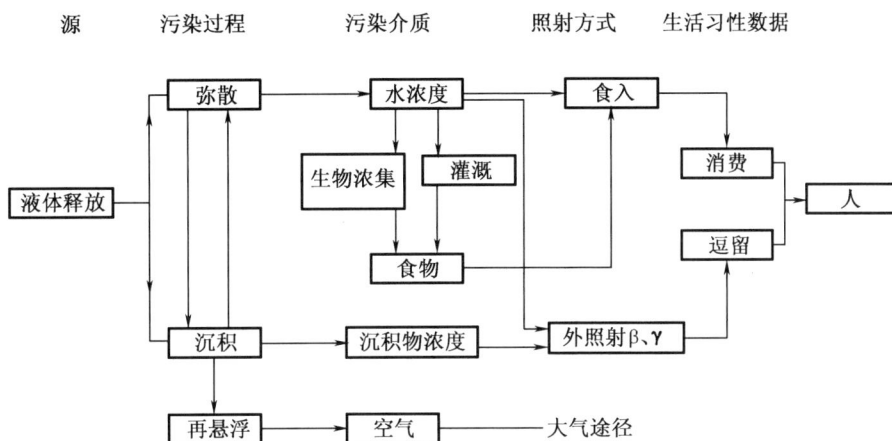

图 12-2　液态流出物释放照射途径示意图

12.5.2　地面水体排放

水中浸没外照射(游泳、划船),岸边沉积物外照射,饮水、食鱼、食入灌溉农产品和相关动物产品的内照射。

报告书应就上述照射途径进行分析和说明。

12.6　输　入　资　料

12.6.1　源项

详细分析废物管理系统,说明气载流出物和液态流出物的来源,处理流程和管理措施,给出核设施放射性核素排放量的设计值和运行预期值,作为影响评价的基础。

对于扩建项目,还应给出该厂址已有设施的排放源项(排放量申请值/设计值,排放量实测值/运行预期值)。

12.6.2　排放特征

简要说明核设施正常运行状态下向大气环境和水环境的排放特征,包括排放核素的辐射特征、核素组成、核素形态、排放浓度、排放方式及其参数。这些都是模式预测最基本的输入资料。

12.6.3　受纳介质的动力学资料

不同的模式,对于输入信息的需求不同,也就是数据需求与模式计算方法相关。现有的水文、气象观测网通常能够提供足够的数据,来描述受纳介质的基本动力学特征,但在使用之前应进行校验。必要时建立观测网点,以获取反映厂址流出物在受纳介质中的行为[7]。

(1)对于大气排放,应包括的主要信息如下:

向大气环境的排放,一旦放射性气体或气溶胶变成气载物质,它将依据本身的物理性质及其进入的大气的性质进行迁移和弥散。流出物通常以不同于周围大气的速度和温度进入大气。由于垂向速度和温度差异的影响,流出物有一个垂直方向的移动分量。流出物向上的抬升称为"烟羽抬升",可改变释放点的有效高度。流出物的输运路径也会受障碍物(如建筑物和构筑物)附近气流变化的影响。模型应考虑这些影响。大气环境的动力学特征资料,应包括风的特征、大气湍流、温度、降水和湿度,以能够描述风场和温度场的基本特征和信息。

(2)对于滨河厂址,应包括以下水文和其他信息:

①河道几何形状,包括所关注河段的平均宽度、平均横截面面积和平均水力坡度(水位可以通过河道几何形状和河流流量来计算)。

②河流流量,以日流量的倒数 $1/Q$ 的月平均值表示。

③从现有历史资料推出的极端流量。

④所关心河段的水位的暂时变化。

⑤潮汐河流中水位和流量随潮汐的变化。

⑥描述河水和地下水之间可能的相互作用的资料,识别可能受地下水补给的河流以及补给地下水的河流。

(3)对于河口厂址,应收集以下信息:

①盐度分布(矿化度分布),由沿着不同盐水入侵带横截面的若干垂直断面确定。这些数据应足以描述完全混合或部分混合河口的上层直接流向河口或下层流向内部的水流类型。

②评估沉积物位移、悬浮物负荷、沉积层累积速率和这些沉积物随潮汐的移动。

③充分的厂址上游河道特征资料,以模拟放射性流出物可能的向上游的最大迁移。

④各种可能被排放的放射性核素对于沉积物和悬浮物的分配系数。

(4)对于位于大湖、开敞海岸的厂址,应收集以下信息:

①区域海岸和海底总体格局,以及排放点附近海岸线的特点。几千米以外的水深测量数据,以及浅滩水中沉积物的数量和特征。

②可能影响排放出的放射性物质弥散的近海岸水流的速度、温度和方向。应在恰当的深度和距离进行测量,这些取决于排放点的水下地形和位置。

③滞流的持续时间和逆流特征。滞流后,逆流通常导致向岸流与离岸流之间大规模的物质交换,这样可以有效地除去海岸带的污染物。

④水层的热分层以及它随时间的变化,包括斜温层位置及其随季节的变化。

⑤悬浮物负荷、沉降速率和沉积物分配系数,包括至少是沉积物累积率较高的地区的沉积物运动特征。

(5)对于邻近水池(人工湖附近)的厂址,应包含以下信息:

①蓄水湖的几何参数,包括不同位置的长度、宽度和深度。

②进水量和出水量。

③每月预计水位涨落。

12.7　输 出 资 料

12.7.1　年均浓度场

给出各子区各核素的年均大气弥散因子。

给出各子区空气中年均放射性核素浓度;给出气态途径中与人的食物链有关的作物和动物产品中的放射性核素浓度。

给出受纳水体中不同地点的水体稀释因子。

给出受纳水体中不同地点的年均放射性核素浓度;给出液态途径中与人的食物链有关的水生生物、用水灌溉的作物及其食用这些作物和饮用水的动物产品中的放射性核素浓度。

12.7.2　年均沉积场

给出各子区各核素的年均干、湿沉积因子和年均沉积率。

12.7.3　年均外照射剂量(浸没和沉积)

估算气、液态途径中各子区内各年龄组个人外照射剂量;给出气、液态途径中各核素通过各种外照射途径在最大个人有效剂量出现位置处对各年龄组所致的个人外照射剂量。

在最大个人有效剂量出现位置处,估算气、液态途径中各核素、各照射途径所致个人外照射剂量及其贡献份额。

给出气、液态途径中各核素通过各种外照射途径所致的集体剂量。

12.7.4　年均摄入放射性核素造成的待积剂量当量

估算气、液态途径中各子区内各年龄组内照射个人待积剂量和集体剂量,给出气、液态途径中各核素通过各种内照射途径在最大个人有效剂量出现位置处对各年龄组所致的个人待积剂量。

在最大个人有效剂量出现位置处,估算气、液态途径中各核素、各内照射照射途径所致剂量及其贡献份额。

分别给出气、液态途径中各核素通过各种内照射途径所致的集体有效剂量。

12.7.5　放射性核素造成的总有效剂量

放射性核素造成的总有效剂量,即为外照射剂量与内照射待积剂量之和。

对于厂址扩建设施,应补充给出厂址所有设施气、液态照射途径的最大个人有效剂量和集体有效剂量,并确定关键居民组、关键核素和关键照射途径。

12.8　用于环境影响评价模式的评估方法

在环境影响评价中,往往在没有充分了解其可信度的情况下使用了一些评价模式。如果对有害影响过于保守地预测,可能招致不适当地限制了拟议活动的实施,甚至会禁止;不适当地低估环境影响,可能依据不正确的模式预测结果而错误地许可了一些拟议活动。而对模式预测的不确定性的了解,会改变上述两种决定。

因为在回答模式的恰当性问题时,必然要涉及各种辅助问题的复杂性,所以为了有效地完成这一模式评估的任务,就需要一种系统的方法。

本节介绍的环境影响评价模式的评估方法,提供一个系统的框架,可用来检验环境影响评价模式的恰当程度。由于广泛地使用预测各种人类活动的辐射环境影响评价模式,以及在决定是否需要投入资源对拟议的活动实施控制措施时,也要依赖于这些模式的预测,这些都促成建立这样一种检验手段的必要性。而且,为了使用这些模式就必须确定其与预测有关的不确定性。本节介绍的模式评估方法由 6 项工作组成:模式检验、算法检验、数据评估、灵敏度分析、程序比较研究和有效性研究[8]。各项工作之间相互关联,构成一个系统的方法。重点在于鉴别那些在决定模式给出的预测中最重要的参数。

此外,现有环境影响评价模式类型的多样性,以及它们的有关数据,不全都适用于一种通用的分析方法。因而,为了仔细地检验不同类型的模式,需要各种不同的处理方法。

12.8.1　模式检验

模式检验考虑的是确定模式是否恰当地代表了模式使用者所关注的现象、过程和作用。这种确定包括回答这样的一些问题:①所有有关的物理、化学和生物现象都适当地包含在公式里了吗? ②表示各种参数的公式在预期的应用范围内是有意义的吗? ③在预期的模式应用范围内公式能很好地进行数学运算吗? ④边界条件和初始条件是否恰当? ⑤对于预期的模式应用来说,该解决办法是最适当的一个吗?

指出模式检验的作用的目的,在于确定模式在其预期可应用范围内的恰当性。这个应用范围由模式的证明文书及其有关的计算机程序所确定。模式检验程序可能揭露模式的不足之处。如果认为这些不足之处是严重的,可能会建议对该模式的主要概念进行改善。然而,常常一个模式可能有严重的不足之处,在特定情况下应用时这个不足反而没有表现出来。

人们已经鉴别出三种不同的环境影响评价模式,即乘法链模式、线性系统模式和耦合模式。如果判定被检验的模式恰当地代表了关注的现象,那么,在最后的模式目录里,就选择这个模式。在目录清单里有该模式,如果还没有相应的计算机程序,就需要编制出来。换句话说,如果模式已经用计算机程序表示了,那么它就应该进入到算法检验阶段。

12.8.2　算法检验

算法检验包括分析计算机程序所选择的数值方法是否最适合于该模式应用,是否存在固有的数值问题。必须谨慎地保证获取的数值解是唯一的。有好多程序能够给出回答,这些程序取决于如何调整不同的控制程序执行的各种参数。随着微分方程所用的方法出现了特殊问题。例如已知某些方法会产生数值离散,质量守恒和数值稳定性常常是需要注意的问题。

算法的选择可能涉及迭代方法。用计算时间的增加换取准确度的提高是值得的吗?在这方面已有大量的研究,并有文献报道了它们容易出现的错误。近些年来,已经广泛使用解偏微分方程的有限元法,而且在好多应用中优于有限差分方法。

在程序编制阶段编制的计算机程序,并且在算法检验阶段证明是适当的程序,就可纳入到模式目录清单。

12.8.3　数据评估

灵敏度分析和有效性研究的意义将决定于可用数据的质量。需要两种数据,一种是计算机程序输入所需要的数据;另一种是模式的预测必须与之进行比较的数据。数据评估过程的目的就是确定这两种数据的质量。

数据的质量是数据如何确切地反映了被测量的过程,数据受到测量误差的影响。这些误差有两种:系统误差和随机误差。系统误差是与所使用的特定仪器或方法有关的误差;随机误差是由试验条件中未知的变化引起的,这些误差可能由观测者判断中的小失误引起,或者由被测量到的过程固有的随机涨落所引起。

数据的质量用准确度、精确度和完整性表示,认为系统误差小的测量准确度高。中心变化趋势(如平均值、中值和众数)的统计量与数据的准确度有关。如果随机误差小,那么数据的精确度高。离散(如方差、标准差、变异系数)的统计量与数据的精度有关。对于合理地估计中心趋势和离散来说,数据的完整性是重要的。对一个样品测量的次数越多,对这些量的估计越好。

有些情况下,模式的设计者和使用者并不直接处理数据,在数据到达使用者之前几经传递,常常数据只能从文献中得到,在数据的处理和传递过程中资料信息通常被丢失,数据的价值会降低。模式的使用者不应盲目地使用数据,而应当努力查明与数据质量有关的一切。

数据处理分为四类:数据收集(即试验阶段)、数据简化(数学处理)、数据发表(杂志文章、报告)和数据使用。

数据收集应提出如下问题:试验方法是可接受的吗? 数据的测量是在模式设计条件的范围内吗? 是否有迹象表明已经出现了系统误差和大的错误? 试验的探测限是否导致数据的明显偏差? 在实验室实验过程中是否真实地再现了现场条件?

关于数据简化,如下问题是重要的:用来确定概率密度函数的适当形式的数据质量如何,样本量有多少? 是否已经应用了适当的显著性检验? 频率分布是仅仅从几个数据点推导来的吗,舍去了那些数据,置信区间是什么,数据是怎样平均的? 在处理对数正态分布问题时,算数平均值和几何平均值(中值)的差别可能会混淆,前者总是大于后者,两者之差可能很大,这取决于数据的离散程度。

文献报告发表的数据有时是模棱两可的,或对数据是有曲解的。有时没有指出数据是单次测量还是多次测量的平均,有时给出了频率分布的数学表示,而没有给出数据。另外一些情况,虽然给出了数据,但没有关于测量结果的误差范围和测量结果的不确定性的任何说明。此外,研究者可能判定引用参考文献中特定参数给定值是正当的,但参考文献中要么没有这个参数值,要么没有充分证明被引用值可用于研究者的目的。总之,在判断数据质量之前,需要澄清这些漏洞。

数据的使用常常是很不相同的。计算机程序数据库中包含的资料应当用其他数据库和文献资料进行交叉检验,还应努力鉴别是否模式的设计者会对一些数据有偏好。这会失去客观性,并会阻碍别人恰当评价这类模式的努力。

最后,如果缺少特定模式所要求的数据,那么可能需要建议进行试验,以便收集适当的数据。没有这样的数据,可能不得不舍弃这个模式,而支持比较不太合用的模式,因为这个模式具有全部必需的输入数据。另一方面,如果又不存在不太合用的模式,开展实验的代价又是极其昂贵的,那么不得不重新设计模式,以消除那些缺少数据的参数,或对这些参数的需求降到最低。

12.8.4　灵敏度分析

灵敏度分析的目的是确定由于模式输入参数的变化引起的一个或多个模式输出量的变化。这种研究使得有可能辨别那些在确定模式预测中最主要的关键参数。这些参数要求尽可能准确和精确,从而减少模式预测的不确定性。这样,由于缺少有关关键参数的数据或由于数据很不精确,可能要建议重新试验获取。如果模式的预测不受特定输入参数的影响,那么模式可能会进一步简化。

灵敏度分析可能采用两种普遍的方法,即解析方法和数值方法。

只有当已知模式输入和输出之间确切的数学关系时,才可以应用解析方法。在解析方法中,要检验输出量对输入变量的函数依赖关系。如果不能采用解析方法,那么必须采用数值方法。数值方法可能是统计的,也可能是非统计的。最普遍的方法是当保持所有其他参数不变的同时,在一个输入参数的额定值的两侧改变其数值达到某一百分数的非统计方法。

12.8.5　程序的比较

比较执行相同任务而采用的各种程序的优点和缺点,估计这些程序的相对价值,以选择最适合于在特定分析中使用的程序。程序估计涉及计算输出结果的相互比较,特别是与时间有关的变化趋势和特征。此外,也应比较执行某个程序所要求的时间和操作的难易程度。

执行类似任务的几个计算机程序的存在,可能要求估计这些程序的相对价值,以使用户能够选择最适合于在特定分析中使用的程序。这种估计涉及互相比较不同程序的输出,包括任何与时间有关的行为的真值和一般特性。此外,还应比较各计算机程序之间的有效性和差别。

如果任何模式的输出是统计的,必须查明预测量的置信区间的差别,还必须比较输入数据的要求,编程序的要求(即修改程序中的错误和算法证明),计算机要求(如专门的程序汇编、宏指令、程序重叠、双精度等)。

12.8.6　有效性

在文献中已有很多关于模式和计算机程序有效性的讨论。问题是努力证实一个模式是否有意义。这个问题来源于如下事实:

　　模式是现实的一种抽象和数学的一种表达。而这样一种模式永远不能完全重现全部条件下的现实。事实上,某些模式预测量是不可测量的,因而不包含可能的有效性。环境影响评价模式需要有效性,以便提供技术对人类和环境的影响进行预测的可靠程度。

　　只有当程序或公式预测的结果是可测量的,而且不依赖于由数据支持的输入时,这些公式和程序才是有效的。换句话说,只有当预测的结果依赖于试验测定的参数时,这些结果才有意义。只有通过预测的量与实验数据的比较才能检查其意义的大小。

　　应用于给定参数的有效性概念的种类取决于可以利用的数据的量。通常有三种有效性:统计的、偏离的和质量的有效性。

　　如果输出在性质上是统计的,那么预测的量和测量值的准确度和精确度是相同的。可以想象,模式的预测可以产生一个统计平均值,它在数据上可以满意地靠近与预测作比较的数据的平均值,但可能显示出一个大的不合格的方差。因此,需要进行平均值检验和方差检验。如果没有足够的数据来表征统计的输出,那么可能要进行偏离有效性检验。然而,更经常用到质量有效性的概念,意思是模式预测和观测之间的一致性。如果不存在比较的数据,或者关心的量不是模式的输出,那么就不能进行有效性检验。

12.8.7　模式的验证和确认

　　通常,当一个环境影响评价模式(或计算机程序)要投入使用之前,面对的第一个问题就是"模式的有效性如何?"或"模式确认过了吗?"如果模式是可接受的,并将用于支持应急决策,那么模式的验证和确认(Verification and Validation,V&V)就是模式开发过程中最重要的步骤。

　　计算模拟的 V&V 方法是建立与鉴定置信度的基本方法[9]。第一个 V 是验证,是对计算模式的解的正确性进行评估;第二个 V 是确认,是通过对比试验数据来评估计算模拟的可靠性。验证是一个过程,这个过程确定模式计算(模式的解)正确地实现了模式的概念描述;确认是确定模式能够精确地表现所预测的物理问题的过程。因此,回答核事故放射性后果评价模式的恰当性问题时,最好的方法就是 V&V 方法。

　　模式检验、算法检验、数据评估、灵敏度分析、计算机程序的比较以及有效性确认是评估环境影响评价模式的主要内容,实施上述六项工作,形成一个完整的模式验证和确认活动。其中,前五项工作属于验证活动,最后一项为确认活动[10]。

　　为环境影响评价目的选用的模式应当依赖于可用的数据。缺少输入数据的模式在其整体上是不会有效的。另外,模式不应当仅仅对一种情况有效,而应对很多种情况都有效(即应当检验模式有效性的一致性)。具有可接受的有效性的最简单的模式比一个较复杂的模式更合用,这启示人们应当首先努力证实最简单的模式。如果这个努力失败了,那么应当检验下一个具有较高复杂性的模式的有效性。有效性检验应当按照模式复杂程度增加的顺序逐个进行,直到发现一个满足有效性指标的模式。

12.9　习　　题

1. 环境影响报告书(EIA)与环境影响声明(EIS)的主要区别是什么?
2. 管理部门发布核设施环境影响报告书的格式与内容方面的管理导则的作用主要体

现在哪些方面？核设施实行分阶段的环境影响评价制度的出发点是什么？

3. 核设施环境影响报告书的格式与内容是管理导则,属于指导性文件。在实际工作中可以采用不同于该导则的方法和方案,试论如何证明所采用的方法和方案至少具有与该导则相同的安全水平。

4. 核设施在选址、建造、运行阶段的环境影响报告书的基本要求是什么？简述不同阶段关心的重点和主要区别。

5. 源相关的公众剂量约束在环境影响评价中如何应用？

6. 举例说明向湖泊(水库)排放所关心的辐射照射途径,并说明与向近岸海域排放所考虑的照射途径的差别。

7. 当现有的水文、气象观测网不能提供足够的数据描述受纳介质的基本动力学特征时,通常需要安排哪些专题获取资料？

8. 结合某一厂址特征,举例说明为编制核设施不同阶段(选址、建造、运行)的环境影响报告书,通常需要安排哪些调查和研究专题,需要在什么阶段完成？

参 考 文 献

[1] 曹康泰,解振华,李飞. 中华人民共和国放射性污染防治法释义[M]. 北京:法律出版社,2003.

[2] USNRC. Preparation of Environmental Reports for Nuclear Power Stations[S]. Regulatory Guide 4. 2REVISION 2,1976.

[3] 美国核管理委员会. 核电厂环境审查的标准审查大纲. 施仲齐,译. 陈竹舟,校核. 核安全译文,NNSA－0116. 国家核安全局,2009.

[4] 国家质量监督检验检疫总局. 电离辐射防护与辐射源安全基本标准[S]. GB 18871—2002.

[5] 国际原子能机构. 放射性流出物排入环境的审管控制[S]. 安全导则 No. WS－G－2. 3,2005.

[6] 环境保护部,国家质量监督检验检疫总局. 核动力厂环境辐射防护规定[S]. 国家标准 GB 6249—2011.

[7] International Atomic Energy Agency(IAEA). Dispersion of Radioactive Material in Air and Water and Consideration of Population Distribution in Site Evaluation for Nuclear Power Plants. IAEA No. NS－G－3. 2,2002.

[8] Lynn D Shaeffer. A Model Evaluation Methodology Applicable to Environmental Assessment Models[J]. Ecological Modelling,1980,8:275－295.

[9] Robert G. Sargent. Verification and Validation of Simulation Models[C]. Proceedings of the 1998 Winter Simulation Conference.

[10] 陈晓秋,李冰,林权益. 核事故应急放射性后果评价模式的有效性[J]. 核安全,2008. (3):41－43.